计算机图形学基础（OpenGL版）（第2版）

徐文鹏　都伟冰　曾艳阳　雒　芬　编著

清华大学出版社

北　京

内 容 简 介

本书以 OpenGL 为工具，来辅助学习与掌握图形学相关知识与技术。学习体系上采用自顶向下和循序渐进的方式，内容上以经典计算机图形学体系为主，主要包括绪论、图形系统、二维图形生成、几何变换、三维观察、三维造型和真实感图形技术。每章给出 1～2 个 OpenGL 编程实例来帮助读者更好地理解相关知识与技术，使读者能快速掌握如何生成二维图形与三维图形。书后附有课程实验指导和模拟试题。

本书注重对计算机图形学原理的理解和图形编程技术的掌握，非常适合作为高等院校计算机及相关专业计算机图形学本科课程的教材，也可作为地理信息系统、机械工程等专业选修计算机图形学课程的教材。同时，本书也适合作为具有熟练编程经验的其他专业学生和专业技术人员学习图形学及图形编程的自学教材。

图书在版编目（CIP）数据

计算机图形学基础：OpenGL 版 / 徐文鹏等编著. —2 版. —北京：清华大学出版社，2020.3
（2024.8 重印）

ISBN 978-7-302-54637-5

Ⅰ．①计⋯ Ⅱ．①徐⋯ Ⅲ．①图形软件 Ⅳ．①TP391.412

中国版本图书馆 CIP 数据核字（2019）第 293583 号

责任编辑：邓　艳
封面设计：刘　超
版式设计：文森时代
责任校对：马军令
责任印制：宋　林

出版发行：清华大学出版社
网　　址：https://www.tup.com.cn, https://www.wqxuetang.com
地　　址：北京清华大学学研大厦 A 座　　　　邮　　编：100084
社 总 机：010-83470000　　　　　　　　　　邮　　购：010-62786544
投稿与读者服务：010-62776969, c-service@tup.tsinghua.edu.cn
质量反馈：010-62772015, zhiliang@tup.tsinghua.edu.cn
印 装 者：三河市人民印务有限公司
经　　销：全国新华书店
开　　本：185mm×260mm　　印　　张：20.5　　　字　　数：483 千字
版　　次：2014 年 6 月第 1 版　 2020 年 3 月第 2 版　　印　　次：2024 年 8 月第 11 次印刷
定　　价：59.80 元

产品编号：080146-01

前　言

随着虚拟现实和 5G 技术的发展，计算机图形学将会发挥更加重要的基础作用。因此，越来越多的高校开设了图形学课程，同时也有更多的技术爱好者加入图形学的学习队伍。为了更好地帮助读者学习和掌握计算机图形学，作者用心地改版了本书。下面对本书的指导思想进行一些介绍，希望在这些重要问题上和读者取得共识，之后介绍本书的内容组织及改版情况。

1. 指导思想

（1）自顶向下

图形学内容繁多复杂，很容易让学生在学习一学期后仍不得要领。针对此问题，本书在整体上采用自顶向下的原则来组织内容，从计算机图形学定义出发，紧紧围绕图形绘制流水线这条主线进行图形学内容介绍，读者在学习各章内容的同时，头脑中始终明确该章内容在图形绘制流水线中的定位和作用，从而能更整体、全面地学习与掌握计算机图形学。

（2）循序渐进

学习是一个循序渐进的过程，一本教材也应当尽可能按照循序渐进的原则和方式来组织内容。因此，本书在整体上遵循图形绘制流水线这条主线的同时，在具体内容组织上则遵循循序渐进的原则来处理。首先，循序渐进地介绍图形绘制流水线。本书分别在第 1、2、7 章从不同层面、不同角度对图形绘制流水线进行介绍，让读者逐渐深入地了解图形绘制流水线这一主线。其次，按照由易到难、由外而内的顺序介绍图形绘制流水线各部分知识。为了帮助读者更好地从整体上理解和认识图形绘制流水线，本书首先在第 2 章介绍了图形系统，再由外而内，从图形显示的光栅化入手，介绍了基本图形的光栅化。之后再介绍变换与观察，到三维造型与真实感图形，完成整个图形绘制流水线的介绍。

（3）OpenGL 定位

对本书而言，OpenGL 定位于学习辅助工具，即通过 OpenGL 来辅助学习与掌握图形学相关知识与技术。因此，本书没有像 OpenGL 编程指南一样把 OpenGL 的各方面知识都一一介绍，而是仅介绍了对于学习图形学来说必要的部分。也正是基于这一考虑，本书没有选取最新基于可编程流水线的 OpenGL 版本，而是采用了学习难度与台阶较小的基于固定流水线的 OpenGL 版本来介绍，这样可以使读者更好地聚焦到图形学内容上。同时我们相信，如果读者以本书为台阶，再去学习最新版的 OpenGL 会更加容易和高效。

2. 内容组织

本书的图形学内容体系如图 0.1 所示。其中，图形学基础模块是学习计算机图形学的一些数学及与其相关的软、硬件基础知识；建模模块是为了解决图形学的建模与表示任务；绘制模块用来解决图形学的绘制任务。各知识模块及相应章节内容简要介绍如下。

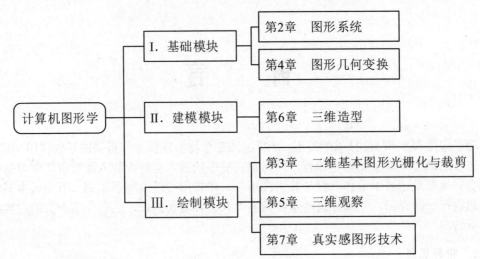

图 0.1 本书的图形学内容体系

（1）基础模块：图形学基础主要包括数学以及与之相关的软、硬件基础知识。数学基础知识包括向量、矩阵、齐次坐标和几何变换等，是计算机图形学中重要的计算工具，它们被大量地运用到真实感图形生成过程中的法向计算，还有直线、平面及各种曲面的计算，以及曲线曲面的构造与光顺等。其中向量、矩阵等知识请读者自行查阅相关书籍，本书不作介绍。几何变换知识将在第 4 章详细介绍。

软、硬件基础知识包括常见图形 API，如 OpenGL、Direct3D 等，图形输出设备与输出技术的简单基础知识，如光栅显示器基本原理、图形流水线等知识将在第 2 章介绍。

（2）建模模块：集中在本书的第 6 章，主要介绍多边形网格模型表示、曲线曲面表示方法等，为图形绘制流水线的应用程序阶段服务。

（3）绘制模块：主要为图形绘制流水线后两个阶段，即几何处理和光栅阶段服务，其中几何处理主要负责大部分多边形和顶点的变换操作，将在第 5 章介绍三维观察和有关顶点坐标变换问题。光栅阶段主要负责光栅化和像素着色任务，其中光栅化将在第 3 章介绍，而像素着色则会在第 7 章介绍。

附录 A 是含有 11 个实验的实验教程，附录 B 提供了 3 套模拟试题。

3. 相对第 1 版的变化

相对于第 1 版，本书删去第 5 章二维观察、第 9 章交互技术和第 10 章计算机动画。附录 B 内容移至线上课程相关网站，供读者参考。具体修改情况如下。

第 1 章将原内容按照图形学的 4W（What、Why、Where、When）方面来整理，使原内容逻辑更清晰。

第 2 章增加 "2.2.4 显卡和图形处理器" "2.4 图形流水线"。

第 3 章将原第 5 章中的裁剪内容移至 "3.7 裁剪"，并改写了 "3.2 直线段光栅化"、"3.3 圆弧光栅化" 和 "3.6 反走样技术"。

第 4 章增加 "4.1.4 二维几何变换通式与总结" 和 "4.4.3 变换应用实例——正方形旋转动画"。

第 5 章将原 "6.1 三维观察流水线" 改为 "5.1 三维观察流程"，并增加大量新内容，改写了"5.2　观察变换""5.3.3　透视投影"。

第 6 章按某一类曲线曲面来介绍，如 Bezier 曲线/曲面，不再按 Bezier 曲线和 Bezier 曲面分开介绍，增加"6.4.5　NURBS 曲线/曲面"。

第 7 章进行了大量的精简和改写，同时增加"7.1.2　图形绘制两种基本策略""7.9　图形流水线再分析"。

附录 A 增加了 3 个实验："实验 7　3D 机器人"、"实验 8　OpenGL 太阳系动画"和"实验 11　B 样条曲面生成"。

4. 适用对象

本书旨在服务于 32～48 学时的本科图形学教学与学习，具有以下特点：以经典图形学知识为主，同时注重结合 OpenGL 图形应用编程来详细介绍相关技术实例；以 OpenGL 为教学平台与实验平台，提供实验指导书，以更好地满足教学需要；内容精炼，服务本科教学需要，不过多涉及最新技术。

在阅读本书之前，读者应该了解 C/C++语言和简单的数据结构知识，还有一些线性代数的初步知识；也欢迎读者对本书存在的缺点和问题提出批评与建议（联系邮箱：wpxu08@gmail.com）。

本书第 1 版由河南理工大学徐文鹏、王玉琨、刘永和、向中林和强晓焕老师共同编写。第 2 版由河南理工大学徐文鹏、都伟冰、雒芬、曾艳阳、张建春和强晓焕老师共同改编。其中，第 6 章和附录 A 由都伟冰改写，第 2 章由雒芬改写，第 3 章由张建春改写，第 4 章由曾艳阳改写，第 7 章由强晓焕改写，第 1 章和第 5 章由徐文鹏改写。全书由徐文鹏统稿。

感谢河南理工大学及笔者所在的计算机学院，没有他们的支持与鼓励，不可能完成此书。感谢我校的侯守明、王春阳、王辉连三位老师给本书的编写提了很多很好的意见。同时，在教材编写过程中得到了韩明峰、李效伟、陈伟斌、方小勇、何南忠、李玉杰、刘春林、秦胜伟、王斌、余顺园、周保林、柏森、冯自学、李春元、吕娜、石亮亮、谢骊玲、叶武剑、高贤波、曾聪文等多位老师的支持与指导，作者在此一并向他们致以诚挚的谢意。最后，本书编写过程中参阅了许多计算机图形学的参考书及相关资料，谨向这些书的作者和译者表示衷心的感谢。

感谢清华大学出版社及邓艳编辑，在本书的出版过程中，我与邓艳编辑合作非常愉快。同时，向从事编辑和校对工作的同志致以深切谢意！

编　者

目　　录

第1章 绪 论

图形图像是现代社会信息化的重要支柱之一，计算机图形学便是与图形图像密切联系的一门综合性学科。所有现代科学和工程领域几乎都需要采用计算机图形以加强信息的传递与表达，因此当今的科学家和工程师都需要具备计算机图形学的基本知识。从应用领域来看，计算机图形学在造船、航空航天、汽车、电子、机械、建筑、影视、轻纺、化工等众多领域有着广泛的应用，而这些应用又在不断地推动着计算机图形学的发展，进一步充实和丰富了它的内容。

本章主要从图形学的 4W（What、Why、Where、When）方面来讨论计算机图形学的定义、内容、应用领域及其发展历史等方面的内容，使读者对计算机图形学有初步与整体的认识。其中，1.1 节从 What 角度来介绍图形学的定义与内容；1.2 节从 Why 角度来介绍图形学的目标与应用领域；1.1.3 节从 Where 角度来介绍图形学的相关学科；1.3 节从 When 角度来介绍图形学的发展历史及趋势。

1.1 计算机图形学的定义与内容

在学习计算机图形学之前，必须明确计算机图形学的定义，这样才能纲举目张，更好地掌握与学习它。我们先从图形的概念开始，来了解计算机图形学的相关知识。

1.1.1 图形及其与图像的区别

1. 图形

我们生活在一个客观的世界中，大部分的事物都是有"形"的，看得见摸得着，可以描述它们的形状，"形"因此成为人们认识事物和相互交流的一个关键元素。正是因为它的存在，人们在交流时，一谈到某事物概念，就会首先联想到它的形状，如圆形、方形等。因此，人们也习惯用形状来表示客观对象的外形特征，同时用"图形"来描绘和记录形状。

"图形"一词其实可以分成"图"和"形"两部分。其中，"形"指形体或形状，存在于客观世界和虚拟世界，它的本质是"表示"；而"图"则是由包含几何信息与属性信息的点、线等基本图元构成的画面，用于表达"形"，是"形"的视觉表现，它的本质是"表现"。"图"和"形"的关系是："形"是"图"之源，是"图"之根本，是"图"的基础；"图"

是"形"的载体，是"形"的表现。

从图形的发展历史来看，图形其实是一个不断发展和变化的概念。在早于计算机图形学和计算机辅助设计的时代，图形就是用油墨在纸上绘制出的所有线条，包括各种几何图形，以及由函数式、代数方程所描述的图形，这是人们习惯的图形概念。然而，随着计算机及计算机图形学技术的迅速发展，目前计算机图形处理的范围已远远超出了传统的图形概念，如今的图形已不同于绘制在图纸上的线条图形，它由点、线、面、体等几何要素和明暗、灰度（亮度）、色彩等非几何要素构成，不仅包括具有形状的几何信息，还包括颜色、材质等非几何信息。例如，对于一个红色的圆圈这样一幅图形，不仅要指出这个圆的数学方程，同时也要指出这个圆的颜色。因此，图形通常可用形状参数和属性参数来表示。形状参数描述形状的数学方程的系数、线段的起始点及终止点等，它突出图形的数学描述，强调图形的"形"的方面，即几何概念；属性参数则包括明暗、灰度、色彩、线型等非几何属性，强调图形的"图"的要素。

无论是早期图纸上的油墨线条，还是如今带有灰度、色彩及形状的图形，从性质上来看，图形都是真实物体或想象物体的抽象显示与表示。不同的是，早期它是简单几何抽象的表示，而现在它是更加真实的抽象表示。图形方式在表达物体信息时具有直观、形象的优势，具有不同于语言和文字的独特功能，同时它还能够清晰地表示出一些语言和文字难以准确描述的信息，如图 1.1 所示。

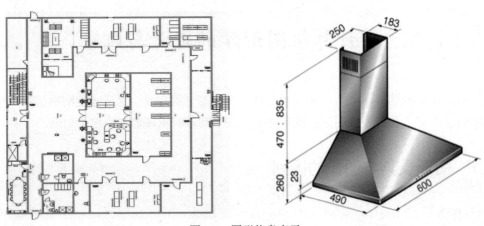

图 1.1　图形信息表示

因此，在文献①的基础上，可以对图形概念稍微拓展：（1）图形中的"形"不仅指形状，也应该包括物体的大小、位置、颜色和材质信息。其中物体的形状、大小和位置属几何信息，而颜色和材质则是几何信息的属性，因此，"形"实质就是"几何"，而不仅仅是形状。（2）"图形"一词既要分开理解，更要综合认识。分开而言，"形"指几何和材质信息，"图"是用以表达"形"的图画。因此，综合理解即，**图形就是表现物体几何信息的图画**。具体地说，图形是一种由不同属性（颜色、粗细、线型）的点、线、面等几何元素组

---

① 中国图学学会. 图学学科发展报告. 北京：中国科学技术出版社，2014.

合构成的图画，用来表现主客观世界中各种物体的几何信息。

从形状表现角度或表现能力上来区分，图形可分为二维（2D）图形与三维（3D）图形。2D 图形只能表现物体几何的两个维度信息，如长和宽、宽和高或长和高，物体几何信息的所有组成部分都在同一平面内，因此也称为平面图形。简单的平面图形如直线、三角形、圆等，复杂的平面图形可以由这些基本的平面图形组合构成，如图 1.2 所示。3D 图形指可以表现对象几何的三个维度信息（长、宽和高）的图形，它所表现形状的各个部分不在同一平面，能表现对象形状的上下（高度）、左右（长度）、前后（宽度）三维关系，具有较好的立体感和更好的表现力，因此有时也称为立体图形，如图 1.3 所示。3D 图形在工程中主要有轴测图和三视图，而在生活和娱乐中常见的则是透视图。

图 1.2   2D 图形

图 1.3   3D 图形

一图胜千言，从本质上来看，图形其实是一门语言。它和文字、声音一样，是人类进行知识传递和思想交流的一个重要工具和手段。它既是人类语言发展的最初形式，也是人类语言发展到更高阶段出现的必然结果，是文字语言的有力补充，在现代人类生活中发挥着越来越重要的作用。

2. 图像

与图形紧密联系的另一个重要概念是图像。从广义上说，图像是对自然界事物的客观反映，也是一个不断发展的概念。早期英文书籍中一般用 Picture 代表图像，其原意是指各种图片、图画、照片及光学影像，是采用绘画或者拍照的方法获得的人、物、景的模拟。

现在普遍采用 Image 代表离散的数字图像，Image 的含义是"像"，是客观世界通过光学系统产生的视觉映像。计算机只能处理离散的数据，图像数据若需要用计算机进行存储、显示或处理，首先需要对其进行数字化。数字化即为对图像 x、y 方向的网格化和颜色、灰度信息的量化。因此，计算机图像又称为数字图像，是离散化后的图像数据。数字图像的每个基本单元叫作像素，每个像素具有灰度或颜色信息。因此，数字图像强调图像由哪些点组成，并具有灰度或颜色两方面信息。

从本质上来说，图像是记录在介质上的客观对象的映像。对于计算机这种介质而言，它就是数字图像，如计算机显示器上所显示的就是数字图像，它是由像素组成的矩形光栅来显示不同的图像，其中每一个像素具有不同的颜色信息。

3. 图形与图像的区别

图形与图像两个概念的区别如表 1.1 所示。

表 1.1　图形与图像的比较

比 较 内 容	图　　　形	图　　　像
基本元素	点、线、面等几何元素，如直线、圆和多边形等	像素
存储数据	各个矢量的参数（属性）	各个像素的灰度或颜色分量
处理方式	旋转、扭曲、拉伸等	对比度增强、边缘检测等
缩放结果	不会失真，可以适应不同的分辨率	放大时会失真，可看到颗粒状像素
其他	图形不是客观存在的，是根据客观事物而主观形成	对客观事物的真实描述
实例	工程图纸	照片
应用领域	计算机辅助设计	图像处理

工程图纸是图形，照片是图像，图形关心的是线条及其各种属性，图像关心的是各像素的灰度值，由此不难区分两者的差异。同时，两者之间有着紧密的联系。理想的图形只能在几何数学中存在，对计算机而言，所有的图形最终都要通过图像的方式显示或表示。对图形对象进行放大、旋转及平移等变换处理的最终结果也都需要通过图像来显示，这一过程在计算机图形学中称为光栅化或扫描转换。另一方面，图像带有大量信息，其中就包括图形信息。可以通过图像处理的一些技术方法提取图像中的图形信息并将其转换输出为图形，这一过程在图像处理中称为矢量化。

如图 1.4（a）所示为一个真实矿山钢井架的照片图像，图 1.4（b）所示为一个矿山钢井架三维图形在某个环境角度下绘制的图像，在相应的软件中可以对其进行旋转、缩放及平移等操作，从而可以实现对井架三维模型进行全方位、不同角度的观察。对于真实井架或井架图片来说，这种方便的观察是很难达到的。同时，井架三维模型还可以忽略真实场景中钢井架的一些无关信息，集中抽象地表示钢井架的空间形状信息，并可以把现实井架中的一些不可见部分，如斜撑基础、被封闭包围的立架清晰地显示出来。从这个角度来说，它比照片图像能更清晰抽象地传达井架的几何信息，正因为如此，从一定程度上来说，图形相对图像来说可以更好地传达物体的几何信息。

　　　（a）井架照片图像　　　　　　　　　　　（b）井架三维图形绘制图像

图 1.4　矿山钢井架

1.1.2　计算机图形学的定义

　　对计算机图形学，不同组织和专家学者有着各自不同的定义。国际标准化组织（International Organization for Standardization，ISO）将其定义为：计算机图形学是研究通过计算机将数据转换成图形，并在专门显示设备上显示的原理、方法和技术的学科。美国电气电子工程师学会（Institute of Electrical and Electronics Engineers，IEEE）将其定义为：计算机图形学是利用计算机产生图形图像的艺术或科学。国内常见的定义如下：计算机图形学是利用计算机研究图形的表示、生成、处理和显示的学科；计算机图形学是研究在计算机中如何构造图形，并把图形的描述数据（数学模型）通过指定的算法转化成图形显示的一门学科。

　　上述图形学的定义，尤其是 ISO 的定义，很容易与数据可视化定义相混淆，主要原因是上述定义中没有明确图形学的研究对象，都只是强调了以图形为对象，而图形一词的含义与范围太广，因此不够清晰。为了明确图形学的研究对象，先来看看数据可视化的研究对象。现代的主流观点将数据可视化看成传统的科学可视化、信息可视化的泛称，其中科学可视化面向科学和工程领域数据，如含空间坐标和几何信息的三维空间测量数据、计算模拟数据和医学影像数据等。信息可视化的处理对象则是非结构化、非几何的抽象数据，如金融交易、社交网络和文本数据。

　　显然，当前的计算机图形学研究对象可以将数据可视化的研究对象排除在外。因此，我们可以明确计算机图形学的研究对象为场景对象，这里的场景对象指的是普通人眼能看到，人脑能想到的对象，如一座房子、一辆汽车、一个电影角色等。它们既可以是真实的，也可以是虚拟的；既可以是自然场景对象，也可以是人工场景对象。在此基础上，结合上述定义，我们给出计算机图形学的定义：**计算机图形学是研究通过计算机将场景对象转换为图形并进行显示的一门学科。**

在上述图形学定义的基础上，还需要明确计算机图形学的主要内容包括两方面：（1）将场景对象转换为图形；（2）将转换后的图形显示出来。前一个问题是表示问题，即如何在计算机中对场景对象进行表示与建模；后一个问题是绘制问题，即如何将这些场景对象的图形在计算机输出设备上绘制与渲染，这里绘制与渲染同义。需要指出的是，由于现代计算机输出设备几乎都是点阵式设备，因此在绘制或显示时还是要通过数字图像方式来实现。综合前述图形和计算机图形学的定义可以得到计算机图形学主要内容如图 1.5 所示，其中第二行是第一行对象的具体化。

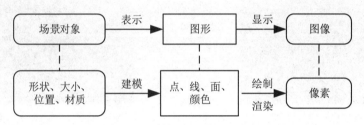

图 1.5　计算机图形学主要内容

1. 表示/建模

表示/建模就是研究如何用图形方式表示真实或虚拟世界中的场景对象。这种表示有时是近似的，如电影中的角色与对象；有时模型需要有一定的精确度控制，如 CAD 中的模型，要生产制造出它们，必须满足一定的精度要求。

广义的建模问题包括模型的表示与创建两方面。几何模型的表示方法主要有多边形网格、曲线曲面与细分曲面 3 种方式。多边形网格方法是通过一些小多边形及其组合来表示物体；曲线曲面方法主要通过数学上 NURBS（Non-Uniform Rational B-Splines，非均匀有理 B 样条）曲线曲面来表示对象；细分曲面则通过反复细化初始的多边形网格，产生一系列网格，来趋向于最终的细分曲面。每个新步骤产生一个新的、有更多多边形元素且更光滑的网格。

对表示问题来说，可以把机器或绘制程序所需的表示和用户或用户界面所需的表示区分开来。多边形网格表示法是目前主流的机器表示方法，如图 1.6 所示。然而，对于用户或模型的创建者而言，它是一个不太方便的表示方法。而曲线曲面方法则适合用户使用，但却不便于绘制，因此在绘制之前通常需要将其转换为多边形网格。当然，不管是适合机器的多边形网格表示方法，还是适合用户的曲线曲面表示方法，最终模型信息都是通过二进制方式来存储，同时这些模型信息本质上都与几何有关，因此从某种程度来说，模型可称为数字几何模型。

几何模型的创建方法几乎像物体自身的形状那样丰富且富于变化。最主要的创建方法是通过三维建模程序，如 Maya、3ds Max 等来创建所需对象；也可以直接从设备，如三维激光扫描仪或三维数字化仪等来获取数据创建物体几何模型；或者通过多张照片、深度照片或者视频来创建。

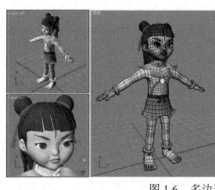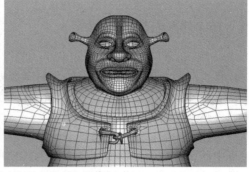

图 1.6　多边形网格表示的角色模型

2. 显示/绘制

"绘制"一词来自艺术领域，按中文字面理解，"绘"指用图形图像表达，"制"是制作，有制作者的主观因素，也有制作工具的因素。"绘制"更强调制作者通过制作工具来表示或展现自己对物体的理解，如一个画家根据石膏模型进行素描"速写"将其展现在画布上即为一个简单的绘制过程。

计算机图形学中的绘制其实就是将计算机中场景对象的数字几何模型转换为直观形象的图像形式，是一个数字几何模型的视觉可视化过程。它实质上是综合利用数学、光学、计算机等知识，将数字几何模型的形状、材质特性，及物体间的相对位置、遮挡关系等信息在计算机屏幕上显示出来。

图形学中的绘制类似于相机拍照成像，因此有时也被称为虚拟相机模型（Synthetic-camera model），如图 1.7 所示。图中的模型包含一个被观察对象和一个观察者，其中神庙对象是被观察对象，而观察者则是折叠暗箱照相机。相机成像结果是在照相机后部的成像平面上通过小孔成像原理生成的。对相机成像来说，需要有神庙（被观察对象）、相机（观察者）和成像平面，而对虚拟相机模型下的绘制成像来说，也需要这 3 个基本元素。不同的地方在于：（1）相机拍照的对象一般为真实的场景对象，如神庙建筑，而虚拟相机所观察的对象一般为数字几何模型；（2）相机成像通过小孔成像的光学原理来完成，而虚拟相机绘制则通过一些几何方法来计算成像结果；（3）相机的成像平面只能在相机镜头的后面，而虚拟相机的成像平面则更加灵活，既可以放在镜头后面，也可以放在镜头前面。

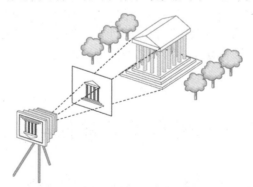

图 1.7　图形绘制的虚拟相机模型

1.1.3　图形学相关学科

与计算机图形学关系非常紧密的学科有数据可视化、数字图像处理、机器视觉、计算几何、计算机辅助几何设计等，它们与计算机图形学之间相互渗透、相互交叉，在很多地方学科边界越来越模糊。

如前所述，计算机中的图像是用数码摄像机或图像扫描仪等手段将图像数字化后，将客观世界中原来存在的景物摄制成适合于计算机存储和处理的数字图像。那么，从狭义上来看，图像处理就是对图像进行增强、去噪、滤波以改善图像的视觉效果，突出感兴趣的内容或者计算图像的统计特征。广义的图像处理不仅包含图像处理等内容，还包括模式识别，后者是对图像进行理解和分析，从图像中提取有意义的信息，如对图像矢量化，识别图像中的符号，提取图像中所表达的现象的特征，或从图像中提取所关注的事物的二维或三维几何信息的过程。可以说，狭义图像处理所处理的对象为图像数据本身，而模式识别所关注的则是图像所表达的信息特征。从某种意义上说，广义图像处理所包含的模式识别是计算机图形学的一个逆过程。

计算几何是一门通过计算机技术求解几何问题的学科，如求任意多边形的面积和周长；任意多面体的体积和表面积；生成特定的几何图形，如最优三角形网等。计算几何所处理的几何数据可以使用计算机图形学技术进行显示，而某些计算机图形的生成和绘制过程需要借助于计算几何的算法来处理图形数据。

与图形学相关的学科还有计算机视觉。计算机视觉是研究用计算机来模拟生物微观或宏观视觉功能的科学和技术，它模拟人对客观事物模式的识别过程，是从图像到特征数据、再到对象描述的处理过程。这几门学科之间的关系如图 1.8 所示。

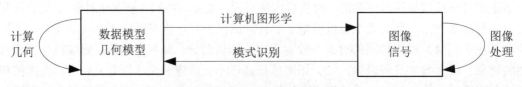

图 1.8　图形学与相关学科

近年来，随着多媒体、图像数据传输、数据可视化以及虚拟现实等技术的迅速发展，以上几个学科的界限变得模糊起来。例如，在图像处理中，需要用计算机图形学中的交互技术和手段输入图形、图像，以及控制相应的过程；在计算机视觉中，也经常采用图形生成技术来帮助合成对象的图像模型。它们之间的这种相互渗透，反过来也促进了学科本身的发展。

1.2　计算机图形学的目标与应用领域

学习计算机图形学前，还需要解决另一个重要问题：为何要学习计算机图形学？本节将从图形学的目标与应用领域两方面来尝试回答这一问题。

1.2.1 计算机图形学的核心目标

视觉交流在人类的生产与生活中发挥着极其重要的作用。生活中，视觉交流广泛存在于电影、游戏、广告图示等行业中。而另一方面，视觉交流对人类生产也有着重要的推动与促进作用。历史证明，人类的视觉在科学发现中发挥过杰出的作用。通常在可视化方面，关键技术的出现就是重大科学发现的前奏，望远镜和显微镜在天文学和生物学发展中的作用就是明证，这些工具放大和扩展了人类视觉的功能。今天，这个道理仍然成立。人类的视觉交流功能，允许人类对大量抽象的数据进行分析。新的数据开发工具，可以大大拓展我们的视觉能力。人的创造性不仅取决于人的逻辑思维，而且取决于人的形象思维。

计算机图形学的核心目标在于创建有效的视觉交流。在科学领域，图形学可以将科学成果通过可视化的方式展示给公众；在娱乐领域，如在 PC 游戏、手机游戏、3D 电影与电影特效中，计算机图形学发挥着越来越重要的作用；在创意或艺术创作、商业广告、产品设计等行业，图形学也起着重要的基础作用。而在科学领域中，这一点是在 1987 年关于科学计算可视报告中才被重点提出。该报告引用了理查德·汉明（Richard Hamming）在 1962 年的经典论断："计算的目的是洞察事物的本质，而不是获得数字。"报告中提到了计算机图形学在帮助人脑从图形图像的角度理解事物本质的重要作用，因为图形图像比单纯数字具有更强的洞察力。

视觉交流的一个基本问题是如何通过图形或几何的方式来表示或展示一些问题或信息。不管是在科学领域内还是在领域外，计算机图形学通过图形图像的方式提供了对问题与信息的一个更好的展示与理解方式。我们用可视化的图形术语表达问题，通过建立实际的图形图像把问题具体化，最后把图像作为对问题进行表示和深入理解的工具，由此实现对问题的更深刻认识与理解，最终达到最优化的求解方案。如图 1.9 所示为视觉交流的闭合环描述，这一过程通常可分解为以下 3 个阶段。

图 1.8 视觉交流基本问题

（1）观察→问题/信息：通过观察、思考，明确问题或要传达的信息。

（2）问题/信息→几何：通过建模表达问题，使问题被更抽象地表示，在此基础上用几何模型表示出问题或信息。

（3）几何→图像：由几何模型生成图像，将问题或信息可视化。

以上过程可能是一个反复循环的过程，不断优化，直到问题得到完美解决。

1.2.2 计算机图形学的应用领域

随着计算机图形学的发展，以及计算机软、硬件性能的提高和成本的下降，计算机图形学的应用领域也越来越广泛，下面是其一些主要的应用领域。

1. 计算机辅助设计与制造（CAD/CAM）

CAD/CAM 是计算机图形学最早也是最主要的一个应用领域，该领域至今仍是工业界最广泛、最活跃的一个领域。在这一领域中，计算机图形学被用来进行土建工程、机械结构和产品的设计，包括设计飞机、汽车、船舶的外形和发电厂、化工厂等的布局以及电子线路、电子器件的结构等。CAD 着眼于绘制工程和产品相应结构的精确图形，然而其更常用的是对所设计的系统、产品和工程的相关图形进行交互设计和修改，经过反复的迭代设计，便可利用结果数据输出零件表、材料单、加工流程和工艺卡，或者数据加工代码的指令。在电子工业中，计算机图形学应用到集成电路、印刷电路板、电子线路和网络分析等方面的优势是十分明显的。一个复杂的大规模或超大规模集成电路板图根本不可能用手工设计和绘制，用计算机图形系统不仅能进行设计和画图，而且可以在较短的时间内完成，其结果可以直接送至后续工艺进行加工处理。在飞机工业中，美国波音飞机公司已用有关的 CAD 系统实现波音飞机的整体设计和模拟，其中包括飞机外形、内部零部件的安装和检验。

随着计算机网络的发展，在网络环境下进行异地异构系统的协同设计已经成为 CAD 领域最热门的课题之一。现代产品设计已不再是一个设计领域内孤立的技术问题，而是综合了产品各个相关领域、相关过程、相关技术资源和相关组织形式的系统化工程。它要求设计团队在合理的组织结构下，采用群体工作方式来协调和综合设计者的专长，并且从设计一开始就考虑产品生命周期的全部因素，从而达到快速响应市场需求的目的。协同设计的出现使企业生产的时空观发生了根本的变化。异地设计、异地制造、异地装配已成为可能，从而为企业在市场竞争中赢得了宝贵的时间。

使用 CAD 技术后，不仅提高了设计效率，缩短了设计周期，改善了设计质量，降低了设计成本，而且可以为后续工序的计算机辅助制造（CAM）建立 CAD 数据库，使 CAD/CAM 联成一体，为生产自动化奠定基础。CAD/CAM 是高新技术，是先进的生产力，它已经并将进一步给人类带来巨大的影响和利益。现在，CAD 技术的水平已成为衡量一个国家工业技术水平的重要标志。图 1.10 给出了快速自动成型制造系统的流程图。

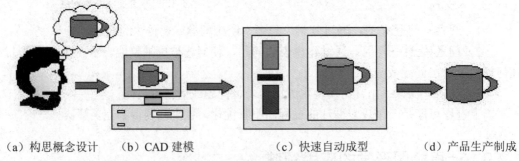

（a）构思概念设计　　（b）CAD 建模　　　　（c）快速自动成型　　　（d）产品生产制成

图 1.10　快速自动成型制造系统

近年来，3D 打印技术日渐成熟、普及。3D 打印技术可被看作快速成型制造技术的一个分支或延伸，其正式名称为"增材制造"，这非常恰当地描述了 3D 打印的工作原理，如

图 1.11 所示。"增材"是指 3D 打印通过将原材料沉积或黏合为材料层以构成三维实体的打印方法，"制造"是指 3D 打印机通过某些可测量、可重复、系统性的过程制造材料层。

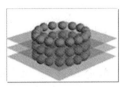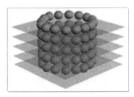

图 1.11　3D 打印的工作原理

一台 3D 打印机可以小到能放入一个手提袋，也可以大到像一辆微型面包车大小其造价从几千元到几百万不等，它们共同的特点是按照计算机的指令将原材料按层堆积以形成三维物体。

2. 科学计算可视化（Visualization in Scientific Computing）

Visualization 一词，来自英文的 Visual，原意是视觉的、形象的，中文译成"视觉化"可能更为贴切。事实上，将任何抽象的事务、过程变成图形图像的表示都可以称为可视化，如与计算机有关的可视化界面（Windows）、可视化编程（Visual C++）等。但作为学科术语，"可视化"一词正式出现于 1987 年 2 月美国国家科学基金会（National Science Foundation，NSF）召开的一个专题研讨会上。研讨会后发表的正式报告给出了科学计算可视化的定义、覆盖领域以及近期和长期研究的方向。这标志着"科学计算可视化"作为一个学科在国际范围内已经成熟。

科学计算可视化的基本含义是运用计算机图形学或一般图形学的原理和方法，将科学与工程计算等产生的大规模数据转换为图形、图像，以直观的形式表示出来。它涉及计算机图形学、图像处理、计算机视觉、计算机辅助设计及图形用户界面等多个研究领域，现今已成为计算机图形学研究的重要应用领域。

可视化技术的出现有着深刻的历史背景，这就是社会的巨大需求和技术水平的进步。可视化技术由来已久，早在 20 世纪初期，人们就已经将图表和统计等原始的可视化技术应用于科学数据分析当中。随着人类社会的飞速发展，人们在科学研究和生产实践中越来越多地获得大量科学数据。计算机的诞生和普及应用，使得人类社会进入了一个信息时代，它给人类社会提供了全新的科学计算和数据获取手段，使人类社会进入"数据的海洋"，而人们进行科学研究的目的不仅仅是获取数据，而是要通过分析数据去探索自然规律。传统的纸、笔可视化技术与数据分析手段的低效性，已严重制约了科学技术的进步。计算机软、硬件性能的不断提高和计算机图形学的蓬勃发展，促使人们将这一新技术应用于科学数据的可视化中。

借助航天航空、遥感、加速器、CT（计算机断层扫描）、MRI（核磁共振）、计算机模拟（如核爆炸）等手段，人类获取数据的能力飞速提高，每天产生的数据已经不是大量，而是海量。一项统计表明，人类每天需要处理的数据量在 20 世纪 80 年代一般在百万字节数量级，20 世纪 90 年代已经增加 1 000 倍以上，而且增加的趋势还在加强。面对堆积如山的数据，及时解读并获取有用的信息成为人类面临的巨大挑战。传统的数字或字符形式的处理显然无法满足需要。可视化技术，在这个意义上就成了"科学技术之眼"，它是科学发现和工程设计的工具。

3. 虚拟现实（Virtual Reality）

虚拟现实是一项综合集成技术，涉及计算机图形学、人机交互技术、传感技术、人工智能等领域，它用计算机生成逼真的三维视、听、嗅等感觉，使人作为参与者通过适当装置，自然地对虚拟世界进行体验和交互。使用者进行位置移动时，计算机可以立即进行复杂的运算，将精确的 3D 世界影像传回以产生临场感。该技术集成了计算机图形（CG）技术、计算机仿真技术、人工智能、传感技术、显示技术、网络并行处理等技术的最新发展成果，是一种由计算机技术辅助生成的高技术模拟系统。

概括地说，虚拟现实是人们通过计算机对复杂数据进行可视化操作与交互的一种全新方式，与传统的人机界面以及流行的视窗操作相比，虚拟现实在技术思想上有了质的飞跃。

虚拟现实中的"现实"泛指在物理意义上或功能意义上存在于世界上的任何事物或环境，它可以是实际上可实现的，也可以是实际上难以实现或根本无法实现的。而"虚拟"指用计算机生成的意思。因此，虚拟现实是指用计算机生成的一种特殊环境，人可以通过使用各种特殊装置将自己"投射"到这个环境中，并操作、控制环境，实现特殊的目的，即人是这种环境的主宰。

从技术的角度来说，虚拟现实系统具有下面 3 个基本特征，即 3 个 I：Immersion-Interaction-Imagination（沉浸—交互—构想），它强调了在虚拟系统中人的主导作用。从过去人只能从计算机系统的外部去观测处理的结果，到人能够沉浸到计算机系统所创建的环境中；从过去人只能通过键盘、鼠标与计算环境中的单维数字信息发生作用，到人能够用多种传感器与多维信息的环境发生交互作用；从过去人只能从以定量计算为主的结果中得到启发从而加深对事物的认识，到人有可能从定性和定量综合集成的环境中得到感知和理性的认识，从而深化概念和萌发新意。总之，在未来的虚拟系统中，人们的目的是使这个由计算机及其他传感器所组成的信息处理系统去尽量"满足"人的需要，而不是强迫人去"凑合"使用那些不是很亲切的计算机系统。

现在的大部分虚拟现实技术都是关于视觉体验的，这些视觉体验一般通过计算机屏幕、特殊显示设备或立体显示设备获得，不过一些仿真中还包含了其他的感觉处理，比如从音响和耳机中获得声音效果。在一些高级的触觉系统中还包含了触觉信息，也叫作力反馈，在医学和游戏领域有这样的应用。人们与虚拟环境交互要么通过标准装置（如一套键盘与鼠标），要么通过仿真装置（如一只有线手套），要么通过情景手臂或全方位踏车。虚拟环境可以和现实世界类似，如飞行仿真和作战训练；也可以和现实世界有明显差异，如虚拟现实游戏等。就目前的实际情况来说，还很难形成一个高逼真的虚拟现实环境，这主要是技术上的限制造成的，这些限制来自计算机处理能力、图像分辨率和通信带宽等。然而，随着时间的推移，处理器、图像和数据通信技术变得更加强大，并具有成本效益，这些限制将最终被克服。

4. 动画（Animation）

随着计算机图形学技术的迅速发展，它在动画中的应用范围也不断扩大，计算机动画的内涵也在不断扩大。计算机动画发展到今天，主要分为两个阶段（或分为两大类），即计算机辅助动画（Computer-assisted Animation）和计算机生成动画（Computer-generated Animation）。计算机辅助动画也叫二维动画，计算机生成动画也叫三维动画。如图 1.12 所示是"变形"（Morpher）的图形处理方法示例。

图 1.12 基于特征的图像变形

早期的计算机动画灵感来源于传统的卡通片。制作传统卡通片时，一般首先由动画设计师创作出人物、场景的关键画面，而两个关键画面之间的变化过程由其他动画工作者绘制。中间画的张数取决于人物动作变化的幅度及运动规律，要使动作过渡得平滑自然，且全部手工绘制，工作量是巨大的。20 世纪 60 年代制作动画片《大闹天宫》时，几十位动画工作者花费了近两年的时间才完成。

在计算机辅助动画阶段，一般在生成几幅被称作"关键帧"的画面后，由计算机对两幅关键帧进行插值生成若干"中间帧"，连续播放时两个关键帧就被有机地结合起来了，这样大大提高了动画制作的质量和效率，同时还可以利用造型工具创作出关键帧中形象逼真的演员、场景。计算机辅助生成动画的方法多种多样，图 1.12 所示的为基于特征的图像变形，还有二维形状混合、轴变形方法、三维自由形体变形（Free-form Deformation，FFD）等。

20 世纪 90 年代是计算机动画应用辉煌的 10 年。Disney 公司每年都要出一部制作精美的卡通动画片，好莱坞的大片屡屡大量运用计算机生成各种各样精彩绝伦的动画特技效果，广告设计、电脑游戏也频频运用计算机动画。计算机动画也因这些商业应用的大力推动而有了极大的发展。

近年来，人们普遍将注意力转向基于物理模型的计算机动画生成方法。这是一种崭新的方法，该方法大量运用弹性力学和流体力学的方程进行计算，力求使动画过程体现出最符合真实世界的运动规律。然而要真正达到真实运动的水平是很难的，比如人的行走或跑步是全身的各个关节协调的结果，要实现很自然的人走路动画，计算方程非常复杂，计算量极大。基于物理模型的计算机动画还有许多内容需要进一步研究。

1.3　计算机图形学的发展

计算机图形学自 20 世纪 50 年代诞生以来，在各种应用领域的驱动下迅速发展，经历了若干典型的发展阶段，最终形成了以图形学算法为核心的独特应用学科体系。

1.3.1　计算机图形学的发展简史

计算机图形学从诞生开始，经历了大概 4 个典型发展阶段：线框图形学、光栅图形学、真实感图形学及实时图形学。

1. 计算机图形学的诞生（1950—1960 年）

1950 年，第一台图形显示器作为美国麻省理工学院（MIT）旋风 I 号（Whirlwind I）计算机的附件诞生了。该显示器用一个类似于示波器的阴极射线管（CRT）来显示一些简单的图形。1958 年，美国 Calcomp 公司由联机的数字记录仪发展成滚筒式绘图仪，GerBer 公司把数控机床发展成为平板式绘图仪。在整个 20 世纪 50 年代，只有电子管计算机，且用机器语言编程，其主要应用于科学计算，为这些计算机配置的图形设备仅具有输出功能。那时，计算机图形学处于准备和酝酿时期，并被称为"被动式"图形学。到 20 世纪 50 年代末期，MIT 的林肯实验室在"旋风"计算机上开发了 SAGE 空中防御体系，第一次使用了具有指挥和控制功能的 CRT 显示器，操作者可以用笔在屏幕上指出被确定的目标。与此同时，类似的技术在设计和生产过程中也陆续得到了应用，这预示着计算机图形学的诞生。

2. 线框图形学（1960—1970 年）

1962 年，MIT 林肯实验室的伊万·萨瑟兰（Ivan E. Sutherland）发表了一篇题为《Sketchpad：一个人机交互通信的图形系统》的博士论文，他在论文中首次使用了"计算机图形学"（Computer Graphics）这个术语，证明了计算机图形学是一个可行的、有用的研究领域，从而确定了计算机图形学作为一个崭新的科学分支的独立地位。他在论文中所提出的一些基本概念和技术，如交互技术、分层存储符号的数据结构等至今还在广泛应用。1964 年，MIT 的教授史蒂文·库恩斯（Steven A. Coons）提出了被后人称为"超限插值"的新思想，其通过插值 4 条任意的边界曲线来构造曲面。同在 20 世纪 60 年代早期，法国雷诺汽车公司的工程师皮埃尔·贝济耶（Pierre Bézier）提出了一套被后人称为 Bézier 曲线曲面的理论，被其成功地用于几何外形设计，并由此开发出了用于汽车外形设计的 UNISURF 系统。Coons 方法和 Bézier 方法是计算机辅助几何设计（Computer Aided Geometry Design，CAGD）最早的开创性工作。这一阶段图形学的典型特点是利用直线、曲线等线条来表示物体对象。

3. 光栅图形学（1970—1980 年）

20 世纪 70 年代是计算机图形学发展过程中一个重要的历史时期。由于光栅显示器的产生，在 20 世纪 60 年代就已萌芽的光栅图形学算法迅速发展起来，区域填充、裁剪、消隐等基本图形概念及其相应算法纷纷诞生，图形学进入了第一个兴盛时期，并开始出现实用的 CAD 图形系统。这一阶段图形学的特点是充分利用区域填充来表现线框线条不能表现的复杂对象。同时，这一阶段因为通用、与设备无关的图形软件的发展，图形软件功能的标准化问题被提了出来。早在 1974 年，在美国国家标准化局（ANSI）举行的"与机器无关的图形技术"工作会议上，提出了计算机图形的标准化和制定有关标准的基本规则。在此会议之后，美国计算机协会（ACM）专门成立了一个图形标准化委员会，开始制定有关标准。该委员会在总结以往多年图形软件工作经验的基础上，于 1977 年公布了核心图形系统规范 CGS（Core Graphics System），并于 1979 年公布了修改后的第二版。

1982 年，ISO 通过了将原西德标准化组织定义设计的计算机图形核心系统 GKS（Graphics Kernel System）作为计算机图形软件包的二维国际标准草案，并于 1985 年公布了 GKS 的正式文本 ISO 9742。同时，ISO 在 1986 年又公布了面向程序员的层次交互图形标准 PHIGS（Programmer's Hierarchical Interactive Graphics Standard）。该标准向程序员提供了控制图形设备的图形系统的接口。这些标准的制定，对计算机图形学的推广、应用和资源信息共享起了重要作用。

4. 真实感图形学（1980—1990 年）

随着图形学的发展，图形表示的更高要求逐渐提上日程，真实感图形学阶段应运而生。事实上，真实感图形学自 20 世纪 70 年代就已经萌芽。1970 年，布克耐特（Bouknight）提出了第一个光反射模型，1971 年，古兰德（Gourand）提出"漫反射模型＋插值"的思想，其被称为 Gourand 明暗处理。1975 年，蓬（Phong）提出了著名的简单光照模型——Phong 模型。这些可以算是真实感图形学最早的开创性工作。

1980 年，怀特（Whitted）提出了一个光透视模型——Whitted 模型，并第一次给出光线跟踪算法的范例，实现 Whitted 模型。1984 年，美国 Cornell 大学和日本广岛大学的学者分别将热辐射工程中的辐射度方法引入计算机图形学中，用辐射度方法成功地模拟了理想漫反射表面间的多重漫反射效果。光线跟踪算法和辐射度算法的提出，标志着真实感图形的显示算法已逐渐成熟。从 20 世纪 80 年代中期以来，超大规模集成电路的发展为图形学的飞速发展奠定了物质基础。计算机运算能力的提高、图形处理速度的加快，使得图形学的各个研究方向得到充分发展。现今，图形学已广泛应用于动画、科学计算可视化、CAD/CAM 以及影视娱乐等各个领域。

5. 实时图形学（1990 年至今）

前面已经简要介绍了各种光照明模型及它们在真实感图形学中的一些应用方法，它们都是用数学模型来表示真实世界中的物理模型的，其可以很好地模拟出现实世界中的复杂场景，所生成的真实感图像可以给人高度逼真的感觉。但是，用这些模型生成一幅真实感图像需要较长的时间，尤其对于比较复杂的场景，绘制的时间甚至可以达到数个小时。尽管现在的计算机硬件水平有了很大的提高，而且关于这些真实感图形学算法的研究也有了很大的发展，但是真实感图形的绘制速度仍然不能满足某些需要实时图形显示的任务要求。例如，在某些需要动态模拟、实时交互的科学计算可视化以及虚拟现实系统中，对于图形显示的实时性要求很高，这时就必须采用实时图形学技术。

实时真实感图形学技术是在当前图形算法和硬件条件的限制下提出的在一定时间内完成真实感图形图像绘制的技术。一般来说，它通过损失一定的图形质量来达到实时绘制真实感图像的目的，就目前的技术而言，主要是通过降低显示三维场景模型的复杂度来实现，这种技术被称为层次细节（Level of Detail，LOD）显示和简化技术，是当前大多数商业实时真实感图形生成系统中所采用的技术。最近几年，又出现了一种全新思想的真实感图像生成技术——基于图像的绘制技术（Image Based Rendering），它利用已有的图像来生成不同视点下的场景真实感图像，生成图像的速度和质量都是以前的技术所不能比拟的，具有很好的应用前景。

实时真实感图形学技术是当前计算机图形学领域中的研究热点，它还处在不断发展阶段，有兴趣的读者可以参阅相关文献。

1.3.2　计算机图形学的发展趋势

计算机图形学经过将近 60 年的发展，已进入较为成熟的发展期。计算机图形学在计算机辅助设计与加工、影视动漫、军事仿真、医学图像处理、气象、地质、财经和电磁等科学可视化领域的成功应用，特别是在迅猛发展的动画电影产业中的应用，带来了可观的经济效益。另一方面，这些领域应用的推动，也给计算机图形学的发展提供了新的发展机遇与挑战。

从计算机图形学学科发展来看，有以下几个发展趋势。

（1）GPU 计算发展迅猛

基于 GPU（Graphic Processing Unit，图形处理器）的图形硬件技术得以迅速发展，现在已经能在一个 GPU 芯片上采用 28nm 工艺集成上千个采用 SIMD（单指令多数据流）架构的通用计算核心。主流图形硬件商 nVIDIA、AMD 以及 Intel 已推出基于 MIMD（多指令多数据流）计算核心的 GPU 芯片用于图形加速绘制，以支持 DirectX 11 以及 OpenGL 4.3 图形标准。最新的图形学研究表明，采用 GPU 技术可以充分利用计算指令和数据的并行性，目前已可在单个工作站上实现百倍于基于 CPU 方法的渲染速度。

近年来，GPU 正在以大大超过摩尔定律的速度高速发展，这极大地提高了计算机图形处理的速度和质量，它不但促进了图像处理、虚拟现实、计算机仿真等相关应用领域的快速发展，同时也为人们利用 GPU 进行图形处理以外的通用计算提供了良好的运行平台。

图形处理器技术的迅速发展带来的并不只是速度的提高，还由此产生了很多全新的图形硬件技术，使 GPU 具有流处理、高密集并行运算、可编程流水线等特性，从而极大地拓展了 GPU 的处理能力和应用范围。

正是由于 GPU 具有高效的并行性和灵活的可编程性等特点，才使越来越多的研究人员和商业组织开始利用 GPU 完成一些非图形绘制方面的计算，并开创了一个新的研究领域。基于 GPU 的通用计算（General-Purpose computation on GPU，GPGPU），其主要研究内容是如何利用 GPU 在图形处理之外的其他领域进行更为广泛的科学计算。目前其已成功应用于运动规划、代数运算、优化计算、偏微分方程、数值求解、流体模拟、数据库应用、频谱分析等非图形应用领域，甚至包括智能信息处理系统和数据挖掘工具等商业化应用。同时，也产生了一些针对 GPU 开发的通用计算工具包，它们能够基于 GPU 平台对 FFT、BLAS、排序及线性方程组求解等科学计算进行优化实现。

（2）研究和谐自然的三维模型建模方法

三维模型建模方法是计算机图形学的重要基础，是生成精美三维场景和逼真动态效果的前提。然而，传统的三维模型方法，由于其主要思想方法来源于 CAD 中基于参数式调整的形状构造方法，建模效率低而学习门槛高，不易于普及和让非专业用户使用。而随着计算机图形技术的普及和发展，各类用户都提出了高效的三维建模需求，因此研究和谐自然的三维建模方法是发展的一个重要趋势。

采用合适的交互手段进行三维模型的快速构造，特别是在概念设计和建筑设计领域中的应用已引起国际同行的广泛关注。由于笔式或草图交互方式非常符合人类原有日常生活中的思考习惯，因此其是研究的重点问题。其难点是如何根据具体的应用领域，与视觉方法相融合，设计合理的交互语汇以及对应的过程式"识别—构造"方法。

与此相关的一个问题是基于规则的过程式建模方法。由于 Google Earth 等数字地图信息系统的广泛应用，人们对于地图之上的建筑物信息等存在迫切需求。为此，研究者希望通过激光扫描或者视频等获取方式获得相关信息后，能迅速地重建出相关三维模型信息。然而，单纯的重建方式存在精度低、稳定性差和运算量大等不足，远不能满足实际的需求。因此，最近的研究倾向于采用与基于规则的过程式建模方法相结合来尝试高效地构造出三维建筑模型以及相关的树木等结构化场景。

三维建模方法中的另一主要问题是研究合适的曲面表达方法，以适于各类图形学的应用。在 CAD 中的主流方法是采用 NURBS 方法，然而此类方法无法很好地解决非正规情况下的曲面拼合，不太适合于图形学。为此，细分曲面方法，作为一种离散迭代的曲面构造方法，由于其构造过程朴素、简单以及实现容易，成为一个方兴未艾的研究热点，而且极有可能逐步取代 NURBS 方法。其需要解决的主要问题有：① 奇异点处的 C 连续性的有效构造方法；② 与 GPU 图形硬件相结合的曲面处理方法。

（3）利用日益增长的计算性能，实现具有高度物理真实的动态仿真

高度物理真实感的动态模拟，包括对各种形变、水、气、云、烟雾、燃烧、爆炸、撕裂、老化等物理现象的真实模拟，是计算机图形学一直试图达到的目标。这一技术是各类动态仿真应用的核心技术，它可以极大地提高虚拟现实系统的沉浸感。然而，高度物理真实性模拟主要受限于计算机的处理能力和存储容量限制，其不能处理很高精度的模拟，也无法做到很高的响应速度。所幸的是，GPU 技术带来了革新这一技术的可能，那就是充分利用 GPU 硬件内部的并行性。研究者开始普遍关注基于 GPU 的各类数学物理方程求解与其相关的有限元加速计算方法。研究的焦点还是单个物理方法的 GPU 实现。然而，随着

nVidia 推出了基于 GPU 的 PhysX 通用物理加速技术，以及 Havok 公司与 AMD 合作开发了通用物理中间件技术，相信未来可为高度物理真实的动态模拟提供新的研究机遇。

（4）研究多种高精度数据获取与处理技术，增强图形技术的表现

实现真实感的画面与逼真动态效果，一种有效的解决途径是采用各种高精度手段获取所需的几何、纹理以及动态信息。为此，研究者考虑对各个尺度上的信息进行获取。小到物体表面的微结构、纹理属性和反射属性，对于这些信息，他们通过研制特殊装置予以捕获与处理，或采用一组相同摄像机来获取演员的几何形体与动态；大到采用激光扫描获取整幢建筑物的三维数据。这里主要研究 3 个问题：① 图形获取设备的设计与实现，这是与计算机视觉、硬件、软件相关的系统工程研究问题；② 由于一般获取的数据均极为庞大且附加了各种噪声与冗余信息，如何对这些数据进行处理与压缩以适合于图形学应用是主要问题；③ 一旦获取相关的数据，如何对其进行重用是一个主要课题。因此，目前基于数据驱动的方法、与机器学习相交叉的图形学方法是研究热点。

（5）计算机图形学与图像视频处理技术的结合

家用数字相机和摄像机的日益普及，使得对于数字图像与视频数据的处理成为计算机研究中的热点问题。而计算机图形学技术，恰可以与这些图像处理、视觉方法相交叉融合，来直接生成风格化的画面，实现基于图像三维建模以及直接基于视频和图像数据来生成动画序列。计算机图形学中正向地生成图像方法和计算机视觉中逆向地从图像中恢复各种信息方法的结合，带来了无可限量的想象空间，使我们可以构造出很多视觉特效，并最终将其用于增强现实、数字地图、虚拟博物馆展示等多种应用中去。

（6）从追求绝对的真实感向追求与强调图形的表意性转变

计算机图形学在追求真实感方面的研究已进入一个发展的平台期，基本上各种真实感特效在不计较计算代价的前提下均能较好地得以重现。然而，人们创造和生成图片的终极目的不仅仅是展现真实的世界，更重要的是表达所需要传达的信息。例如，在一个需要描绘的场景中，每个对象和元素都有其需要传达的信息，我们可根据重要度不同采用不同的绘制策略来进行分层渲染再加以融合，最终合成具有一定表意性的图像。为此，研究者已经开始研究如何与图像处理、人工智能、心理认知等领域相结合，探索合适表意性图形生成方法。而这一技术趋势的兴起，实际上延续了已有的非真实感绘制研究中的若干进展，其在未来必将有更多的发展。

（7）在移动设备、嵌入式设备上发展迅速

随着硬件性能的不断提升和价格的迅速下降，以个人数字助理（PDA）、平板电脑和移动电话为代表的移动设备逐渐普及，而随着图形渲染技术的不断革新，工业控制与消费电子领域的嵌入式设备也都逐渐引入了 3D 显示的功能。与此同时，移动通信技术正在向以宽带通信为特征的第三代技术发展，基于各种嵌入式设备、移动设备和无线网络的各种应用需求从广度与深度上日益扩大和提高，在移动网络上传输大规模图形图像数据以及在小屏幕移动设备上显示高质量的图形图像效果的需求日益迫切。

移动设备、嵌入式设备在具有体积小、功耗低、适应性强等优势的同时，也存在处理器运算速度低、存储空间小等诸多局限性。因此，需要根据计算机图形学实现平台的不同，

在移动应用、嵌入式应用需求的推动下，对移动设备、嵌入式设备的图形技术进行研究开发，以提高移动无线网络环境中移动数据终端或嵌入式设备上的图形图像显示的效果和性能。

习 题 1

1．图形的本质是什么？

2．图形包括哪两方面的要素？在计算机中如何表示它们？

3．计算机图形学的主要内容是什么？

4．图形与图像有何联系和区别？

5．除了本章介绍的计算机图形学应用领域之外，你能再列举一些其他的应用领域吗？

第2章 图形系统

使用计算机进行图形处理时，需要有一个由硬件和软件组成的计算机图形系统，也就是我们通常说的支撑环境。本章主要讨论计算机图形系统完成图形显示任务的原理与方式，并对图形系统所涉及的主要软件和硬件进行必要的介绍。最后，对图形流水线进行介绍与分析。

2.1 图形系统概述

计算机图形系统是面向图形应用的计算机系统，除了具有一般计算机系统的基本硬件系统与软件系统外，还具有图形的输入、输出设备以及必要的交互工具。因此，它要求主机的性能更高，速度更快，存储容量更大，外设种类更齐全。

2.1.1 图形系统组成结构

一般来说，计算机图形系统由硬件设备及相应的软件系统两部分组成。严格来说，使用图形系统的用户也是这个系统的组成部分。在整个系统运行时，用户始终处于主导地位。因此，一个非交互式计算机图形系统只是普通的计算机系统加图形设备；而一个交互式计算机图形系统则是用户、计算机和图形设备、图形软件三者协调运行的系统，在这三者之间则是图形数据和信息的流动，具体关系如图 2.1 所示。

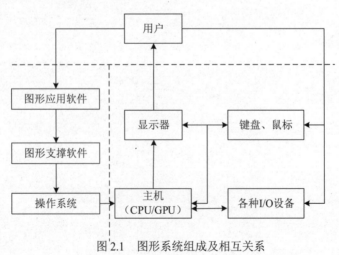

图 2.1　图形系统组成及相互关系

在一个完整的交互式计算机图形系统中，图形软件系统与硬件系统的基本组成分类如图 2.2 所示。

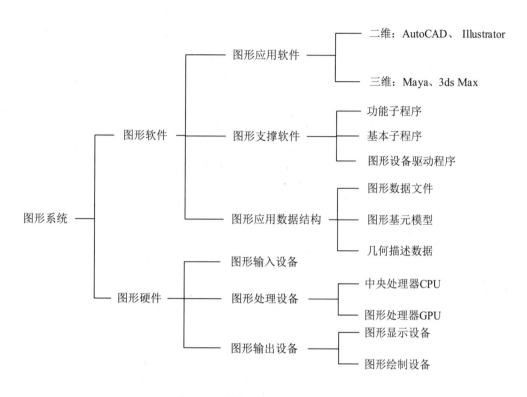

图 2.2 计算机图形系统的组成分类

1. 图形硬件

硬件设备是计算机图形学存在与发展的物质基础，其本身又是计算机科学技术高水平发展和应用的结果。第一台图形设备诞生于 1950 年，它是美国麻省理工学院的旋风 I 号（Whirlwind I）计算机的一个配件——图形显示器。它只能显示简单的图形，类似一台示波器。计算机科学经过 30 多年的长足发展，才有了如今日渐完善的计算机图形系统。

计算机图形系统中的硬件设备除大容量外存储器、通信控制器等常规设备外，还有图形输入和输出设备。图形输入设备的种类繁多，在国际图形标准中，按照逻辑功能可分为定位设备、选择设备、拾取设备等若干类。通常一种物理设备兼具几种逻辑功能，如触摸板、数字化仪兼有定位和选择功能。在交互式系统中，图形的生成、修改、标注等人机交互操作，都是由用户通过图形输入设备进行控制的。图形输出设备可以分为图形显示设备和图形绘制设备两大类，各种图形显示器均属于前者，而图形打印机、绘图仪以及其他图形复制设备则属于后者。表 2.1 和表 2.2 分别是常用图形输入设备、输出设备的分类。

图形显示设备用于观察、修改图形，它是人机交互式处理图形的有力工具。由于屏幕上的图形不能长久保存，因此还需要以纸、胶片等介质输出保存。用于输出图形到介质的设备称为图形绘制（也称硬拷贝）设备。

图形绘制设备目前最常用的是各类打印机和绘图仪。按照绘制方式的不同，绘制设备可以分为光栅点阵型设备和随机矢量型设备两种。光栅点阵型设备按光栅矩阵扫描图面，并按输出内容对图面成像，打印机多属于此类。随机矢量型设备则是随着图形的输出形状而移动并成像，笔式绘图仪属于此类。

表 2.1　常用图形输入设备的分类

常用输入设备	键盘	101 键
		104 键
	鼠标	滚轮
		光学
	光笔	定位、拾取和笔画跟踪
	跟踪球	二维定位和选择设备
	空间球	三维定位和选择设备
	操纵杆	移动操纵杆
		压力检测操纵杆
	触摸屏	红外线式触摸屏
		电阻式触摸屏
		电容式触摸屏
	数字化仪	图形输入板
		三维声波数字化仪
特殊应用输入设备	数据手套	手套由一系列检测手和手指运动的传感器构成
	Kinect	体感输入设备
	扫描仪	大型扫描仪
		台式扫描仪
		手动式扫描仪
	声频输入系统	话音识别器
	视频输入系统	视频信号采集板（卡）
		视频信号输入卡
		视频信号处理装置

表 2.2　常用图形输出设备的分类

图形显示设备	CRT 显示器	光栅扫描图形显示器
		随机扫描图形显示器（刷新式）
		随机扫描图形显示器（存储管式）
	其他显示器	液晶显示器（LCD）
		发光二极管显示器（LED）
		激光显示器
		等离子显示器

续表

图形绘制设备	绘图仪	笔式绘图仪（平板式、滚筒式） 静电绘图仪 喷墨绘图仪
	图形打印机	点阵式打印机 喷墨式打印机 激光打印机 静电打印机
	其他设备	缩微胶片输出设备 复印输出设备 录像设备（录像带、录像盘）

2. 图形软件

这里的图形软件指的是广义上的图形程序，可分为图形应用软件、图形支撑软件和图形应用数据结构 3 部分。这三者都处于计算机系统内部，并与外部的图形设备相对接，三者之间相互联系，互相调用，互相支持，形成图形系统的软件程序部分。

若以 Pascal 语言之父尼古拉斯·沃斯（Niklaus Wirth）提出的著名公式"程序=算法+数据结构"来类比，则有：

图形程序 = 图形算法 + 图形应用数据结构

其中，图形算法由图形应用软件和图形支撑软件所提供的接口或代码来实现，图形应用数据结构则提供了算法所需的图形数据。算法与数据相结合，实现图形系统的主要功能。下面简单介绍图形应用数据结构，图形软件将在 2.2 节详细介绍。

图形应用数据结构对应一组图形数据文件，其中存放着即将生成的图形对象的全部描述信息。这些信息包括用于定义该物体所有组成部分形状和大小的几何信息；与图形有关的拓扑信息（位置与布局信息）；用于说明与这个物体图形显示相关的所有属性信息，如颜色、亮度、线型、纹理、填充图案、字符样式等；在实际应用中涉及的非几何数据信息，如图形的标记与标识、标题说明、分类要求、统计数字等。这些数据以图形文件的形式存放于计算机中，根据不同的硬件和系统结构，组织成不同的数据结构，或者形成一种通用的或专用的数据集。它们正确地表达了物体的性质、结构和行为，构成了物体的模型。在计算机图形学中，软件根据这类信息的详细描述，生成对应的图形，并完成对这些图形的操作和处理（显示、修改、删除、增添、填充等）。因此，图形应用数据结构是生成图形的数据基础。

2.1.2 图形系统分类

按照计算机图形系统发展过程，从应用的角度可将计算机图形系统归纳为 3 类：用于专业图形工作站的图形系统；用于个人计算机的图形系统；用于嵌入式设备的图形系统。这些图形系统大都基于一种实时绘制的体系架构，采用高性能的处理器。

1. 用于图形工作站的图形系统

20 世纪 80 年代初，出现了以工作站为基础的图形系统。这里的工作站指具有完整人机交互界面，集高性能的计算和图形系统于一身，可配置大容量的内存和硬盘，I/O 功能完善，使用多任务、多用户操作系统的小型通用个人化的计算机系统。和其他专业系统所不同的是，它在图形图像的处理上具有良好的浮点运算性能。在制造、广告、娱乐等行业运作中，图形工作站更多地被人们赋予生产工具的地位。通过使用图形工作站，制造业在进行产品设计时可以完全实现无纸化办公，这大幅度地压缩了成本并提高了工作效率；媒体企业进行平面设计时，可以依靠图形工作站快速完成工作，而且新奇的创意也能够得到自由发挥；而在今天娱乐领域的每一个角落，不论是游戏的制作，还是影视效果的加工，我们几乎都可以看到图形工作站的身影。

工作站的图形系统一般采用多个几何引擎组成完整的三维图形流水线。在系统设计时根据图形处理的可并行性，通常基于管线来设计其体系结构。典型的有 SCI 公司及其前身研制的 IRIS（Intergrated Raster Imaging System）图形系统；RealityEngine 图形系统；InfiniteReality 图形系统；美国北卡罗来纳大学研制的 Pixel Planes、WarpEngine 系列图形系统等。后来还出现了基于瓦片式并行处理的 Kyro、Hybrid 等图形系统。需要指出的是，图形工作站一般采用封闭式体系，不同的厂家采用的硬件与软件都不相同，不能相互兼容。

2. 用于个人计算机的图形系统

通用个人计算机的图形系统通常采用开放式体系结构，其中 CPU 厂商以 Intel、AMD 公司为主，操作系统以 Microsoft 公司的 Windows 和苹果公司的 Mac OS 为主，制造厂商有联想、Compaq、Dell、Acer 等。通用个人计算机图形系统体积小、价格低廉，且用户界面友好，应用广泛，是一种普及型的图形系统。尽管它在图形处理速度和存储空间方面具有一定局限性，但随着个人计算机技术的飞速发展，其功能大大提高，相当一部分的功能可取代图形工作站，并且可以利用网络技术实现软硬件资源共享，从而弥补它的不足。它通常以高档个人计算机为基础，配置高档图形加速卡和普通绘图仪等，具有投资小、操作简单、应用面广的特点，受到用户的普遍欢迎。

3. 用于嵌入式设备的图形系统

20 世纪 80 年代以来，嵌入式系统在分布控制、柔性制造、数字化通信和信息家电等巨大的需求下得到飞速发展。20 世纪 90 年代后期，嵌入式系统设计从以嵌入式微处理器/DSP 为核心的集成电路设计，逐步转向"集成系统"设计。2000 年之后，计算机图形在嵌入式系统中应用的序幕拉开了。

嵌入式图形系统的实现方式主要有专用集成电路 ASIC、片上系统 SOC 和通用性可重构硬件平台 SOPC。为了适应嵌入式系统的应用需要，图形系统的性能需满足以下几点要求：低功耗，小体积，低成本，较高实时性。当前，西方发达国家的学术界和工业界正在大力开展嵌入式图形系统的研发和应用工作。目前常见的嵌入式图形系统有 Microwindows/NanoX、OpenGUI、Qt/Embedded、MiniGUI 及 μc/GUI 等。

2.2 图 形 硬 件

本节主要介绍用于显示计算机生成图形的显示设备与相关的图形处理硬件。

2.2.1 图形显示设备

显示器是最终产生图形显示效果的部件。常见的显示硬件设备主要有阴极射线管显示器、液晶显示器和等离子显示器等。

1. 阴极射线管

现在的图形显示设备绝大多数是基于阴极射线管（Cathode-Ray Tube，CRT）的显示器。历史上 CRT 显示器经历了多个发展阶段，出现过各种类型，如存储管式显示器和随机扫描显示器（又称矢量显示器）。20 世纪 70 年代开始出现的刷新式光栅扫描显示器是图形显示技术走向成熟的一个标志，尤其是彩色光栅扫描显示器的出现更将人们带到一个多彩的世界。

CRT 图形显示器的简易结构如图 2.3 所示，根据图示可看出 CRT 的工作原理，高速的电子束由电子枪发出，经过聚焦系统、加速系统和磁偏转系统，到达荧光屏的特定位置。荧光物质在高速电子的轰击下会发生电子跃迁，即电子吸收能量后从低能态变为高能态。由于高能态下电子很不稳定，在很短的时间内荧光物质的电子会从高能态重新回到低能态，这时电子将发出荧光，屏幕上的那一点就会发亮。显然，从发光原理可以看出这样的光不会持续很久，因为很快所有的电子都将回到低能态，不会再有光发出，所以要保持显示一幅稳定的画面，必须不断地发射电子束。

那么电子束是如何发出的，又如何控制它的强弱呢？由图 2.3 可以看出，电子枪由一个加热器、一个金属阴极和一个电平控制器组成。当加热器达到一定高温时，金属阴极上的电子就会摆脱能垒的束缚，迸射出去。而电平控制器是用来控制电子束的强弱的，当加上正电压时，电子束大量通过，其将会在屏幕上形成较亮的点；当加上负电压时，根据所加电压的大小，电子束被部分或全部阻截，通过的电子很少，屏幕上的点也就比较暗。

显然，电子枪发射出来的电子是分散的，这样的电子束是不可能精确定位的，所以发射出来的电子束必须通过聚焦。聚焦系统是一个电透镜，其能使众多的电子聚集于一点。

聚集后的电子束通过一个加速阳极达到轰击激发荧光屏应有的速度，最后由磁偏转系统来控制电子束达到指定位置。很明显，如果电子束要到达屏幕的边缘，偏转角度就会增大。到达屏幕最边缘的偏转角度被称为最大偏转角。屏幕越大，要求的最大偏转角度就越大。但是磁偏转的最大角度是有限的，为了达到大屏幕的要求，只能将显像管加长。所以我们平时看到的 CRT 显示器屏幕越大，整个显像管就越长。

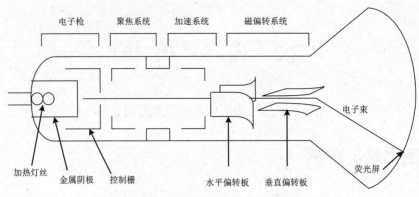

图 2.3　CRT 显示器结构示意

要保持荧光屏上有稳定的图像就必须不断地发射电子束。刷新一次指电子束从上到下将荧光屏扫描一次，其扫描过程参考图 2.9（a）。只有刷新频率高到一定值后，图像才能稳定显示。大约达到每秒 60 帧即 60Hz 时，人眼才能感觉到屏幕不闪烁，一般地，要使人眼觉得舒服，必须有 85Hz 以上的刷新频率。

有些扫描速度较慢的显示器，为了能得到好的显示效果，采用隔行扫描技术。从第 0 行开始，电子束每隔一行扫描一次，将偶数行都扫描完毕后，电子束从第 1 行开始扫描所有奇数行。这样的技术相当于将扫描频率加倍，比如逐行扫描 30Hz，人们会觉得闪烁，但是同样的扫描频率，如果用隔行扫描技术，人们就不会觉得闪烁。当然这样的技术和真正逐行扫描 60Hz 的效果还是有差距的。

彩色 CRT 显示器的荧光屏上涂有 3 种荧光物质，它们分别能发红、绿、蓝 3 种颜色的光。而电子枪也发出 3 束电子来激发这 3 种物质，中间通过一个控制栅格来决定 3 束电子到达的位置。根据屏幕上荧光点的排列不同，控制栅格也就不一样。普通的显示器一般用三角形的排列方式，这种显像管被称为荫罩式显像管，其工作原理如图 2.4 所示。

3 束电子经过荫罩的选择，分别到达 3 个荧光点的位置。通过控制 3 个电子束的强弱就能控制屏幕上点的颜色，如将红、绿两个电子枪关闭，屏幕上就只显示蓝色。如果每一个电子枪都有 256 级（8 位）的强度控制，那么这个显像管所能产生的颜色就是我们平时所说的 24 位真彩色。

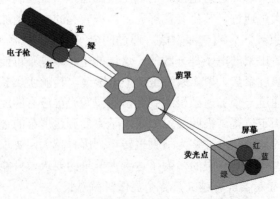

图 2.4　荫罩式彩色 CRT 显色原理

图 2.5 表示了一个荫罩式荧光屏的点排列，其中距离 d 就是人们平常所说的点距。

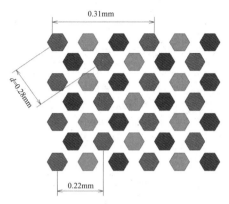

图 2.5 荫罩式荧光屏点的排列与点距示意

2. 液晶显示器

CRT 显示器历经多年的发展，目前技术已经越来越成熟，显示质量也越来越好，大屏幕也逐渐成为主流，但 CRT 固有的物理结构限制了它向更广的显示领域发展。正如前面所述，CRT 屏幕的加大导致显像管的加长，其体积必然要加大，在使用时就会受到空间的限制。另外，由于 CRT 显示器是利用电子枪发射电子束来产生图像，因此产生辐射与电磁波干扰便成为其最大的弱点，而且长期使用会对人们健康产生不良影响。在这种情况下，人们推出了液晶显示器（Liquid Crystal Display，LCD），其外形如图 2.6 所示。

图 2.6 液晶显示器

液晶是一种介于液体和固体之间的特殊物质，它具有液体的流态性质和固体的光学性质。当液晶受到电压的影响时，它的物理性质就会改变，导致其发生形变，此时通过它的光的折射角度就会发生变化，从而产生色彩。这样的特性成为液晶器件的应用基础。

液晶显示器的显示原理如图 2.7 所示。使用两块玻璃板，每块都有一个光偏振器，与另一块形成合适的角度，内夹液晶材料。在一块板上排放水平透明导体行，而另一块板上则放置垂直导体列。两行、列导体交叉处定义一个像素位置。通常，分子为图 2.7（a）所示排列，经过该材料的偏振光被扭曲，使之通过对面的偏振器，从而将光反射给观察者。

如要关掉像素，可置电压于两交叉导体，使分子对齐，从而光不再扭曲，该像素将呈现为黑色，如图 2.7（b）所示。

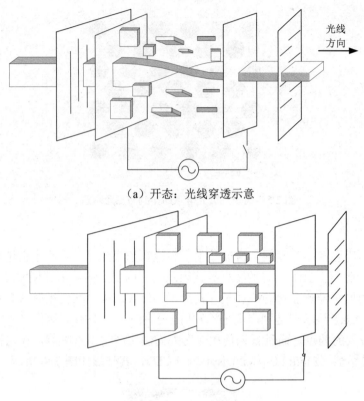

光线方向

（a）开态：光线穿透示意

（b）闭态：光线阻断示意

图 2.7　LCD 显示原理

　　液晶显示有主动式和被动式两种，其实这两种方式的成像原理大同小异，只是背光源与偏光板的设计和方向有所不同。主动式液晶显示器又使用了 FET 场效晶体管和共通电极，这样可以让液晶体在下一次电压改变前一直保持电位状态。这样，主动式液晶显示器就不会产生在被动式液晶显示器中常见的鬼影或是画面延迟的残留影像等。现在最流行的主动式液晶屏幕是 TFT（Thin Film Transistor，薄膜场效应晶体管）LCD，被动式液晶屏幕有 STN（Super Twisted Nematic，超扭曲向列型）LCD 和 DSTN（Double layer Super TN，双层超扭曲向列型）LCD 等。

　　由于液晶的成像原理是通过光的折射而不是像 CRT 那样由荧光点直接发光，因此在不同的角度看液晶显示屏必然会有不同的效果。当视线与屏幕中心法向成一定角度时，人们就不能清晰地看到屏幕图像，能看到清晰图像的最大角度被称为可视角度。一般所说的可视角度是指左右两边的最大角度相加。工业上有 CR（Contrast Ratio）10 和 CR5 两种标准来判断液晶显示器的可视角度。

　　点距与分辨率在液晶显示器中的含义并不和 CRT 中的完全一样。液晶屏幕的点距指的是两个液晶颗粒（光点）之间的距离，一般 0.28～0.32mm 的距离就能得到较好的显示效果。而通常所说的液晶显示器的分辨率是指其真实分辨率，如 1024×768 的含义是指该液晶显示器含有 1024×768 个液晶颗粒。只有在真实分辨率下液晶显示器才能得到最佳的显示效果。其他较低的分辨率只能通过缩放仿真来显示，效果并不好。而 CRT 显示器如果能在 1024×768 的分辨率下清晰显示，那么其他分辨率，如 800×600、640×480 都能很好地显示。

目前的液晶显示器在显示效果上和传统的 CRT 显示器差距越来越小，同时与 CRT 相比具有很多优点。首先，它的外观小巧精致，厚度只有 6.5～8cm，比起 CRT 那个庞然大物，其体积要小很多。其次，由于液晶像素总是发光，只有加上不发光的电压时该点才变黑，因此不会产生 CRT 因为刷新频率低而出现的闪烁现象。而且它的工作电压低，功耗小，可以节约能源；没有电磁辐射，对人体健康没有任何影响。这些优点都极其符合现代潮流，随着制造技术的进一步提高，其价格进一步地降低，液晶显示器已逐步取代 CRT 成为主流。

2.2.2 图形显示方式

如前所述，历史上 CRT 显示器经历了多个发展阶段，从存储管式显示器到随机扫描显示器（又称矢量显示器），直至 20 世纪 70 年代开始出现的刷新式光栅扫描显示器。与这些不同类型 CRT 同时出现的是各种不同类型的图形显示方式，下面对此作简要介绍。

1. 随机扫描显示

随机扫描显示是最早出现的一种计算机显示图形的方式。在随机扫描显示方式中，显示器的电子束可以在任意方向上自由移动，按照显示命令用画线的方式绘出图形，与此对应的显示器也称矢量显示器。在这种显示方式中，图形的定义以矢量画线命令的形式存放在显示文件中，所以依靠显示文件对屏幕图形进行刷新。应用程序若要修改屏幕上的图形，则要修改显示文件中的某些绘图命令，修改的结果在下一次刷新时得到体现，如图 2.8 所示。

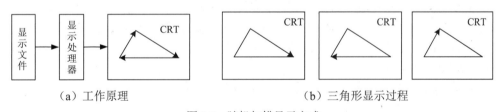

（a）工作原理　　　　　　　　　　（b）三角形显示过程

图 2.8　随机扫描显示方式

图 2.8（a）中的显示处理器可以看作一个专用的 CPU，具有自己的一套指令系统、数据格式和指令计数器，同时还有一些功能部件，如矢量产生器、字符产生器等。在工作过程中，它依次读取显示文件中的指令系列，进行译码、解释并启动功能部件在 CRT 上绘制出点、线、字符串等。

随机扫描显示方式是为画线应用设计的，由于图形修改方便，因此交互性能较好，图形可以作无级放大，而不会出现锯齿状。但其不能逼真地显示彩色图形，另外图形的显示质量与一帧的画线数量有关，当一帧画线太多，无法维持 30～60 帧/秒的刷新频率时，就会出现满屏闪烁。

2. 光栅扫描显示

在光栅扫描显示方式中，显示器的电子束依照固定的扫描线和规定的扫描顺序进行扫描显示。即电子束先从荧光屏左上角开始，向右扫一条水平线，然后迅速地回扫到左边偏下一点的位置，再扫第二条水平线，照此固定的路径及顺序扫描下去，直到最后一条水平线，即完成了整个屏幕的扫描。在扫描时，电子束的强度不断变化来建立亮点的图案，如图 2.9 所示。

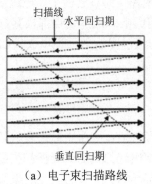
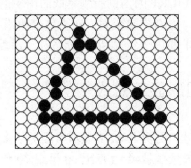

（a）电子束扫描路线　　　　　　　（b）三角形光栅显示（显示屏幕）

图 2.9　光栅扫描显示方式

光栅扫描显示器最突出的优点是，它不仅可以显示物体的轮廓线，而且由于能对每一像素的灰度或色彩进行控制，从而进行区域填色，因此它不仅可以用来显示二维或三维线框结构的图形，而且可以显示二维或三维实体图形。利用隐藏面消除算法、光照模型和明暗处理算法，光栅显示系统可以显示具有真实感的图像。因此，光栅扫描显示方式及光栅设备已占据图形市场的绝对主流地位。

光栅扫描显示方式的缺点是，光栅扫描显示设备是画点设备，可将其看作一个点阵单元发生器，其可控制每个点阵单元的亮度。它不能直接从单元阵列中的一个可编地址的像素画一条直线到另一个可编地址的像素，只能用尽可能靠近这条直线路径的像素点近似地表示这条直线。因此，从应用程序中将图形的描述转换成帧缓存中像素信息的过程（扫描转换）比较费时，相应的软件比较复杂。另外，在显示斜线时，还存在线条边缘的阶梯效应，这一现象称为走样。

下面就光栅扫描显示系统的组成及常见结构作简要介绍。

2.2.3　光栅扫描显示系统

在光栅扫描显示系统中，电子束横向扫描屏幕，从左到右，从上到下，一次一行顺次进行。当电子束横向沿每一行移动时，电子束的强度不断变化来建立亮点的图案，构成图像并显示在屏幕上。

对光栅扫描显示系统来说，图像是由像素阵列组成的，显示一幅图像所需要的时间等于显示整个光栅所需的时间，而与图像的复杂度无关，不管图像如何复杂，一旦生成（不管生成这幅图像需要多长的时间），图像显示时间就等于显示整个光栅所需的时间。这是与随机扫描显示器完全不同的概念，随机扫描方式下的显示器所显示矢量的总长度越长，需要的时间越长。光栅扫描显示方式通常采用 CRT 作为其显示器。与随机扫描显示器一样，CRT 内侧的荧光粉在接受电子束的轰击时，只能维持短暂的发光，根据人眼视觉暂留的特性，需要不断地对其进行刷新才能有稳定的视觉效果。刷新是指以每秒 30 帧以上的频率反复扫描，不断地显示每一帧图像。图像的刷新频率等于帧扫描的频率（帧频），用每秒刷新的帧数表示。目前刷新频率标准为每秒 50～120 帧。

1. 光栅扫描显示系统的组成

光栅扫描显示系统的逻辑组成主要有 3 部分：显示器、视频控制器和帧缓冲存储器，其基本结构如图 2.10 所示。其中，显示器屏幕图形是依靠帧缓存进行刷新的，而视频控制器是负责刷新的部件，它建立了帧缓存中的单元与屏幕像素之间一一对应的关系。

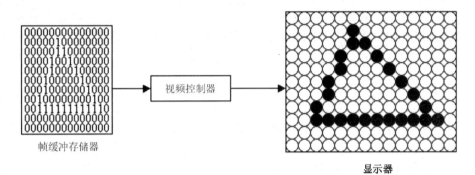

图 2.10 光栅扫描显示系统的组成及其关系

目前常见的光栅显示器主要有彩色阴极射线管与液晶显示器两种。

光栅扫描显示系统将显示器分成由像素构成的光栅网格，其中像素具有灰度和颜色，像素的灰度和颜色保存在一个专门的内存区域中，这就是帧缓冲存储器，简称帧缓存，又称显存。帧缓存是一块连续的计算机存储器，用来存储用于刷新的图像信息。帧缓存的大小通常用 X 方向（行）和 Y 方向（列）可寻址的地址数的乘积来表示，称为帧缓存的分辨率，它大于等于显示器的分辨率，即帧缓存单元与屏幕上的像素点一一对应。屏幕上的每个像素都对应于帧缓存中的一个存储单元，里面存放着该像素的色彩或灰度信息。

在光栅扫描显示系统中，需要足够大的帧缓存才能反映图形的颜色和灰度等级。如果一个像素由一个二进制位（bit）表示，那么它只能显示两种颜色，即根据存储单元的状态是 0 或 1 决定屏幕上对应像素点是否发光，以实现画面的黑白单灰度显示。这种每个单元为 1 位信息的二维存储器阵列称为位平面，那么位平面分辨率是 1024×1024 个像素阵列的显示器需要 1024×1024 位（128KB）的存储器。显然，仅有 1 个位平面是无法表现彩色图形图像的。

一般来说，分辨率 $m×n$、颜色数 K 与显存大小 V 之间存在如下关系：

$$V \geqslant m×n×\log_2 K$$

2. 光栅扫描显示系统的结构

早期的光栅扫描显示系统典型结构如图 2.11 所示，其中帧缓存可在系统主存的任意位置，显示控制器访问帧缓存，以刷新屏幕，但此时显示控制器访问帧缓存均需通过系统总线，故总线成为系统的主要瓶颈。

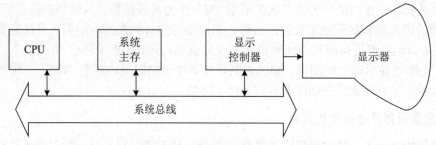

图 2.11　简单光栅扫描显示系统结构

目前常用的光栅图形系统大多采用如图 2.12 所示的系统结构。帧缓存由显示控制器直接访问，它既可以使用系统主存的固定区域，又可以是专用的显示内存。但是在这种系统结构中，显示图形时所需的扫描转换工作直接由 CPU 来完成，即由 CPU 计算出表示图形的每个像素的坐标并将其属性值写入相应的帧缓存单元。由于扫描转换的计算量相当大，这样做会加重 CPU 的负担，于是，产生了高级光栅图形系统结构。

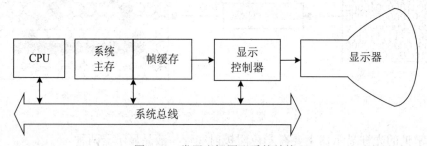

图 2.12　常用光栅图形系统结构

高级光栅图形系统结构如图 2.13 所示，除了帧缓存和显示控制器外，它还包含显示处理器和独立的显示处理器存储器。显示处理器把 CPU 从图形显示处理的事务中解放出来，其主要任务是扫描转换待显示的图形，如直线、圆弧、多边形区域等。较强功能的显示处理器还能执行某些附加的操作，如进行光栅操作（像素块的移动、复制、修改等），执行几何变换、窗口裁剪、消隐等。

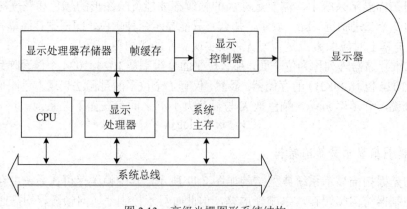

图 2.13　高级光栅图形系统结构

2.2.4　显卡和图形处理器

计算机图形在输出到显示器之前需要经过大量的计算和处理过程，这些计算和处理需要专门的硬件，如显卡和图形处理器来负责。

1. 显卡

显卡（Video Card，Graphics Card）全称显示接口卡，也称显示适配器。它是主机与显示器之间连接的"桥梁"，作用是控制计算机的图形输出，负责将 CPU 送来的图像数据处理成显示器接受的格式，再送到显示器形成图像。有时，显卡还可协助 CPU 工作，提高整机的运行速度。没有显卡，显示器就不能正确显示图像。因此，它是现代计算机最基本、也是最重要的配件之一。图 2.14 所示为常见显卡的外形。

图 2.14　常见显卡的外形

显卡主要由图形处理器、显卡内存、数模转换器（Digital Analog Converter，DAC）等部分组成。其中，GPU 处理需要显示输出的数据；显卡内存简称显存，用来存储 GPU 处理过或者即将提取的渲染数据；DAC 将数字信号转为模拟信号，并将转换完的模拟信号输送给显示器。显卡各部分组成及其与周边设备的关系如图 2.15 所示。

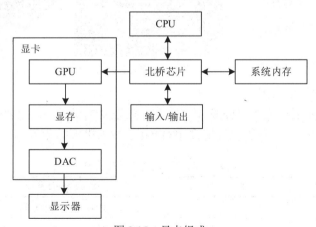

图 2.15　显卡组成

同时，图 2.15 也给出显卡的简单工作流程，即显示数据从 CPU 开始，需要通过 4 个步骤，才能到达显示器进行显示。

（1）数据从 CPU 到 GPU：将 CPU 送来的数据通过总线（Bus）和北桥芯片送到 GPU 进行处理。

（2）从 GPU 到显存：将 GPU 处理完的数据送到显存。

（3）从显存到 DAC：从显存读取出数据，再送到 DAC 进行数据转换工作，将数字信号转换为模拟信号。

（4）从 DAC 到显示器：将转换好的模拟信号输出到显示器进行显示。

显卡按构造来分可分为两大类，即独立显卡与集成显卡两类。独立显卡是指将图形处理器、显存和数模转换器独自做在一块电路板上，自成一体，因此，它作为一块独立的板卡，需占用主板的拓展插槽，如 ISA、PCI、AGP 或 PCI-E 等插槽。集成显卡是将图形处理器、显存和数模转换器都集成在主板上，与主板融为一体。独立显卡和集成显卡的主要区别在于，独立显卡具备单独的显存，不占用系统内存，能够提供更好的显示效果和运行性能；而集成显卡则一般要占用系统内存，导致显示效果和运行性能下降。

2. 图形处理器

图形处理器 GPU 是一种专用图形渲染设备，在现今的个人计算机上都可以找到。它是显卡的"心脏"，专为执行图形显示的复杂数学和几何计算而设计，从而分担了中央处理器（CPU）的二维或三维图形处理任务。除了个人计算机外，GPU 还可以在嵌入式系统、手机、工作站或者游戏设备上找到。这里介绍的 GPU，指的都是可以安装在个人计算机和工作站上的主流可编程图形处理器。目前显卡图形芯片供应商主要包括英特尔、AMD（超微半导体）和 Nvidia（英伟达）三家，图 2.16 所示为常见 GPU 的外形。

图 2.16　常见 GPU 的外形

（1）图形处理器的发展

图形处理器的发展可以大致分成 4 个阶段，如表 2.3 所示。类似的分类很多，这里的分类侧重于 GPU 的功能，能够较好地描述 GPGPU 技术出现的背景。

表 2.3　图形处理器的发展历史

时　间	GPU 的特点
1991 年以前	显示功能在 CPU 上实现
1991—2001 年	多为二维图形运算，功能单一

续表

时　　间	GPU 的特点
2001—2006 年	可编程图形处理器
2006 年至今	统一着色器模型、GPGPU（基于 GPU 的通用计算）

第 1 个时代在 1991 年以前。作为系统内唯一的通用处理器，CPU 包揽了所有的计算任务，包括图形处理。所以，当时不存在现在意义上的 GPU。当时的操作系统和应用程序大多以命令行的形式出现，只有少量的二维图形处理需要。

第 2 个时代是 1991—2001 年。这期间，微软公司的 Windows 操作系统在全球流行，极大地刺激了图形硬件的发展。S3 Graphics 公司推出了公认的全球第一款图形加速器，可以被认为是显卡设备的雏形。早期的 GPU 只能进行二维的位图（Bitmap）操作，但在 20 世纪 90 年代末，已经出现了硬件加速的三维的坐标转换和光源计算（Transformation and Lighting，T&L）技术。

第 3 个时代是 2001—2006 年。这是酝酿现代 GPU 产品极为重要的一段时间，各种硬件加速技术的出现使显卡的性能突飞猛进。其中标志性的事件是可编程图形处理器的出现。GeForce 3 是第一款支持可编程图形流水线（Programmable Graphics Pipeline）的 GPU 产品。从此，可编程的着色功能被加入硬件。图形作业的可编程功能使得着色器可以按照用特定编程语言表达的算法来给多边形上色，并按照用户制定的策略来转换顶点坐标。GPU 拥有了更大的可扩展性和适应性，不再是一个功能单一的设备，它开始使得复杂的三维图形效果成为可能。这个时期出现的各种令消费者疯狂的电脑游戏和动画产品，从市场的角度为显卡功能的开发更进一步注入了动力。

GPGPU 技术也是在这个时期开始发展起来的。GPU 高度并行化的架构和可编程的着色器使人们渐渐开始用它计算通用任务。在将 GPU 用到科学计算时，这些可编程的着色器和着色语言（Shading Languages）就成了技术的核心。把算法用着色语言实现，再加载到着色器里，同时把原本的图形对象替换为科学计算的数据，这就实现了显卡对通用数据的处理。用着色语言实现的 GPGPU 技术是第一代的 GPGPU 技术，或称为经典 GPGPU、传统 GPGPU。着色器编程语言是为复杂的图形处理任务设计的，而非通用科学计算，所以在使用时需要通过一系列非常规的方法来达到目的。

GPU 的第 4 个时代是 2006 年至今，这一时期的 GPU 从硬件设计之初就考虑到了 GPGPU 的应用，因而它们从根本上比早前的 GPU 更为通用。2006 年，nVIDIA 公布了统一着色器模型（Unified Shader Model）和它的 GeForce 8 系列 GPU，GPU 从此进入通用计算时代。统一着色器模型整合了顶点着色器（Vertex Shaders）和片元着色器（Fragment Shaders），或称为像素着色器（Pixel Shaders），每一个着色器都可以自由承担原本某种特定着色器的工作。这样，GPU 在图形处理时空闲的着色器更少，计算效率更高。同时，这样无差别的着色器的设计，令 GPU 成了一个多核的通用处理器。在这种更高级的硬件出现后，GPGPU 语言——一种专门用于设计 GPU 通用计算程序的语言诞生了。nVIDIA 推出的 CUDA 和随后由苹果公司发起的 OpenCL 就是这样的语言，它们已经成为目前最为流行的 GPGPU 语言。

当然，同 CUDA 有所不同的是，OpenCL 面向基于异构计算资源的大规模并行计算。从这个意义上说，OpenCL 已经不局限于 GPGPU 语言，它使 GPGPU 与异构计算变得界限模糊。只是到目前为止，OpenCL 主要被用于 GPGPU，它的框架对 GPU-CPU 的异构计算资源的支持也较其他种类的异构资源更完善。我们看到了这样的趋势：单纯的 CPU 计算渐渐被基于异构计算资源的并行计算所取代；单机计算逐渐被分布式的多用户、多处理器组成的集群计算和云计算所取代；GPGPU 技术渐渐成为异构计算的主导技术。

（2）图形处理器的作用

对 GPU 的功能最简单、直接的描述是：它处理需要显示输出的数据。一旦计算机系统中有 GPU，人们在显示器上看到的一切都是它计算的结果。一块现代 GPU 的工作流程基本如下：它从 CPU 处获得三维模型，这些模型是用顶点坐标和色彩信息组成的；GPU 对这些顶点的位置进行一系列的变换，然后投影到帧缓存上；投影的同时，GPU 根据显示器的大小和分辨率对投影结果进行裁剪、光栅化；每个帧缓存里的像素或者像素多边形的色彩经过 GPU 的一系列变换；最后的结果被 GPU 输出到显示器上。

这一系列的工作是先后有序、不可颠倒的，前面步骤的输出是后面步骤的输入。我们把这一连串的图形处理任务形象地称为图形流水线（Graphics Pipeline），或者图形管线。图形流水线的入口是顶点坐标和颜色信息，输出的是一帧适合当前显示器显示的图像。流水线以较高的频率工作（高于显示器的刷新频率），其间不断有数据从中流过，同时连续的一帧帧图像被输出到显示器上。以上粗略的解释仅仅是图形流水线工作的大致过程，2.4 节会进一步介绍整个流水线。

2.3　图　形　软　件

本节先介绍图形软件的层次和标准，再根据图形软件的层次分别介绍图形应用软件和图形支撑软件。

2.3.1　图形软件的层次和标准

1. 图形软件的层次

图形软件系统应该具有合理的层次结构和模块划分。为了使整个系统设计清晰，调试和维护简单，便于扩充和移植，应把整个图形软件分为若干层次，每一层又分为若干层次或模块。据此，从功能和作用上来划分，图形软件可分为图形应用软件和图形支撑软件两大类。其中，图形支撑软件根据功能和对象的不同又可细分为 3 个不同层次，如图 2.17 所示。下面按照自下而上的次序对每层进行简单介绍。

（1）零级图形软件

零级图形软件是最底层的软件，又称设备驱动程序，它在计算机操作系统之上，是一些最基本的输入、输出子程序，主要解决图形设备与主机的通信、接口等问题。由于使用频繁，程序质量和效率要求尽可能高，因此常用汇编语言、机器语言或接近机器语言的高级语言编写。事实上，设备驱动程序现在已被作为操作系统的一部分，由操作系统或设备硬件厂商开发，因此零级图形软件面向系统，而不是面向开发者。

（2）一级图形软件

一级图形软件，又称基本子程序，包括生成基本图形元素、对设备进行管理的各程序模块。它可以用汇编语言编写，也可以用高级语言编写，要从程序的效率与容易编写、调试、移植等角度综合考虑。一级图形软件既面向系统，又面向开发者。

（3）二级图形软件

二级图形软件，也称功能子程序，是在一级图形软件基础上编制的，其主要任务是建立图形数据结构，定义、修改和输出图形，以及建立起各图形设备之间的联系，要具有较强的交互功能。二级图形软件面向开发者，要求使用方便，概念明确，容易阅读，便于维护和移植。

（4）三级图形软件

三级图形软件是为解决某种应用问题的图形软件，是整个应用软件的一部分。通常由开发者编写，主要面向图形应用的普通用户。

一般把零级到二级图形软件称为图形支撑软件或基本图形软件，而把三级或三级以上图形软件称为图形应用软件。

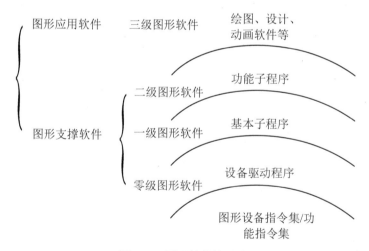

图 2.17　图形软件的层次

2. 图形软件标准

随着计算机图形应用领域的不断扩大，各种图形软件日益增多，各种图形设备也层出不穷。为了使这些图形软件和图形设备间具有良好的兼容性和移植性，就要求图形软件和图形设备各界面之间具有统一的标准，以方便软件和设备的扩充和移植。

从 20 世纪 70 年代起，国际上开发了很多通用的图形软件，它们共同的特点是将软件的核心部分与计算机的操作系统及显示终端分开，使前者不受后者的牵扯。在图形元素处理的流程中，只有在显示前的一步，才把要显示的图形元素用汇编语言或其他语言变成显示终端的命令，使图形能显示出来。这样做可使图形软件包在不同的计算机和图形设备之间进行移植。如果能将图形软件包的使用方法标准化，则应用软件的移植将更方便。

这种形势下，图形软件标准应运而生。图形软件标准是指图形系统及其相关应用系统中各界面之间进行数据传送和通信的接口标准，以及供图形应用程序调用的子程序功能及其格式标准，前者称为数据接口标准，后者称为子程序接口标准。

制定图形软件标准的目的是使图形软件能够与计算机硬件无关，并可以方便地从一个硬件系统移植到另一个，并且用于不同的实现和应用。为此，国际组织和许多国家的标准化组织进行了合作，努力开发能被大家接受的计算机图形软件标准。他们在付出了相当大的努力后，最终推出了 CGS、GKS、PHIGS 和 GL 等与计算机图形相关的标准。

（1）核心图形系统 CGS（Core Graphics System）

早在 1974 年，在美国国家标准化局（ANSI）举行的"与机器无关的图形技术"工作会议上，提出了计算机图形的标准化和制定有关标准的规则。在此会议之后，美国计算机协会（ACM）成立了一个图形标准化委员会，在总结以往多年图形软件工作经验的基础上，于 1977 年公布了 CCS 规范，并于 1979 年公布了修改后的第二版。

（2）计算机图形核心系统 GKS（Graphics Kernel System）

原西德标准化组织（DIN）定义设计了一个 GKS 标准，1979 年 DIN 又将 GKS 定为图形软件标准的基础。GKS 采用虚拟设备接口、虚拟显示文件和工作站概念，定义了一个独立于语言的图形核心系统。它提供了在应用程序和图形输入/输出设备之间的功能接口，包括控制、输入、输出、变换、询问等一系列交互和非交互式图形设备的全部图形处理功能。在具体应用中，必须符合所使用语言的约定方式，把 GKS 嵌入相应的语言之中。

GKS 作为一个二维图形的功能描述，独立于图形设备和各种高级语言。用户可以根据自己的需要，在应用程序中调用 GKS 的各种功能。它受到普遍重视，几经修改、补充。1982 年，国际标准组织（ISO）通过将 GKS 作为计算机图形软件包的二维国际标准草案。1985 年，ISO 公布了 GKS 的正式文本 ISO9742。

随着三维图形应用的迅速增加，在二维国际标准 GKS 的基础上，拟定了三维图形软件标准 GKS-3D，并保证其与 GKS 的完全兼容。但是，GKS-3D 只包含三维图形技术中最常用的一些功能，特别是它把几何模型的构造与图形生成分开，只着重考虑与图形生成有关的内容，从而导致了其在三维应用中的局限性。

（3）程序员层次交互式图形系统 PHIGS（Programmer Herarchical Interactive Graphics System）

PHIGS 是 ISO 于 1986 年公布的计算机图形系统标准，标准号是 ISOIS9592。该标准克服了 GKS-3D 的局限性，向程序员提供了控制图形设备的图形系统的接口，其图形数据按层次结构组织，使多层次的应用模型能方便地应用 PHIGS 进行描述。另外，还提供了动态修改和绘制显示图形数据的手段。后来 ISO 公布了 PHIGS+，其编号为 ISO/1EC9592，在 PHIGS 基础上又增加了曲线、曲面、光线与曲线真实感显示等功能。

（4）图形库 GL（Graphics Library）

20 世纪 90 年代初，美国硅图公司（Silicon Graphics，SGI）成为工作站 3D 图形领域的领导者。它开发的图形库 GL 既易于使用，而且还支持即时模式的渲染，被认为是最先进的图形库并成为事实上的行业标准，而基于开放标准的 PHIGS 则相形见绌，难于使用并且功能老旧。GL 是最初在工作站 SUN、SGI、IBM、HP 上广泛应用的一个工业标准图形程序库。因此，一开始 GL 是在 UNIX 操作系统下运行，具有 C、Fortran、Pascal 三种语言的联编形式。

SGI 的竞争对手（包括 Sun、惠普和 IBM）通过扩展 PHIGS 标准也能将 3D 硬件投入市场。这反过来导致 SGI 市场份额的削弱，因为有越来越多的 3D 图形硬件供应商进入市场。由于计算机的速度和性能迅速提高，计算机图形显示的硬件设备也从大型机、中型机、小型机、工作站向微型计算机过渡，这就要求在微机上提供一套图形软件标准。为攻占微机市场，SGI 决定把 IRIS GL API 向微机等其他平台移植并转变为一项开放标准，即 OpenGL，它适合多种硬件平台和操作系统，可创建出接近光线跟踪的高质量静止或动画的三维彩色图像，包括半透明效果的混合操作、纹理处理，绘制反走样图形，对物体的抖动操作，利用累加缓冲区产生运动模糊，得到景深效果，并采用了 NURBS 曲线、曲面技术。

1992 年 7 月，SGI 发布了 OpenGL 的 1.0 版本，后来又与微软共同开发了 Window NT 下的新版本。Microsoft 利用 VisualC++把 OpenGL 集成到 WindowsNT 中，又将其新版本集成到 Windows 95、Windows 98 中，这样，用户既可以在 Windows 95/98、Windows NT 下使用 Visual C++开发基于 OpenGL 的应用程序，又可以很方便地把工作站上已有的程序移植过来。

2.3.2 图形应用软件

图形应用软件是解决某种应用问题的图形软件，是图形系统中的核心部分，包括各种图形生成和图形处理技术，是图形技术在不同应用中的抽象。图形应用软件与图形应用数据结构相对接，并从后者中取得物体的几何模型和属性等，按照应用要求进行各种处理（剪裁、消隐、变换、填充等），然后应用软件再与图形支撑软件对接，根据从图形输入设备经图形支撑软件发送来的命令、控制信号、参数和数据，完成命令分析、处理和交互式操作，构成或者修改被处理物体的模型，形成更新后的图形数据文件并保存起来。图形应用软件中还包括若干辅助性操作，如性能模拟、分析计算、后处理、用户接口、系统维护、菜单提示以及维护程序等，从而构成了一个功能完整的图形软件系统环境。

在采用了图形软件标准（如 PHIGS、GKS、CGI 等）之后，图形应用软件的开发将从如下三个方面获益：一是与设备无关，即在图形软件标准基础上开发的各种图形应用软件，不必关心具体设备的物理性能和参数，它们可以在不同硬件系统之间方便地进行移植和运行；二是与应用无关，即图形软件标准的图形输入/输出处理功能综合考虑了多种应用的不同要求，具有很好的适应性；三是具有较高的性能，即图形软件标准能够提供多种图形输出元素（Graphic Output Primitives），如线段、圆弧、折线、曲线、标志、填充区域、图像、文字等，能处理各种类型的图形输入设备的操作，允许对图形分段，也可以对图形进行各种变换。因此，应用程序能以较高的起点进行开发。

常见的图形应用软件有 AutoCAD、Adobe Illustrator、SolidWorks、Maya、3ds Max 和

Blender 等。其中，AutoCAD、Adobe Illustrator 属二维图形应用软件，SolidWorks、Maya、3ds Max 和 Blender 属于三维图形应用软件。

1. AutoCAD

AutoCAD 软件是由美国欧特克有限公司（Autodesk）出品的一款二维计算机辅助设计软件，可以用于绘制二维制图和基本三维设计，通过它无须懂得编程，即可辅助制图，因此它在全球广泛使用，可以用于土木建筑、装饰装潢、工业制图、工程制图、电子工业、服装加工等领域。它的用户界面如图 2.18（a）所示。

（a）AutoCAD 2010 版界面   （b）Adobe Illustrator 启动界面

图 2.18　二维图形应用软件

2. Adobe Illustrator

Adobe Illustrator，常被称为 AI，是一种应用于出版、多媒体和在线图像的工业标准矢量插画软件。作为一款非常好的矢量图形处理工具，该软件主要应用于印刷出版、海报书籍排版、专业插画、多媒体图像处理和互联网页面的制作等，也可以为线稿提供较高的精度和控制，适合生产任何小型设计到大型的复杂项目。Adobe Illustrator 作为全球最著名的矢量图形软件，以其强大的功能和体贴用户的界面，已经占据了全球矢量编辑软件中的大部分份额。它的用户界面如图 2.18（b）所示。

3. SolidWorks

SolidWorks 是一款三维 CAD 软件，其直观的 3D 设计和产品开发解决方案使设计者能够将构思、创建、验证、传达和创新设想转化为优秀的产品设计。SolidWorks 所遵循的易用、稳定和创新三大原则得到了全面的落实和证明，使用它可大大缩短设计时间，使产品快速、高效地投向市场。它的用户界面如图 2.19（a）所示。

由于使用了 Windows OLE 技术、直观式设计技术、先进的 Parasolid 内核以及良好的与第三方软件的集成技术，SolidWorks 成为全球装机量最大、最好用的软件。目前，全球发放的 SolidWorks 软件涉及航空航天、机车、食品、机械、国防、交通、模具、电子通信、医疗器械、娱乐工业、日用品/消费品、离散制造等各个领域。

在美国，包括麻省理工学院，斯坦福大学等在内的著名大学已经把 SolidWorks 列为制造专业的必修课；国内的一些大学、如清华大学、浙江大学、华中科技大学、北京航空航天大学等也在应用 SolidWorks 辅助相关教学。

4. Maya

Autodesk Maya 是美国 Autodesk 有限公司出品的世界顶级的三维动画、建模、仿真和渲染软件，它提供了一个功能强大的集成工具组合，可用于动画、环境、运动图形、虚拟现实和角色创建。它的主要应用领域是专业的影视广告、角色动画和电影特技等，如《星球大战》系列，《指环王》系列，《蜘蛛侠》系列，《哈利·波特》系列，《木乃伊归来》《最终幻想》《精灵鼠小弟》《马达加斯加》《怪物史莱克》等电影都是出自 Maya 之手。Maya 功能完善、工作灵活、易学易用、制作效率极高、渲染真实感极强，是电影级别的高端制作软件。它的用户界面如图 2.19（b）所示。

（a）Solidworks 2015 用户界面　　　　　　　（b）Maya 2010 用户界面

图 2.19　三维图形应用软件

2.3.3　图形支撑软件

一般来讲，图形支撑软件是由一组公用的图形子程序组成的。它扩展了系统中原有的高级语言和操作系统的图形处理功能，可以把它们看成是原计算机的操作系统在图形处理功能上的扩展，或者是原计算机上的高级语言在图形处理语句功能上的扩展，如提供一系列的图形函数（线、圆弧、曲线、曲面等）。标准图形支撑软件在操作系统中建立了面向图形输入、输出、生成、修改等功能的命令及系统调用和定义标准，而且它们对用户透明，与所采用的图形设备无关，同时支持高级语言程序设计，具有与高级语言的接口。采用标准图形支撑软件，即图形软件标准，不仅降低了软件研制的难度和费用，也方便了应用软件在不同系统间的移植。

下面简单讨论和介绍常见图形支撑软件 OpenGL、WebGL、DirectX 及 Java 2D 和 Java 3D 的一些知识。

1. OpenGL

OpenGL 是一个工业标准的三维计算机图形软件接口，用户可以很方便地利用它开发出高质量的静止或动画三维彩色图形，这些图形可以有多种特殊视觉效果，如光照、纹理、透明、阴影等。OpenGL 的前身是 SGI 公司为其图形工作站设计的一个图形开发软件 IRIS GL，由于其性能优越，受到了用户的一致推崇。SGI 公司有针对性地对 IRIS GL 进行了改进，特别是扩展了 GL 的可移植性，使之成为一个跨平台的开放式图形软件接口，这就是 OpenGL。

OpenGL 具有的功能基本上涵盖了图形系统所要求提供的所有功能，包括基本图形元素的生成（如点、线、多边形、二次曲线曲面生成）；封闭边界内的填色、纹理、反走样等；基本图形元素的几何变换、投影变换、窗口裁剪等；自由曲线曲面处理和隐藏线、隐藏面消除以及具有光照颜色效果的真实图形显示；自然界效果（如云彩、薄雾、烟霭）的景象生成等。

与一般的图形系统软件接口相比，OpenGL 具有以下几个突出特点。

（1）应用广泛：无论是在 PC 机上，还是在工作站上，甚至在大型机和超级计算机上，OpenGL 都能表现出它的高性能和强大威力。

（2）跨平台性：OpenGL 能够在几乎所有的主流操作系统上运行。

（3）可扩展性：通过 OpenGL 扩展机制，可以利用 API 进行功能扩充。

（4）绘制专一性：OpenGL 只提供绘制操作访问，而没有提供建立窗口、接受用户输入等机制，它要求所运行环境中的窗口系统提供这些机制。

（5）网络透明性：OpenGL 允许一个运行在工作站上的进程在本机或通过网络在远程工作站上显示图形。利用这种透明性能够均衡共同承担图形应用任务的各工作站的负荷，也能使没有图形功能的服务器使用图形工具。

OpenGL 由若干个函数库组成，这些函数库提供了数百条图形命令，可用来建立三维模型和进行三维实时交互。这些 OpenGL 命令函数几乎涵盖了所有基本的三维图像绘制特性，从简单的几何点、线或填充多边形到非均匀有理 B 样条曲面（Non-Uniform Rational B-Splines，NURBS）。

OpenGL 的函数库主要包括如下几个。

（1）核心库：包含 OpenGL 最基本的命令函数，是任何一个 OpenGL 实现所必须具有的。

（2）实用程序库：可将其看作是对核心库的扩充，也是任何一个 OpenGL 实现所必备的。

（3）X 窗口系统扩展库：是 OpenGL 在 X-Window 环境下实现的一个正式部分，其提供一些函数支持 OpenGL 与 X 的关联。

（4）Windows 专用函数库：用来联系 OpenGL 与 Windows，使得在 Windows 环境下的 OpenGL 窗口绘制成为可能。

（5）编程辅助库：为用户尽快学习 OpenGL 编程提供帮助，用户可以通过编制简单而直接的与窗口系统或操作系统无关的小程序，来学习或验证 OpenGL 的某项功能。

作为图形硬件的软件接口，OpenGL 最主要的工作就是将二维及三维物体绘制到帧缓存器中。这些物体由一系列的描述物体几何性质的顶点或描述图像的像素组成。OpenGL 执行一系列的操作把这些数据转化成像素数据，并存放在帧缓存器中形成最后的结果。OpenGL 的工作流程是一个从定义几何要素到把像素段写入帧缓存器的过程，主要步骤如下。

（1）构造几何要素（点、线、多边形），创建对象的数学描述。在三维空间中放置对象，选择有利的场景观察点。

（2）计算对象的颜色。这些颜色可以直接定义，或由光照条件及纹理间接给出。

（3）光栅化。把对象的数学描述和颜色信息转换为屏幕上的像素。

有关 OpenGL 的初步知识，可参见本书其他章节及附录，详细知识请参考最新版的《OpenGL 编程指南》。

2. WebGL

WebGL 是一种 3D 绘图标准，这种绘图技术标准允许把 JavaScript 和 OpenGL ES 2.0 结合在一起，通过增加 OpenGL ES 2.0 的一个 JavaScript 绑定，WebGL 可以为 HTML5 Canvas 提供硬件 3D 加速渲染，这样 Web 开发人员就可以借助系统显卡来在浏览器里更流畅地展示 3D 场景和模型，还能创建复杂的导航和数据视觉化。显然，WebGL 技术标准免去了开发网页专用渲染插件的麻烦，可被用于创建具有复杂 3D 结构的网站页面，甚至可以用来设计 3D 网页游戏等。

WebGL 完美地解决了现有的 Web 交互式三维动画的两个问题：第一，它通过 HTML 脚本本身实现 Web 交互式三维动画的制作，无须任何浏览器插件支持；第二，它利用底层的图形硬件加速功能进行的图形渲染，是通过统一的、标准的、跨平台的 OpenGL 接口实现的。

在 2009 年初，非营利技术联盟 Khronos Group 启动了 WebGL 的工作组，最初的工作成员包括 Apple、Google、Mozilla、Opera 等。2011 年 3 月发布 WebGL 1.0 规范。WebGL 2.0 规范的发展始于 2013 年，并于 2017 年 1 月完成。该规范基于 OpenGL ES 3.0。

WebGL 是一种免费的、开放的、跨平台的技术；WebGL 派生于 OpenGL ES，后者专用于嵌入式计算机、智能手机、家用游戏机等设备；WebGL 1.0 基于 OpenGL ES 2.0，WebGL 2.0 基于 OpenGL ES 3.0。从 OpenGL 2.0 版本开始，它支持了一项非常重要的特性，即可编程着色器方法，它使用一种类似于 C 的编程语言实现了精美的视觉效果。该特性被 OpenGL ES 继承，并成为 WebGL 标准的核心部分。图 2.20 显示了 OpenGL、OpenGL ES 和 WebGL 的关系。

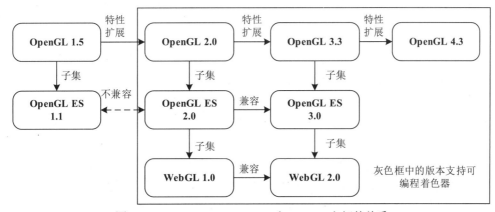

图 2.20 OpenGL、OpenGL ES 和 WebGL 之间的关系

目前支持 WebGL 的浏览器有 Firefox 4+、Google Chrome 9+、Opera 12+、Safari 5.1+ 和 Internet Explorer 11+；然而，WebGL 的一些特性也需要用户的硬件设备支持。

3. DirectX

DirectX 是一种图形应用程序编程接口 API，由微软公司创建开发。它并不仅仅是一个图形 API，只是它在 3D 图形方面的优秀表现，让其他方面显得不是非常突出。它包含 DirectDraw、Direct3D、DirectSound、DirectInput、DirectPlay 等多个组件。从内部原理来看，它实质上就是一系列的动态链接库 DLL，通过这些 DLL，程序员可以在无视设备差异的情况下访问底层的硬件。DirectX 主要应用于游戏软件的开发，因此 DirectX 编程是现在图形编程尤其是游戏编程的热点，在此简单地介绍其中的图形组件，即 DirectDraw 与 Direct3D。

DirectDraw 是 DirectX 应用程序编程接口（API）的一个组件，它使得程序员可以直接对显存操作，并支持硬件位图映射、硬件覆盖及换页等功能。这样可让应用程序能够使用低层硬件的能力，对那些支持的硬件加速特性加以利用，并为游戏和 Windows 子系统软件，如 3D 图形包和数字视频编码，提供了一种设备无关的路径，以获得访问特定显示设备的某些高级特性的能力。DirectDraw 在提供这些功能的同时保证了对现有的基于 Microsoft Windows 的应用程序及设备驱动程序的兼容。它为运行 Windows 的计算机提供了一个高性能的游戏图形图像引擎。

Direct3D 是三维硬件的一个绘图接口，其任务是向具有设备无关性的三维视频显示设备提供设备相关的访问。因此，它可以使 3D 游戏和交互式三维图形运行在 Windows 操作系统上。

4. Java 2D 和 Java 3D

Java 是一种功能完备、通用性强的编程语言。今天，它不仅用于 Web 编程，而且用于开发跨服务器、桌面计算机和移动设备等多种平台的独立应用程序。针对 GUI 编程应用，Java 语言提供了两套几乎并行的工具：抽象窗口工具包（Abstract Window Toolkit，AWT）和 Swing。AWT 是早期 Java 语言提供的对图形用户界面的支持和一些图形绘制功能，不过功能十分有限。Swing 包是 Java 2 平台中一个经过重新设计的图形用户界面 API 库，它使 Java 语言对图形的支持增强了很多。

Java 2D 和 Java 3D 是与 Java 编程语言相关的新型图形 API，它们作为一种面向对象的高层 API，具有高度思考移植性。通常，它们是基于 OpenGL 等其他低层 API 来实现的。其中，Java 2D 是 Java 2 平台的一个标准的核心部分，它提供了一组十分完备的功能，可以用来操纵和绘制 2D 图形。Java 3D 是 Java 平台的可选包，它提供了令人难以置信的综合性 3D 图形框架，包含动画、3D 交互和复杂视图等高级功能，还提供了相对简单、直观的编程接口。

通过引入 Swing、Java 2D 和 Java 3D API，Java 2 平台的图形能力得到了很大的提升。应用程序接口的完善设计，为计算机图形的各种任务提供了全面的支持。Java 程序语言独特的优点，以及 Java 语言和 Java 2D 及 Java 3D 包的组合，使其成为学习图形编程和计算机图形学的一种很有吸引力的选择。

2.4 图形流水线

本节将给出图形流水线更细致的介绍，以及它的一种实现：OpenGL 图形处理框架。

2.4.1 图形流水线三阶段

图形绘制流水线和工厂中的生产流水线有一定的相似性。它依托于专用计算机软硬件体系结构，能够将三维场景对象的数字几何模型通过大量的几何计算快速转换为计算机屏幕显示的二维像素阵列。

一个图形流水线一般可以大致地分为 3 个概念性的阶段：应用程序阶段、几何处理阶段和光栅阶段，如图 2.21 所示。而每个阶段本身通常也是一个流水线系统。

图 2.21　图形绘制流水线三阶段

1. 应用程序阶段

应用程序阶段一般将数据以图元的形式提供给图形硬件，如用来描述三维几何模型的点、线或多边形，同时也提供用于表面纹理映射的图像或者位图。

由于应用程序阶段是通过软件方式实现的，因此开发者能够对该阶段进行控制，可以通过改变实现方法来改变实际性能。而其他阶段，由于它们全部或者部分建立在图形硬件基础上，因此要改变实现过程会有些困难。也正是由于应用程序阶段是基于软件方式实现的，因此该阶段不能像几何处理和光栅阶段那样可以继续分成若干个子阶段。即便如此，仍然有可能改变几何和光栅阶段所消耗的时间。例如，可以在应用程序阶段通过减少三角形数量来达到此目的。

在应用程序阶段的末端，将需要绘制的几何体输入绘制管线的下一个阶段。这些几何体都是绘制图元（如点、线、多边形等），最终需要在屏幕上（具体形式取决于具体输出设备）显示出来，这就是应用程序阶段最重要的任务。相关知识将在第 6 章介绍。

2. 几何处理阶段

几何处理阶段是以每个顶点为基础对几何图元进行处理，并从三维坐标变换为二维屏幕坐标的过程。该阶段在图形处理器（Graphics Processing Unit，GPU）上进行，主要作用于顶点数据，其目标是确定哪些几何对象可以在屏幕上显示，并把颜色值赋给这些对象的顶点。

几何处理阶段主要负责大部分多边形和顶点操作，可以将这个阶段进一步划分为几个功能阶段，如顶点变换、投影、裁剪、顶点着色等。需要注意的是，在具体的实现中，这些阶段的内容和顺序可能会有所不同。相关知识将在第 5 章介绍。

3. 光栅阶段

在光栅阶段，屏幕对象首先被传送到像素处理器进行光栅化，并对每个像素进行着色，然后输出到显示器。

给定经过变换和投影之后的顶点、颜色以及纹理坐标（均来自于几何处理阶段）后，光栅阶段的目的就是给每个像素准确配色，以便正确绘制整幅图像，这个过程称为光栅化或扫描转换，也就是把屏幕空间的二维顶点转化为屏幕上的像素。屏幕空间有一个深度值 Z、一种或两种颜色以及一组或者多组纹理坐标，其中纹理坐标会与顶点或者屏幕上的像素联系在一起。不像几何阶段进行的多边形操作，光栅阶段进行的是单个像素操作。每个像素的信息存储在颜色缓冲器里，即一个矩形的颜色序列（每种颜色包括红、绿、蓝 3 个分量）。对于高性能图形系统来说，光栅阶段必须在硬件中完成。

当图元发送并通过光栅阶段之后，从相机视点处看到的物体就可以在屏幕上显示出来，这些图元可以用合适的着色模型进行绘制，如果运用纹理技术，就会显示出纹理效果。这部分知识将在第 3 章和第 7 章介绍。

2.4.2　图形流水线关键步骤

图形流水线是 GPU 工作的通用模型。它以某种形式表示的三维场景为输入，输出二维的光栅图像（Raster Images）到显示器，也就是位图。这个过程可以简要地表示为图 2.22 所示的流水线：从顶点列表到最终显示，三维模型要经历逐顶点操作、投影变换、裁剪、光栅变换和逐片元操作，最后输出显示。下面依次解释图形流水线中的关键步骤。

图 2.22　简化的图形流水线

（1）图形流水线的起点是一个三维模型。这个三维模型可以是用软件设计出的三维游戏人物，也可以是在逆向工程（Reverse Engineering）中用激光扫描仪（Laser Scanner）等设备采集的顶点（Vertices）。不论是何种模型，在计算机处理之前都一定要经过采样而得到有限的、离散的顶点，每个顶点都可以被一个向量描述为一个三维坐标系里的点。这些可以用来描述三维模型的顶点组成了点云（Point Cloud）。如果采样频率足够高，得到的顶点就可以足够细致地描述模型的表面。点云分辨率越高，越能真实地拟合出一维场景。点云中的点可以由一个列表表示，列表中的每一项是某点的三维坐标值。同时，列表中的每一点都带有该点的颜色信息，如可以用红绿蓝（RGB）向量来表示。这个顶点列表（Point List)即是流水线的输入数据，从起点进入流水线。

（2）顶点可以用来形成多边形，从而拟合出近似的表面。由顶点形成多边形最常用的一种方法是三角化（Triangulation），即每相邻的 3 个点组成一个三角形。接下来每个顶点要经过一系列的逐顶点操作（Per-vertex Operation），如计算每个顶点的光照、每个顶点的坐标变换等。

（3）由于显示输出的需要，用户会定义一个视口（View Port），即观察模型的位置和角度。然后，模型被投影到与视口观察方向垂直的平面上。这个投影变换（Projection Transformation）可以是硬件加速的。根据观察体的大小，投影的结果有可能被裁剪（Clipping）掉一部分。

（4）接受模型投影的平面是一个帧缓存（Frame Buffer），它是一个由像素（Pixels）定义的光栅化平面。光栅化（Rasterization）的过程，实际上就是决定帧缓存上的哪些像素该取怎样的值。通过采样和插值，光栅化器（Rasterizer）会决定一幅最接近于原投影图像的位图。

（5）这些像素或者由像素连成的片段还需经历一些逐片段操作（Per-fragment Operation），也就是说，它们的颜色也可以根据算法改变。另外，纹理映射（Texturing 或 Texture Mapping）在这一阶段也会覆盖某些像素的值。另外，对于投影和光栅化的结果，还要判断片段的可见性，也就是遮挡探测（Occlusion Detection）。

（6）最后，帧缓存里的结果被刷新到显示器上。该过程以较高的帧频率重复，用户就能在显示器上看到连续的图形变换。

随着日益复杂的图形处理要求和不断完善的硬件加速性能，有越来越多的功能被添加到图形流水线中。

2.4.3　OpenGL：流水线的一种实现

图形流水线有不同的应用程序接口（Application Program Interface，API）来定义它们的功能，最主要的是 OpenGL 和 Direct3D，GPU 的发展与这两个 API 息息相关。每当有新的图形效果和算法被开发出来，它们就会被审核并加入 API，接着，支持新的 API 的 GPU 也会很快上市。这一过程也可能是由硬件驱动的，即某一 GPU 制造商推出了某项功能，该功能会在稍后被图形 API 中某个新添加的接口函数来驱动。1992 年以来，作为一种跨平台的应用程序接口，OpenGL 一直是业界的标准。它与平台的无关性使它比 Direct3D 更易于开发移植性强的应用程序。

OpenGL 定义的图形流水线符合 2.4.1 节所述的图形流水线模型。作为接口，它进一步定义了流水线中各功能与硬件之间的关系，以及实现这些功能的具体方法（函数）。图 2.23 表示了一个简化的 OpenGL 图形流水线，其中已经略去了与经典显示方法无关的模块。

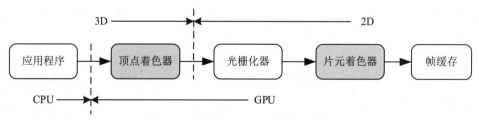

图 2.23　简化的 OpenGL 图形流水线

其中，流水线的功能模块用箭头串起来，表示工序流动的方向。灰色的模块为可编程模块。当然，除了图中所给出的模块之外，它还有其他的模块。关于完整的 OpenGL 流水线说明，可参考最新版的《OpenGL 编程指南》。

从结构上来说，图 2.23 中的流水线模型从应用程序到帧缓存的部分同图 2.22 中的功能一一对应，只是 OpenGL 使用了不同的术语来指代这些流水线组件和硬件之间的对应关系。着色器（Shader），也称流处理器（Stream Processors，SP），实际上就是 GPU 的处理单元。一般情况下，一个 GPU 会有多个流处理器（几十个到几百个，甚至几千个），它们同时工作，体现了 GPU 大规模并行处理的能力。形象点说，着色器相当于神经元，神经元越多，大脑越发达，着色器数量越多，显卡处理性能也就越强。

进行几何计算的处理器叫顶点着色器，它负责对顶点进行坐标变换、投影变换等；进行片段颜色处理的处理器叫作片元着色器。应用程序输入 GPU 的是三维的点云数据。从流水线输入端直到顶点着色器，流水线计算的对象都是三维几何模型；从光栅化器开始，所有的操作都是针对二维的像素。

2.4.4　可编程图形流水线和 GLSL

细心的读者也许已经留意到，图 2.23 中的两个着色器模块被涂成了灰色。这是为了引入一个重要的概念：可编程图形流水线。支持可编程图形流水线的 GPU 就是可编程图形处理器。2001 年之前，GPU 都是功能固定的，或者是可设置的（Configurable）。可编程 GPU 与它们最大的区别是，用户可以用自定义的算法来实现着色器的功能。在可编程图形流水线中，有两个模块是可以让用户加载自定义算法的，分别是顶点着色器和片元着色器。

为着色器编程的语言叫作着色语言，它们是实现复杂三维效果的关键。目前最常用的着色语言主要有随 OpenGL 发展而来的 GLSL（OpenGL Shading Language），nVIDIA 设计的 Cg（C for Graphics）和 DirectX 支持的 HLSL（High Level Shader Language）。GLSL 从 OpenGL 1.4 版起就一直伴随着 OpenGL，直到 OpenGL 2.0 开始正式成为 OpenGL 核心的一部分。作为 OpenGL 的正式成员，GLSL 继承了 OpenGL 的一切优点。首先，它具有平台无关性。GLSL 可以运行在所有 OpenGL 支持的操作系统上，也可以运行在不同的 GPU 上，只要这些 GPU 提供了如图形流水线所定义的可编程硬件（如今几乎所有的 GPU 都满足这样的要求）即可。其次，GLSL 提供尽可能底层的硬件接口，表现出很高的运行效率和灵活性。同时，GLSL 的语法近似于 C/C++，易于开发。更多关于 GLSL 的语法和使用，请参考有关资料。

2.4.5　OpenGL 程序实例分析

下面先来写一个较简短、功能简单但却有意思的程序。它尽管简单，却已经能够反映前面谈到的 OpenGL 实现的图形流水线。读者可以清晰地看到流水线是如何用具体的代码实现的。下面首先直接给出完整代码，然后按一定的逻辑顺序来分析，这样有助于读者对程序有一个完整的理解。程序运行结果如图 2.24 所示。

```
#include <GL/glut.h>

float angle = 0.0f; //旋转角度
void Init()
{
GLfloat light_ambient[] = { 1.5,1.5,1.5,1.0 };//环境光分量RGB值
float lpos[4] = { 1.0,1.0,1,0 };//灯光坐标位置

glEnable(GL_DEPTH_TEST); //启用深度测试
glClearColor(0.0f, 0.0f, 0.0f, 1.0f); //背景为黑色
glLightfv(GL_LIGHT0, GL_POSITION, lpos);
glLightfv(GL_LIGHT0, GL_AMBIENT, light_ambient);
}

void Reshape(int w, int h)
{
if (0 == h)     h = 1;  //防止窗口高度太小而造成除零问题
float ratio = 1.0f* w / h;
glViewport(0, 0, w, h); //设置视区尺寸

glMatrixMode(GL_PROJECTION); //指定当前操作投影矩阵堆栈
glLoadIdentity(); //重置投影矩阵

gluPerspective(45.0f, ratio, 1.0f, 10.0f);//指定透视投影的观察空间
glMatrixMode(GL_MODELVIEW);
}

void myDisplay ()
{
glClear(GL_COLOR_BUFFER_BIT | GL_DEPTH_BUFFER_BIT);//清除颜色和深度缓冲区
glColor3f(0.8f, 0.8f, 0.8f);        //指定绘制立方体颜色
glMatrixMode(GL_MODELVIEW);         //指定当前操作模型视图矩阵堆栈
glLoadIdentity();                   //重置模型视图矩阵
glTranslatef(-1.0f, 0.0f, -5.0f); //将线框立方体沿x轴和z轴负向移动
glRotatef(angle, 0.0f, 1.0f, 0.0f);//线框立方体绕y轴旋转
glutWireCube(1);

glEnable(GL_LIGHTING);              //启用光照
glEnable(GL_LIGHT0);                //开启灯光0
glLoadIdentity();
glTranslatef(1.0f, 0.0f, -5.0f);
```

```
glRotatef(angle, 0.0f, 1.0f, 0.0f);
glutSolidCube(1);
glDisable(GL_LIGHTING);              //关闭光照，因为线框立方体启用光照效果不好

angle += 0.01f;
glutSwapBuffers();
}

int main(int argc, char *argv[])
{
glutInit(&argc, argv);
//窗口使用RGB颜色，双缓存和深度缓存
glutInitDisplayMode(GLUT_DOUBLE | GLUT_RGB | GLUT_DEPTH);
glutInitWindowPosition(100, 100);
glutInitWindowSize(600, 400);
glutCreateWindow("旋转的立方体");
glutReshapeFunc(Reshape);
glutDisplayFunc(myDisplay);
glutIdleFunc(myDisplay);
Init();
glutMainLoop();

return 0;
}
```

上述短小的例子几乎涵盖了 OpenGL 基础编程所需要的所有内容。既然这个例子是个完整的 OpenGL 程序，那么它也一定是一个完整的图形流水线的实现。下面通过分析程序中数据处理的流程，让例子所对应的图形流水线的每个步骤变得清晰。

如前所述，OpenGL 图形流水线可以大致地认为由 5 个步骤组成：应用程序、顶点着色器、光栅化器、片元着色器和帧缓存。在这个例子中，这 5 个步骤依次如下：

（1）应用程序生成了由一系列顶点坐标描述的三维模型，并将它们送至图形流水线的入口。代码中第 36 和第 43 行的函数 glutWireCube() 和 glutSolidCube()完成了这项工作。

（2）顶点着色器负责逐顶点计算，即求它们的位移、旋转和投影变换。这个例程使用变换观察点的方法达到了使模型看上去旋转的目的。因此，顶点着色器处理的是观察点的坐标。第 35 和第 42 行设置了旋转矩阵，然后 OpenGL 自动将矩阵作用于当前位置。同时，第 24 行设置的透视投影矩阵也交给顶点着色器来对整个模型进行逐顶点操作。然后，每个三维顶点都成为二维投影平面上的一个点。

（3）光栅化器把投影在二维平面上的点转化为离散的像素点，它决定帧缓存里每个像素的取值。尽管 OpenGL 允许用户直接修改帧缓存中的像素值，但它不需要用户显式地参与常规的光栅化操作，因此这个例子里没有出现光栅化的命令。

（4）片元着色器负责逐像素计算，即在绘制二维图形时给每个帧缓存像素赋值。程序

第 10 和第 31 行设置了背景和立方体的颜色。OpenGL 使用这些像素值在第 30 行清除颜色缓存时给图像涂上了背景色，在光栅化立方体模型后给帧缓存中属于立方体表面的部分涂上了目标的颜色。

（5）帧缓存是最终图像被绘制完成并可以输出显示的地方。第 47 行交换了已完成绘制的后台帧缓存和当前的前台帧缓存，使一帧新绘制的图像刷新在了屏幕上。

这个完整的实例揭示了图形流水线的整个处理过程，或许目前仅仅理解流水线的步骤对理解图形显示还有一段距离，仍然有一些问题在困扰着我们，比如：（1）顶点着色器如何来进行顶点计算？比如上述的旋转变换和投影变换。（2）如何实现光栅化？（3）片元着色器如何实现像素着色？问题（1）将在第 5 章回答，问题（2）将在第 3 章回答，问题（3）将在第 7 章回答。

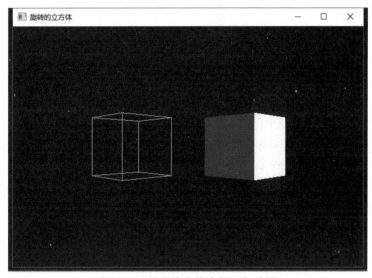

图 2.24　图形流水线实例运行结果

习　题　2

1．你用过哪些图形软件？在图形系统中它们属于哪一类？它们有何特点？
2．从图形硬件显示原理角度，思考并分析如何显示直线。
3．总结光栅显示系统的优缺点。
4．在光栅显示系统中，显卡有何作用？
5．简要总结图形流水线的任务、内容与特点。

第 3 章   二维基本图形光栅化与裁剪

本章主要介绍二维基本图形生成与裁剪问题,其中二维基本图形生成主要包括直线、圆、多边形和区域的生成算法,这些内容在图形绘制流水线中被称为光栅化,也常被称为扫描转换,位于光栅阶段;裁剪部分主要介绍二维裁剪,它们在图形绘制流水线中位于几何处理阶段。这两部分内容都属于传统的经典光栅图形学内容,因此放在一起进行介绍。

3.1   光栅化问题概述

在光栅扫描显示器等设备上,所有图形的显示都归结为按照图形的描述将显示设备上的光栅像素点亮。为了输出一个像素,需要将该像素的坐标和颜色信息转换成输出设备的相应指令,根据指令在指定的屏幕位置上开启(接通)电路(或电子束),使该位置上的显示单元器件发亮。基本图元显示问题就是根据基本图元的描述信息来生成像素组合。

复杂的图形通常被看作由一些基本图形元素(图元)构成。基本二维图元包括点、直线、圆弧、多边形、字体符号和位图等,它们的显示问题是任何复杂二维图形及图像显示技术的基础。三维图形的显示最终也是通过投影转化成二维图形的显示。

图元通常是指不可再分的独立的图形实体,例如,一个点就是一个图元。尽管直线是由多个像素构成,折线(Polyline)是由多条直线段拼接而成,但在大多数软件应用中都不支持把折线和直线段进行进一步的分离,也就是说,一个图元中的所有像素点、直线、顶点等是作为一个整体存在的,不再细分为独立的图元。

点是由其坐标(x, y)来描述的,直线由其两个端点坐标来描述;多义线(折线)由构成它的顶点序列来描述,多边形由其边界顶点序列来描述;位图图像由点阵(二维矩阵)来描述,点阵中每个像素的值描述该像素的颜色值。点阵图像总是作为一个整体来绘制和操作,因此可以被看作是一种特殊的图元。

图元的描述除了含有坐标信息外,还有图元的一些属性信息,如线宽、线型、颜色、填充图案等,如图 3.1 所示。

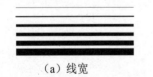 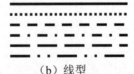 

(a) 线宽　　　　　　　　　(b) 线型　　　　　　　　　(c) 填充图案

图 3.1   图元属性

3.2　直线段光栅化

由于曲线和各种复杂的图形均是被离散成许多直线段后绘制，因而直线是二维图形光栅化技术的基础。直线的光栅化就是根据两端点坐标的描述来绘制两点间的直线路径。作为一种最基础的图元，它的绘制效率较为重要。虽然理论上认为，只要根据直线的数学方程即可算出直线上的一个个点，但由于这种方法效率不高，因而实际上人们通常使用下面几种算法。

3.2.1　数值微分算法

数值微分算法（Digital Differential Analyzer，DDA）根据直线的微分方程来绘制直线，它是最简单的一种画线方法。

设直线的起点坐标是 $P_1(x_1, y_1)$，终点坐标为 $P_n(x_n, y_n)$，令 $\Delta x = x_n - x_1$，$\Delta y = y_n - y_1$，则要绘制的直线的微分方程为

$$\frac{\mathrm{d}y}{\mathrm{d}x} = \frac{\Delta y}{\Delta x} = \frac{y_n - y_1}{x_n - x_1} = k \tag{3.1}$$

由于直线的一阶导数是连续的，且由上式可知 Δx 与 Δy 之间成正比。因此，若设直线上任意点为 $P_i(x_i, y_i)$，则可在其现有 x 和 y 坐标上分别加上两个小增量 $\varepsilon \Delta x$ 和 $\varepsilon \Delta y$（ε 为任意小的正数）得到直线上下一点 (x_{i+1}, y_{i+1}) 的 x，y 坐标，如图 3.2（a）所示，也即有

$$x_{i+1} = x_i + \varepsilon \Delta x \tag{3.2}$$
$$y_{i+1} = y_i + \varepsilon \Delta y = y_i + k\varepsilon \Delta x \tag{3.3}$$

该方法在精度无限高的情况下可生成精确无误的直线，但由于光栅显示器的显示栅格问题，导致 $\varepsilon \Delta x$ 或 $\varepsilon \Delta y$ 只能取单位步长。这里分以下两种情况考虑。

（1）当 $|k| \leqslant 1$ 时，$|\varepsilon \Delta y| \leqslant |\varepsilon \Delta x|$，则应取 $|\varepsilon \Delta x|$ 为单位步长，即 x 方向为步长方向，每次总是步进一个单位，此时 $|\varepsilon \Delta x| = 1$。否则，若取 $|\varepsilon \Delta y| = 1$，则 $|\varepsilon \Delta x| \geqslant 1$，此时所得直线上的点容易漏点，导致生成结果有误。当 $|\varepsilon \Delta x| = 1$ 时，则有

$$x_{i+1} = x_i + \varepsilon \Delta x = x_i + \frac{1}{|\Delta x|} \Delta x = x_i \pm 1 \tag{3.4}$$
$$y_{i+1} = y_i + \varepsilon \Delta y = y_i + \frac{1}{|\Delta x|} \Delta y = x_i \pm k \tag{3.5}$$

由式（3.5）可看出，此时 y 方向的变化步长总是小于或等于 1 个单位，因此需要通过四舍五入确定直线上点的 y 坐标，如图 3.2（b）所示。

（2）当 $|k| > 1$ 时，$|\varepsilon \Delta y| > |\varepsilon \Delta x|$，同理，应取 $|\varepsilon \Delta y|$ 为单位步长，即 y 方向为步长方向，每次总是步进一个单位，此时 $|\varepsilon \Delta y| = 1$，则有

$$x_{i+1} = x_i + \varepsilon \Delta x = x_i + \frac{1}{|\Delta y|} \Delta x = x_i \pm \frac{1}{k} \tag{3.6}$$
$$y_{i+1} = y_i + \varepsilon \Delta y = y_i + \frac{1}{|\Delta y|} \Delta y = y_i \pm 1 \tag{3.7}$$

由式（3.6）可看出，此时 x 方向的变化步长总是小于 1 个单位，因此需要通过四舍五入确定直线上点的 x 坐标。

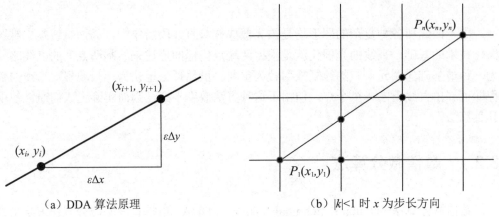

（a）DDA 算法原理　　　　　　　　　（b）$|k|<1$ 时 x 为步长方向

图 3.2　DDA 法绘制直线

DDA 算法相应的程序如下。

```
void LineDDA(int x1, int y1, int xn, int yn)
{
    int dm=0;
    if (abs(xn-x1)>= abs(yn-y1)   //abs是求绝对值的函数
        dm=abs(xn-x1);            //x为步长方向
    else
        dm=abs(yn-y1);            //y为步长方向
    float dx=(float)(xn-x1)/dm;   //当x为步长方向时, dx的值为1
    float dy=(float)(yn-y1)/dm;   //当y为步长方向时, dy的值为1
    float x=x1;
    float y=y1;
    for (int i=0; i< dm; i++)
    {
        //putpixel是绘点的伪代码函数，需要根据具体编程环境替换
        putpixel( (int)(x+0.5), (int)(y+0.5));
        x+=dx;
        y+=dy;
    }
}
```

DDA 法直观、易懂、易实现，然而其中有一些浮点运算，同时每生成一个直线上的点，还需要四舍五入，因此它的绘制效率有待提高。

通常情况下，直线的方向可根据斜率分为 8 个不同的区域，如图 3.3 所示。不同区域

的步长方向选取有所不同，具体的处理方法可参考表 3.1，其中取值为 1 或-1 的 dx 或 dy
方向为步长方向。

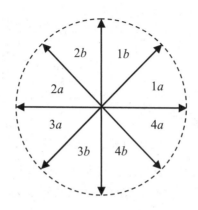

图 3.3　直线方向的 8 个区域

表 3.1　不同区域的相应处理方法

区域	dx	dy
1a	1	k
1b	1/k	1
2a	-1	k
2b	-1/k	1
3a	-1	-k
3b	-1/k	-1
4a	1	-k
4b	1/k	-1

3.2.2　Bresenham 画线法

Bresenham 画线算法是在 1962 年夏天由当时在 IBM 工作的 Jack Elton Bresenham 提出，
1965 年在论文 Algorithm for computer control of a digital plotter 中正式发表，论文中算法的
有关说明如图 3.4（a）所示。设直线的斜率 $0 \leqslant k \leqslant 1$，如上节所述，此时应取 x 方向为步长
方向，如图 3.4（b）所示。若直线在 x 方向上步进一个单位，则在 y 方向上的增量只能在 0
到 1 之间。于是，Bresenham 画线算法的基本原理是：若设 $P(x,y)$ 是直线上的一点，与 P 点
最近的网格点为(x_i, y_i)，那么，下一个与直线最近的像素只能是正右方的网格点 $S(x_i+1, y_i)$
或右上方的网格点 $T(x_i+1, y_i+1)$。设直线与网格的交点为 Q，令 $s=|QS|$，$t=|QT|$，则有：

当 $s<t$ 时，S 比较靠近理想直线，应选 S。

当 $s \geqslant t$ 时，T 比较靠近理想直线，应选 T。

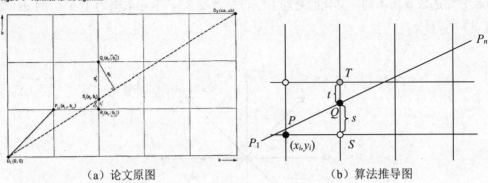

（a）论文原图　　　　　　　　　　（b）算法推导图

图 3.4　Bresenham 画线法

基于上述原理，下面给出 Bresenham 画线算法的具体推导。

设直线段由 $P_1(x_1,y_1)$ 到 $P_n(x_n,y_n)$，则直线方程可表示为

$$y = kx + b \tag{3.8}$$

其中，$k = (y_n - y_1)/(x_n - x_1) = \mathrm{d}y/\mathrm{d}x$，$b = y_1 - kx_1$。

可知，S 的坐标为 (x_i+1, y_i)，T 的坐标为 (x_i+1, y_i+1)，因此

$$\begin{cases} s = y - y_i = k(x_i+1) + b - y_i \\ t = y_i+1 - y = y_i+1 - k(x_i+1) - b \end{cases} \tag{3.9}$$

则有

$$s - t = 2k(x_i+1) + 2b - 2y_i - 1$$

代入 $k = \mathrm{d}y/\mathrm{d}x$，即有

$$\begin{aligned} \mathrm{d}x(s-t) &= 2\mathrm{d}y(x_i+1) + 2b\mathrm{d}x - 2y_i\mathrm{d}x - \mathrm{d}x \\ &= 2(x_i\mathrm{d}y - y_i\mathrm{d}x) + (2\mathrm{d}y + 2b\mathrm{d}x - \mathrm{d}x) \end{aligned} \tag{3.10}$$

因为 $\mathrm{d}x>0$，所以可以以 $\mathrm{d}x(s-t)$ 的正负作为选择 S 或 T 的依据，故可令 $d_i = \mathrm{d}x(s-t)$，则

$$d_i = 2(x_i\mathrm{d}y - y_i\mathrm{d}x) + (2\mathrm{d}y + 2b\mathrm{d}x - \mathrm{d}x) \tag{3.11}$$

将每一个下标加 1，则有

$$d_{i+1} = 2(x_{i+1}\mathrm{d}y - y_{i+1}\mathrm{d}x) + (2\mathrm{d}y + 2b\mathrm{d}x - \mathrm{d}x) \tag{3.12}$$

两式相减得

$$d_{i+1} = d_i + 2\mathrm{d}y(x_{i+1} - x_i) - 2\mathrm{d}x(y_{i+1} - y_i) \tag{3.13}$$

因为 $x_{i+1} - x_i = 1$，所以得

$$d_{i+1} = d_i + 2\mathrm{d}y - 2\mathrm{d}x(y_{i+1} - y_i) \tag{3.14}$$

这样，就得到一个递推公式，下一个 d_{i+1} 可以由前一个 d_i 递推得到。

若 $d_i \geqslant 0$，即 $t \leqslant s$，下一点应选 T，此时 $y_{i+1} - y_i = 1$，则有

$$d_{i+1} = d_i + 2(\mathrm{d}y - \mathrm{d}x) \tag{3.15}$$

若 $d_i < 0$，即 $s < t$，下一点应选 S，此时 $y_{i+1} = y_i$，则有

$$d_{i+1} = d_i + 2\mathrm{d}y \tag{3.16}$$

d_i 的初值可由式（3.11）得出，此时，$i=1$，$b = y_1 - kx_1$，于是

$$\begin{aligned} d_1 &= 2(x_1\mathrm{d}y - y_1\mathrm{d}x) + (2\mathrm{d}y + 2b\mathrm{d}x - \mathrm{d}x) = 2(x_1\mathrm{d}y - y_1\mathrm{d}x + b\mathrm{d}x) + (2\mathrm{d}y - \mathrm{d}x) \\ &= 2(kx_1 - y_1 + b)\mathrm{d}x + (2\mathrm{d}y - \mathrm{d}x) = 2\mathrm{d}y - \mathrm{d}x \end{aligned} \tag{3.17}$$

由于式（3.15）和式（3.16）只包含加、减法和左移（乘2）运算，且下一个像素的选择只需检查 d_i 的符号，因此 Bresenham 画线算法很简单，效率也很高。

上面讨论的是直线斜率 $0 \leqslant k \leqslant 1$ 的情况，对于一般情况可作如下处理。

（1）当 $|k| > 1$ 时，将 x、y 和 $\mathrm{d}x$、$\mathrm{d}y$ 对换，即以 y 向作为增长方向，y 总是增 1（或减 1），x 是否增减 1，则根据 d_i 的符号判断：$d_i \geqslant 0$ 时，x 增 1（或减 1）；$d_i < 0$ 时，x 不变。

（2）根据 $\mathrm{d}x$ 和 $\mathrm{d}y$ 的符号来控制 x 或 y 增 1 还是减 1。

下面给出 $0 \leqslant k \leqslant 1$ 时的 Bresenham 画线程序，其他斜率情形请读者参考下面程序自行编写。

```
void BresenhamLine(int x1, int y1, int xn, int yn)
{
int x, y, dx, dy, d, d1, d2;
dx = xn-x1;
dy = yn-y1;
d = 2*dy - dx;
d1 = 2*dy;
d2 = 2*(dy - dx);
x = x1;
y = y1;
putpixel (x,y);
while (x<xn)
{
    x++;
    if (d<0)
        d += d1;
    else
    {
        y += 1;
        d += d2;
    }
    putpixel (x,y);
}
}
```

Bresenham 画线算法还有另一种阐述思路，有兴趣的读者可参见《计算机图形学基础（第 3 版）》（陆枫著）5.1.3 节内容介绍，也可参考网址：https://www.cs.helsinki.fi/group/goa/mallinnus/lines/bresenh.html。

3.2.3　中点画线算法

中点画线算法和 Bresenham 画线算法类似，其基本思想也是根据误差项来决定下一个像素的选取。两者的判别规则略有不同，而绘制效率完全相同。

首先，介绍一下中点画线算法的基本思想。为讨论方便，假设直线的斜率 $0 \leq k \leq 1$，如前所述，此时应取 x 方向为步长方向，如图 3.5 所示。此时，若直线在 x 方向上步进一个单位，则在 y 方向上的增量只能在 0 到 1 之间。若设 $P(x, y)$ 是直线上的一点，与 P 点最近的网格点为 (x_i, y_i)，那么，下一个与直线最近的像素只能是正右方的网格点 $P_B(x_i+1, y_i)$ 或右上方的网格点 $P_T(x_i+1, y_i+1)$。再以点 $M(x_i+1, y_i+0.5)$ 表示 P_B 和 P_T 的中点，设 Q 是直线与垂直线 $x = x_i+1$ 的交点。显然，若 M 在 Q 的下方，则 P_T 离直线较近，应取 P_T 为下一个像素点，否则应取 P_B 为下一个像素点。

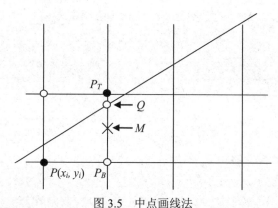

图 3.5　中点画线法

基于上述思想，下面给出中点画线算法的具体推导。假设直线的起点和终点分别为 (x_1, y_1) 和 (x_n, y_n)，则直线方程可写为

$$F(x, y) = y - kx - b = 0 \tag{3.18}$$

其中，k 为直线的斜率，b 为直线的截距。

根据数学知识知道，对于直线上的点，$F(x, y) = 0$；对于直线上方的点，$F(x, y) > 0$；对于直线下方的点，$F(x, y) < 0$。因此，欲判断交点 Q 在中点 M 的上方还是下方，只要把 M 的坐标代入式（3.18）中，并判断 $F(x, y)$ 的符号即可。

于是，可构造判别式

$$d_i = F(M) = F(x_i+1, y_i+0.5) = y_i + 0.5 - k(x_i+1) - b \tag{3.19}$$

当 $d_i < 0$ 时，M 点在直线的下方，故应取右上方的点 P_T 为下一个像素点；当 $d_i > 0$ 时，

M 点在直线的上方，故应取右方的点 P_B 为下一个像素点；当 $d=0$ 时，可以在 P_T 和 P_B 中任取一个，这里约定取右方的 P_B。现在根据式(3.19)计算下一个像素的判别式 d_{i+1}。

$$d_{i+1} = F(x_{i+1}+1,y_{i+1}+0.5) = F(x_i+2,y_{i+1}+0.5)= y_{i+1}+0.5 - k(x_i+2) -b \quad (3.20)$$

当 $d_i<0$ 时，取右上方的点 P_T 为下一个像素点，即 $y_{i+1}=y_i+1$，于是有

$$d_{i+1} = y_{i+1}+0.5 - k(x_i+2) -b = y_i+1+0.5 - k(x_i+2) -b = d_i + 1 - k \quad (3.21)$$

此时 d_i 的增量记为 $d_t=1-k$。

当 $d_i>0$ 时，取右方的点 P_B 为下一个像素点，即 $y_{i+1}=y_i$，于是有

$$d_{i+1} = y_{i+1}+0.5 - k(x_i+2) -b = y_i+0.5 - k(x_i+2) -b = d_i -k \quad (3.22)$$

此时 d_i 的增量记为 $d_b=-k$。

下面讨论 d_i 的初始值。第一个像素为起点 $P_1(x_1,y_1)$，所以由式（3.19）可得

$$d_1 = F(M_1)=F(x_1+1,y_1+0.5)= y_1+0.5 - k(x_1+1) -b$$
$$= y_1 - kx_1 -b -k +0.5 = 0.5 -k \quad (3.23)$$

由于算法仅使用 d_i 的符号，而且 d_i 的增量都是整数，为了摆脱小数，可以用 $2\Delta x d_i$ 代替 d_i，则 $d_1=dx-2dy$, $d_t=2dx-2dy$, $d_b=-2dy$。下面给出当 $0\leqslant k\leqslant 1$ 时的中点画线算法程序，程序仅包含整数运算，且 $x_1<x_n$。

```
void MidPointLine (int x1, int y1, int xn, int yn)
{
  int dx, dy, d1, d2, d, x, y;
  dx = xn-x1;
  dy = yn-y1;
  d=dx-2dy;              //即原初值d1
  dt=2dx-2dy;            //原1-k
  db=-2dy;               //原-k
  x=x1; y=y1;
  putpixel(x,y);
  while(x<xn)
  {
      if( d<0)
      {  x++;
         y++;
         d+=dt;
      }
      else
      {  x++;
         d+=db;
      }
      putpixel (x,y);
  }
}
```

3.3　圆弧光栅化

　　圆和圆弧是图形图像中经常使用的对象，因此如何光栅化圆和圆弧是几乎所有图形图像软件都需要包含的基本功能。与直线的光栅化类似，圆的光栅化算法的好坏将直接影响绘图的效率。本节仅讨论圆心位于坐标原点的圆弧光栅化算法，对于圆心为任意点的圆弧，可以先将其圆心平移到原点，然后光栅化，再平移到原来的位置。

　　圆弧光栅化问题，最直接的办法是根据圆的方程计算每一点的坐标，对其取整后即可得到像素点的坐标。本节主要介绍 Bresenham 画圆算法和中点画圆算法。

3.3.1　圆的对称性及其应用

　　圆是轴对称图形，它有无数条对称轴。同时，圆也是中心对称图形，它的对称中心就是圆心。根据圆的对称性可知，对圆心位于原点的圆而言，过原点的 4 条直线 $x=0$、$y=0$、$y=x$ 和 $y=-x$ 均为其对称轴，如图 3.6 所示。若已知圆弧上任一点(x, y)，可由对称性求出圆周上关于这 4 条对称轴的 7 个对称点，按逆时针方向依次为(y, x)，$(-y, x)$，$(-x, y)$，$(-x, -y)$，$(-y, -x)$，$(y, -x)$，$(x, -y)$。于是，若已知从 $y=0$ 到 $x=y$ 分段内（1a 区域）1/8 圆弧，则根据对称性就可得到整个圆周。也即，只要求出 1/8 圆弧的像素点，就可由对称性得到整个圆周上的所有像素点，这一绘制方法常称为八分画圆法。下面给出由任一点(x, y)根据圆的对称性求出其相应圆周上 7 个对称点的程序。

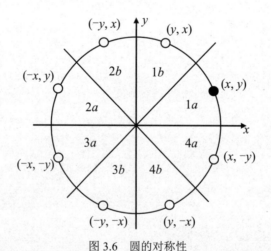

图 3.6　圆的对称性

```
//圆周上八对称点生成
void CirclePoints(int x0, int y0, int x, int y, int color)
{
```

```
    putpixel (x0+x, y0+y, color);
    putpixel (x0+y, y0+x, color);
    putpixel (x0-y, y0+x, color);
    putpixel (x0-x, y0+y, color);
    putpixel (x0-x, y0-y, color);
    putpixel (x0-y, y0-x, color);
    putpixel (x0+y, y0-x, color);
    putpixel (x0+x, y0-y, color);
}
```

3.3.2 Bresenham 画圆算法

本节讨论的圆弧绘制算法均只计算从 $x=0$ 到 $x=y$ 分段内（$1b$ 区域）的像素点，其余像素位置可利用对称性得出。

Bresenham 画圆算法适合于生成整圆，它利用对称性，只计算出 90°～45°内的点，移动方向为 $+x$，$-y$。设 (x_i, y_i) 是扫描到第 i 步时选定的坐标，下一个被选定的可能是 T 或 S，如图 3.7 所示。

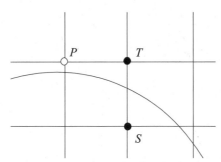

图 3.7 Bresenham 法画 1/8 圆弧示例

令 $D(T)$ 为 T 点到原点距离的平方与半径的平方之差，$D(S)$ 为 S 点到原点距离的平方与半径的平方之差。令 P 点的坐标为 (x_i, y_i)，则 T 点的坐标为 (x_i+1, y_i)，S 点的坐标为 (x_i+1, y_i-1)，则

$$D(T)=(x_i+1)^2+y_i^2-r^2 \tag{3.24}$$

$$D(S)=(x_i+1)^2+(y_i-1)^2-r^2 \tag{3.25}$$

因为 $D(T)>0$，$D(S)<0$，令变量 $d_i=D(T)+D(S)$，因此

$$d_i=2(x_i+1)^2+y_i^2+(y_i-1)^2-2r^2 \tag{3.26}$$

当 $d_i<0$ 时，有 $|D(T)|<|D(S)|$，选择像素 T；当 $d_i\geq0$ 时，有 $|D(T)|\geq|D(S)|$，选择像素 S。将 d_i 的下标增 1 后得

$$d_{i+1}=2(x_{i+1}+1)^2+y_{i+1}^2+(y_{i+1}-1)^2-2r^2 \tag{3.27}$$

d_{i+1} 与 d_i 相减得

$$d_{i+1}-d_i=2(x_{i+1}+1)^2+y_{i+1}^2+(y_{i+1}-1)^2-2r^2-2(x_i+1)^2-y_i^2-(y_i-1)^2+2r^2$$

因为 $x_{i+1}=x_i+1$，整理后得

$$d_{i+1} = d_i + 4x_i + 2(y_{i+1}{}^2 - y_i{}^2) - 2(y_{i+1} - y_i) + 6 \qquad (3.28)$$

此时，上式中的 y_{i+1} 与 y_i 可能相等（选 T 点时），也可能相差 1（选 S 点时）。

如果 $d_i<0$，则此时应选 T，$y_{i+1}=y_i$，式（3.28）变为

$$d_{i+1} = d_i + 4x_i + 6 \qquad (3.29)$$

如果 $d_i \geqslant 0$，则此时应选 S，$y_{i+1}=y_i-1$，式（3.28）变为

$$d_{i+1} = d_i + 4(x_i - y_i) + 10 \qquad (3.30)$$

设 $(0, r)$ 为递推公式的初始像素，则

$$
\begin{aligned}
d_1 &= 2(0+1)^2 + r^2 + (r-1)^2 - 2r^2 \\
&= 3 - 2r
\end{aligned} \qquad (3.31)
$$

生成一个整圆的算法程序如下。

```
void Bres_Circle(int x0, int y0, double r,int color)
{
    int x,y,d;
    x=0;
    y=(int)r;
    d=int(3-2*r);
    while(x<y)
    {
        CirclePoints( x0,y0,x,y, color);
        if(d<0)
            d+=4*x+6;
        else
        {
            d+=4*(x-y)+10;
            y--;
        }
        x++;
    }
    if(x==y)
        CirclePoints( x0,y0,x,y, color);
}
```

3.3.3 中点画圆算法

圆弧的绘制是根据已给定的圆弧参数来实施的。对给定的不同参数，可以采用不同的绘制方法，给定圆心和半径绘制整圆，给定 3 点绘制圆弧和给定参数曲线方程绘制圆弧等。

中点画圆法与 Bresenham 画圆法类似，其利用圆的 8 路对称方法，只需讨论 1/8 圆弧。假设 P 为当前点亮像素，那么下一个点亮的像素可能是 $T(x_p+1, y_p)$ 或 $S(x_p+1, y_p-1)$，

如图 3.8 所示。令 M 为 T 和 S 的中点，则 M 的坐标为 $(x_p + 1, y_p - 0.5)$。

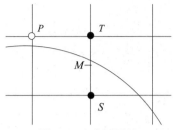

图 3.8　中点画圆法

构造一个函数

$$F(x, y) = x^2 + y^2 - r^2$$

将中点 M 的坐标代入函数，则有如下结论：若 $F(M) < 0$，M 在圆内，此时下一个点取 T；若 $F(M) \geq 0$，M 在圆上或圆外，此时下一个点取 S。

为此，可采用如下判别式，d 在第 i 步时的值为

$$\begin{aligned} d_i &= F(M) = F(x_p + 1, y_p - 0.5) \\ &= (x_p + 1)^2 + (y_p - 0.5)^2 - r^2 \end{aligned} \tag{3.32}$$

假定当前判别式 d_i 为已知，且 $d_i < 0$，则 T 被选为新的点亮像素，那么下一个像素的判别式为

$$\begin{aligned} d_{i+1} &= F(M) = F(x_p + 2, y_p - 0.5) \\ &= (x_p + 2)^2 + (y_p - 0.5)^2 - r^2 \\ &= d_i + 2x_p + 3 \end{aligned} \tag{3.33}$$

故 d 的增量为 $2x_p + 3$。

若 $d_i \geq 0$，则 S 被选为新的点亮像素，则下一个像素的判别式为

$$\begin{aligned} d_{i+1} &= F(M) = F(x_p + 2, y_p - 1.5) \\ &= (x_p + 2)^2 + (y_p - 1.5)^2 - r^2 \\ &= d_i + (2x_p + 3) + (-2y_p + 2) \end{aligned} \tag{3.34}$$

即 d 的增量为 $2(x_p - y_p) + 5$。

由于这里讨论的是按顺时针方向生成 $k > 1$ 的 1/8 圆弧，首点的坐标为 $(0, r)$，因此 d 的初值为

$$\begin{aligned} d_0 &= F(0 + 1, r - 0.5) \\ &= 1 + (r - 0.5)^2 - r^2 \\ &= 1.25 - r \end{aligned} \tag{3.35}$$

据此，中点画圆法的程序代码如下，其中 CirclePoints() 函数与上述 Bresenham 算法代码中的 CirclePoints() 函数相同。

```
void MidPoint_Circle (int x0, int y0, int r, int color)
{
    int x=0;
    int y=r;
    int d=1- r;                          //是d=1.25 - r取整后的结果
```

```
    CirclePoints(x0, y0, x, y, color);
    while ( x<y)
    {
        if (d<0)
            d+=2*x+3;
        else
        {
            d+= 2(x-y) +5;
            y--;
        }
        x++;
        CirclePoints( x0, y0, x, y, color);
    }
}
```

3.4　区　域　填　充

在计算机中，多边形是由组成其边界的顶点序列来表示的，但在屏幕显示时不仅需要画出它的边界线，还要把所有落在多边形内部的像素赋予同一种颜色或者指定的图案。这种具有相同颜色或图案属性的连片像素即区域。对区域中所有像素填充着色的过程称为区域填充。

区域的定义有两类：一类是给定顶点序列定义的封闭多边形，这类区域填充的任务是用目标颜色填充属于多边形内部区域的所有像素。第二类区域是由所有已知边界像素包围或内部像素表示的部分，它是由点阵方式描述的区域。本节先介绍第一类区域填充问题，再介绍第二类区域填充问题。

3.4.1　多边形填充算法

1. 多边形包含性测试算法

逐点判断算法是一种最简单的多边形填充算法，即对多边形包围盒内的所有像素逐个判断，若位于多边形内部，则置换为目标颜色。另一种方法是漫水法，即从一个位于多边形内部的种子像素出发，将凡是位于多边形内部的其他邻近的像素以递归的方式逐个转换。以上两类算法都涉及多边形对像素点的包含性测试。确定一个点是否被多边形包含的方法包括射线法和弧长法。

（1）射线法

如图 3.9 所示，从点 P 向任意方向发出一条射线，若该射线与多边形交点的个数为奇数，则 P 位于多边形内；若为偶数，则 P 位于多边形外。当射线与多边形边界点的交点是多边形顶点时，该交点称为奇点（如图中的 P_3，P_4，P_5 和 P_6）。如果把每一个奇点简单地计为一个交点，则交点个数为偶数时，P 点可能在内部（P_4）。但若将每一个奇点都简单地计为两个交点，同样会导致错误的结果（P_3 和 P_5），因此，必须按不同情况区别对待。

一般来说，多边形的顶点可分为两类：极值点和非极值点。如果顶点相邻的两边在射线的同侧，则称该顶点为极值点（Q_0 和 Q_1）；否则，称该顶点为非极值点（Q_2）。

为了保证射线法判别结果的正确性，奇点交点的计数可以根据上述分类来采用不同的方式。当奇点是多边形的极值点时，交点按照两个交点计算，否则，按一个交点计算，如图 3.9 所示。

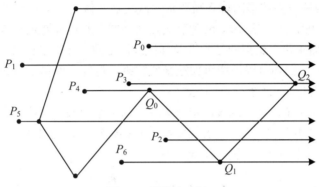

图 3.9　射线法示例

（2）弧长法

弧长法假定多边形由有向边组成。以被测点为圆心作单位圆，将全部有向边向单位圆作径向投影，计算单位圆上各边投影的代数和。若代数和为 0，则被测点在多边形之外；若代数和为 2π，则被测点在多边形之内，如图 3.10 所示，然而，在实际应用中，求取上述投影的辐角效率较低。

综合射线法中的射线和弧长法中有向边的两种思想，由以上两种算法可导出一种算法：从起点 P 发出向右侧的射线，若遇到方向向上的边与射线相交，则计数器加 1，若遇到方向向下的边与射线相交，计数器减 1。当最后的计数器为 0 时，点 P 在多边形的外部，但也要注意奇异点的处理，方法与射线法的要求相同。

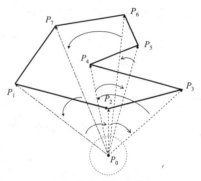

（a）点在多边形外部

2. 多边形扫描转换算法

扫描线算法是确定水平扫描线与多边形的相交区间，把该区间内的所有像素一次性赋予新的颜色值。该算法充分利用了多边形边界与上下两条相邻扫描线的交点之间的连续性以及同一扫描线上像素之间

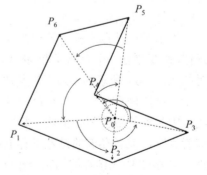

（b）点在多边形内部

图 3.10　弧长法示例

的连续性。对每条扫描线，分以下 3 个步骤。

（1）求交点：计算当前扫描线与多边形所有边的交点。

（2）排序与配对：把所有交点按 x 值递增顺序排序，排序后的交点两两配成区间，如第 1 个和第 2 个交点之间为一个区间，第 3 个和第 4 个交点之间为一个区间，以此类推。

（3）填色：将各区间内的像素值设置为目标颜色值。

这里求交点时也要注意对奇异点的处理，方法与前述包含性测试中提到的相同，即与顶点连接的两条边全部位于扫描线一侧时，需要计两个交点；当与顶点连接的两条边分别位于扫描线的两侧时，只需计一个交点。

所有扫描线与所有多边形的边均需要求一次交点。假定一个含有 5 条边的多边形在 y 方向上的跨度为 100，则它需要求 500 次交点（当然有时可以通过一些附加判断剔除不存在交点的情形）。而求每个交点的过程涉及几次乘法运算，计算量较大。在前面学习的直线生成 DDA 算法中，已知可以用增量加法来代替乘法运算，而这里多边形的边也是直线，因此可用同样的方法来加速求交点的过程。

如图 3.11（a）所示，假定线段的斜率为 m，则上下两条扫描线间直线上 y 坐标的变化量是 1，而 x 坐标的变化量是 $1/m$。若已知直线与扫描线 y_i 相交时的横坐标为 x_i，则与扫描线 y_{i+1} 相交时的横坐标为 x_{i+1}，而 $x_{i+1} = x_i + 1/m$。

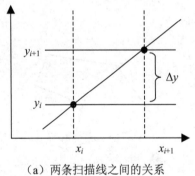
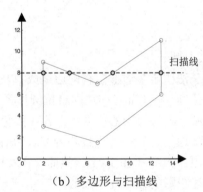

（a）两条扫描线之间的关系　　　　　（b）多边形与扫描线

图 3.11　扫描线算法示例

我们把与当前扫描线有交点的边叫作活动边，把活动边的信息按与扫描线的交点 x 坐标递增的顺序存放在一个链表中，这个链表叫活动边表（AET），即 AET 中的每个结点表示一条处于激活状态的边。

为了对边结点实施有效的激活和取消激活操作，需要建立一个存储桶表，称为边表（ET）。对图 3.11（b）所示的多边形，其边表如图 3.12 所示。存储桶表中每一个存储桶代表一条扫描线，因此桶的数目与扫描线一样。每个存储桶或者为空，或者存放的是若干存放边信息的结点（与 AET 中的结点结构完全相同）。ET 初始化的方法是将待处理多边形的各条边按照该边

图 3.12　边表

上最小的 y 值加入对应该 y 值的存储桶中。

存放在 AET 和 ET 中边结点的信息包括该边最大的 y 坐标（y_{max}），y 值最小那个端点的 x 坐标（x_{min}）以及该边的斜率 $1/m$，即为一个三元组[y_{max}, x_{min}, $1/m$]。其中 y 值最小那个端点的 y 坐标（y_{min}）不需要被记录，因为该值隐含在该边所在的存储桶中，即 y_{min} 与存储桶的 y 值相等。

我们假定扫描线是从 $y=0$ 开始向 $y=y_{max}$ 的方向移动。当一条边首次与扫描线相遇时，该边就被激活，这时该边的信息会被添加进 AET 中。当扫描线持续移动到离开该边时，该边就被取消激活，这时它的信息就需要从 AET 中删去。

具体算法步骤如下。

（1）初始化 ET：将多边形各条边按照该边的 y_{min} 值存放至 y_{min} 所对应的 ET 存储桶中。

（2）初始化 AET 为空表。

（3）将 y 值设置成 ET 中所列的最小 y 值，即第一个非空存储桶的 y 值。

（4）重复执行以下各步，直至 AET 和 ET 都为空。

① 当扫描线的 y 值开始大于或等于 ET 中某个 y 桶的值时，将该桶的所有结点加入 AET 中（同时要从 ET 中删去），并将 AET 中的记录按 x 值排序。

② 对于扫描线 y，在一对交点之间填充所需要的像素值。

③ 删去 AET 中 $y>y_{max}$ 的项。

④ 更新 AET 中所有剩余结点的 x 值，用 $x+1/m$ 代替 x。当一个结点是在本轮循环中才进入 AET 时，它记录的 x 值为 x_{min}。

⑤ 对 AET 中的各结点按 x 值重新排序。

⑥ y 增 1 后进入下一轮循环。

图 3.13 说明了 AET 中内容的变化。

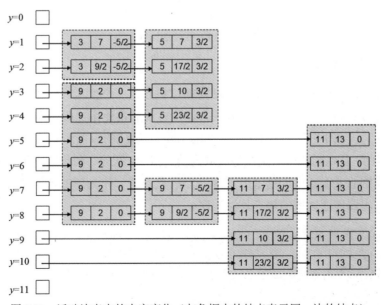

图 3.13　活动边表中的内容变化（灰色框内的结点表示同一边的结点）

3.4.2 种子填充算法

种子填充算法主要用来解决第二类区域填充问题。第二类区域填充问题下的区域定义有两种：一种是边界定义（Boundary-defined）的区域，这时区域边界上像素颜色（亮度）已确定，但区域内部像素仍没有设置为指定的颜色（亮度）。将该区域中所有像素着色的算法称为边界填充算法。边界定义的区域的边界上和区域内的目标颜色值可以相同，也可以不同。

另一种是内定义（Interior-defined）区域，这种方式下区域并无边界的概念，只划分为区域内和区域外两部分，区域外的所有像素已有特定的颜色（亮度）值，区域内与区域外颜色（亮度）值不同，区域内所有像素的颜色需要修改为目标颜色。将内定义区域中的全部像素着色的算法称为漫水法（Flood-Fill Algorithm）。

区域填充算法要求区域是连通的，因为只有在连通区域中，才有可能将种子点的颜色扩展到区域内的其他点。

根据连通性，区域可以分为四连通区域和八连通区域。四连通区域指从区域内一点出发，可通过 4 个方向（上、下、左、右）移动的组合，在不越出区域的前提下，到达区域内的任意像素。八连通区域则是通过 8 个方向来到达区域内任意像素，如图 3.14 所示。

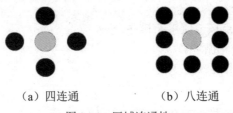

(a) 四连通   (b) 八连通

图 3.14 区域连通性

1. 简单的种子填充算法

种子填充算法，即漫水法，是在区域内部已找到的一个像素（即种子）的基础上，通过邻域搜索的方式向外扩散式填充的方法，这种方法通常使用递归来完成。

给定四连通区域中的一种子点(x, y)，oldColor 为区域的原色，newColor 为区域待填充的新颜色。因此，首先判断该点是否是区域内的一点，如果是，则将该点填充成新的颜色，然后将该点周围的 4 个点（四连通）或 8 个点（八连通）作为新的种子像素点进行同样的处理。下面给出四连通区域的填充算法程序。

```
void FloodFill4 (int x, int y, int oldColor, int newColor)
{
    if (getpixel(x, y)==oldColor)
    {
        setpixel(x, y, newColor);
```

```
        FloodFill4(x-1, y, oldColor, newColor);
        FloodFill4(x, y+1, oldColor, newColor);
        FloodFill4(x+1, y, oldColor, newColor);
        FloodFill4(x, y-1, oldColor, newColor);
    }
}
```

若原四连通区域是边界表示，boundaryColor 为边界的原色，可用如下算法。

```
void BoundaryFill4(int x, int y, int boundaryColor, int newColor)
{
    int color = GetPixel(x,y);
    if(color!= newColor && color!= boundaryColor)
    {
        setpixel (x, y, newColor);
        BoundaryFill4(x,y+1, boundaryColor, newColor);
        BoundaryFill4(x,y-1, boundaryColor, newColor);
        BoundaryFill4(x-1,y, boundaryColor, newColor);
        BoundaryFill4(x+1,y, boundaryColor, newColor);
    }
}
```

对于八连通区域的填充，只要将上述相应代码中递归填充相邻的 4 个像素增加到 8 个像素即可。

2.　扫描线种子填充算法

漫水法的递归算法需要很深的递归堆栈，其适合于处理边界复杂的区域填充。下面给出扫描线种子填充算法，它可以通过批量的方式处理像素，因此适合于较大面积的区域填充。

扫描线填充算法的思想是，从给定的种子点开始，填充当前扫描线上种子点所在的区间，然后确定与这一区间相邻上下两条扫描线上需要填充的区间，在这些区间上取最左侧或最右侧的一个点作为新的种子点。不断重复以上过程，直至所有区间都被处理完。

算法步骤如下。

（1）初始化时，向堆栈压入种子像素，当堆栈不为空时，重复执行以下各步。

（2）从包含种子像素的堆栈中推出区段内的种子像素。

（3）沿着扫描线，对种子像素的左右像素进行填充，直至遇到边界像素为止。

（4）区段内最左和最右像素记为 x_l 和 x_r，在此区间内，检查与当前扫描线相邻的上下两条扫描线是否全为边界像素或已被填充过。

（5）如果经测试，这些扫描线上的像素段需要填充，则在 x_l 和 x_r 区间范围内，把每一像素段的最右像素作为种子像素，并压入堆栈。

算法过程示意如图 3.15 所示。

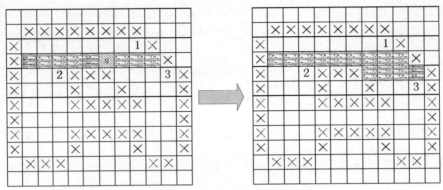

图 3.15　扫描线种子填充算法示意

3.5　字　　符

字符是计算机图形显示中必不可少的内容。有关计算机中字符的表示和显示也是一个十分庞大的学科，本书只对其作简要介绍。

3.5.1　字符的编码

在计算机中，字符是由数字编码来唯一标识的图案，该编码所显示的字符图形由该编码所属的字符集决定。最基本的字符编码是 ASCII 码，它可以表示 128 个基本字符，包括英文字母、数字、标点符号等。

另一类字符是各国的语言文字字符。我国现行的汉字字符集全称是"信息交换用汉字编码字符集"，其是在 1980 年发布的国家标准，标准代号为 GB 2312—1980。该字符集中收录常用汉字 6 763 个和非汉字图形字符 682 个。它规定所有的国标汉字与符号组成一个 94×94 的矩阵，阵中每一行称为区，每一列称为位，即 94 个区，每区有 94 个位。一个区号和一个位号的组合就表示一个汉字，称为汉字的区位码。由于区码和位码各需要 7 位二进制数，因此为了方便，用两个字节来表达一个汉字。

1995 年颁布了《汉字编码扩展规范》（GBK）。GBK 与 GB 2312—1980 所对应的内码标准兼容，同时在字汇一级支持另外两个标准（ISO/IEC 10646-1 和 GB 13000-1）的全部中、日、韩（CJK）汉字，共计 20 902 个字。除汉字外，我国部分少数民族语言文字也有相应的标准。

Unicode（统一码）是 1994 年公布的一种能够表示全球所有文字和符号的字符编码系统。在 Unicode 中，一个汉字占用 2 或 4 个字节。Unicode 的使用可以使同一网页或文档中出现的所有不同的语言文字同时得到正确显示。

还有一类字符为工程符号，通常由一些计算机辅助设计（CAD）、地理信息系统（GIS）等方面的软件提供。

为了能在显示设备上显示这些字符，必须要有字符的图形信息，这些信息存放在系统的字体库中。在 Windows 或 Linux 的系统目录下可以找到一个 Fonts 目录，该目录下存放了各种字体库。

字符的图形表示方法有两种：点阵字符和矢量字符。

3.5.2　点阵字符

点阵字符是指每个字符用一幅二值位图，即字模来表示，通常位图的尺寸有 7×9、9×16、16×24 等，用于在不同大小的字体下匹配使用。位图中像素的值为 0 时表示空白区域，为 1 时表示该像素为笔画经过区域，如图 3.16（a）所示。

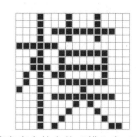 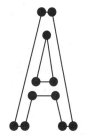

（a）点阵字库中的宋体"模"字（16×16）　　　　　　（b）矢量字符 A

图 3.16　点阵字符和矢量字符

点阵字符是由位图表示的，字体库中存放的就是这些位图。若某种字体的汉字点阵是 16×24，则保存一个这样的汉字需要 16×24 位，即 48B，而 GB 2312 中有 7 000 多个符号，因此存储该种型号的汉字需要 324 KB。在实际应用中，需要很多种字体（如宋体、楷体等），每种字体又分 10 多种不同大小的字模。因此，点阵汉字字库所占的存储空间是相当庞大的。

从给定字符编码到在屏幕上显示出来经历两个步骤：第一步是根据字符编码从字体库中把字模检索出来，由于同一型号的字模所占空间大小相同，因此每个字符所在位置可以直接算出；第二步是将检索到的字模直接复制到缓存中。

点阵字符在缩放后显示效果会变差，执行旋转等操作时需要对所有像素进行计算，因此其不适合做几何变换，也不适合高质量的印刷，但它的优点是显示速度快。

3.5.3　矢量字符

矢量字符采用直线和曲线来描述字符的形状，即字库中记录的是笔画信息。目前常用的字符采用轮廓字型法，字体轮廓是用直线或二、三次样条构成类似于多边形的封闭区域，如图 3.16（b）所示。实际记录在字体库中的就是这些轮廓线的顶点序列信息。

矢量字符的显示与点阵字符的显示过程类似，即先根据字体编码在字体库中找到对应字符的轮廓描述，再根据这些描述信息将其绘制在指定的位置。

在存储方面，矢量字符比点阵字符占用的空间更少，表现在两个方面：第一，就单个字符来说，与点阵像素的表示相比，它占用较少的空间；第二，对矢量字符来说，每种字体只需要保存一套字符，所需的不同大小的字体可以通过简单的缩放变换来产生。

矢量字符适用于高质量的字体印刷出版以及多媒体制作。流行的矢量字库格式有 Type1（一种 Postscript 字库）、TrueType（由苹果和微软公司联合提出）和 OpenType（由微软联合 Adobe 公司开发）。

汉字的矢量字符字库也会占很大的空间。例如，在中文 Windows 7 下的 Fonts 目录占用了 400～500 MB 空间，其中绝大部分是被汉字 TrueType 字体库所占用。

3.6 反走样技术

当对图形进行光栅化时，用离散的像素表示连续直线和区域边界引起的失真现象称为走样；用于减少或消除走样的技术称为反走样。常见的走样表现为 3 种形式：第 1 种是倾斜的直线和区域的边界处呈现阶梯状、锯齿状的效果，如图 3.17（a）所示；第 2 种是图形细节失真，如图 3.17（b）所示；第 3 种是一些非常细的线或很小的点由于低于分辨率而不能被显示出来，导致狭小图形的遗失与动态图形的闪烁，如图 3.17（c）所示。

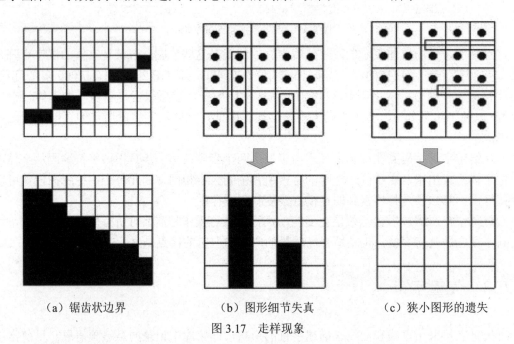

（a）锯齿状边界　　　　　　（b）图形细节失真　　　　　　（c）狭小图形的遗失

图 3.17　走样现象

常用的反走样技术有提高分辨率、简单区域采样、加权区域采样等，下面分别进行介绍。

1. 提高分辨率

显然，与低分辨率的光栅显示器相比，高分辨率的光栅图形显示器所显示的图形质量更高，锯齿不明显。因此可以通过提高显示设备的分辨率来改善图形质量，如图 3.18（a）所示，然而硬件分辨率不能无限制地提高。这里所述的反走样强调采用算法，即软件来实现。

通过软件方式来提高分辨率的方法也称超采样方法，如图 3.18（b）所示。该方法分两步：第一步是将图形以高于物理光栅设备分辨率完成光栅化，此过程被称为伪光栅化，图中伪光栅化的分辨率提高到实际分辨率的 2 倍，即实际分辨率下的一个像素对应伪光栅化的 2×2 子像素块；第二步是将每个子像素合并，得到要显示的像素灰度值。

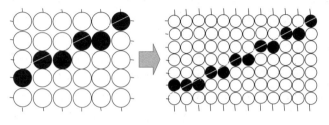 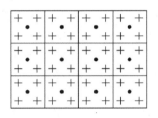

　　　　（a）提高显示器分辨率　　　　　　　　　　　（b）超采样方法

图 3.18　提高分辨率

2. 简单区域采样

在一般的扫描变换算法中，将一条直线看作一个宽度为零的理想图形，而像素点在赋值时是被当作一个整体来看待的，要么被赋为图形颜色，要么颜色不变，从而引起明显的阶梯状边界。

为了减轻这种阶梯状边界情形，简单区域取样方法被提出来。简单区域取样的基本思想是将直线看作一个具有一定宽度的矩形，在屏幕上覆盖了一部分像素点。同时它假定屏幕上的像素点是一系列相互连接的小方格的二维矩阵，形成一个二维网格，而像素的中心点则位于网格的定义点上，如图 3.19（a）所示。在这种情况下，假定一条直线对一个像素点颜色值的贡献正比于该直线所覆盖的该像素点面积的比例。如果一个像素点小方格完全被直线所覆盖，则在黑白显示器上该像素点应赋值为黑色，如果部分地被该直线所覆盖，则应赋值为灰色，如图 3.19（b）所示。这样转换的结果可使图形的边界在黑白两色之间有一个平缓的过渡，减轻明显的阶梯状现象，从而使图形看起来更美观。

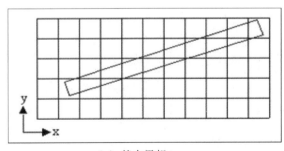

　　　　　（a）基本思想　　　　　　　　　　　　　　（b）显示结果

图 3.19　简单区域采样

简单区域取样方法能较好地改善线段显示的质量，但由于要计算面积，计算量会大大增加。另外，简单区域采样方法中像素亮度与相交区域的面积成正比，而与相交区域距像素中心点的远近无关。

3. 加权区域采样

在简单区域采样的基础上，加权区域采样方法被提出。其思想是，当直线形成的矩形与某像素点小方格相交时，对该像素点的贡献不仅与该矩形所覆盖的面积大小有关，而且与所覆盖的面积距像素中心点的远近有关：离中心点越近，贡献越大；离中心点越远，贡献越小。而且加权区域采样方法还可以使图形离像素点较近但并不相交时，就开始对该像素点的颜色值有影响，从而避免当图形移动时在屏幕上引起闪烁。

从采样理论的角度来看，简单区域采样相当于一个像素具有一个立方体形的滤波函数，在该像素的小方格范围内，滤波函数的值相等，如图 3.20（a）所示。该滤波函数决定了表示直线的矩形对像素点贡献的权值，因此只有当直线与像素小方格相交时，该滤波函数才起作用，而对该像素值的贡献则取决于所覆盖的小方格面积乘以滤波函数的值。由于滤波函数的值在小方格范围内是常数，因此，对该像素的贡献只与覆盖面积的大小有关，而与覆盖面积的位置无关。

加权区域采样相当于一个像素具有一个非恒定值的滤波函数，例如，在像素点中心处，滤波函数的值最大，随着离像素点中心的距离的增加，滤波函数呈线性衰减，如设滤波函数在各方向上是对称的，那么它是一个圆锥形的滤波函数，该圆锥的底面（即滤波函数的支撑范围）的半径应等于单位网格的距离，如图 3.20（b）所示。由于圆锥形滤波函数的支撑范围大于一个小方格，因此当直线与支撑范围相交但尚未与小方格相交时，就会对该像素点的值有贡献。而且，直线对像素点的贡献取决于所覆盖的小方格面积乘以滤波函数的值，因滤波函数在小方格范围内不是常数，因而与覆盖面积所在的位置有关。另外，还有高斯滤波函数，如图 3.20（c）所示。

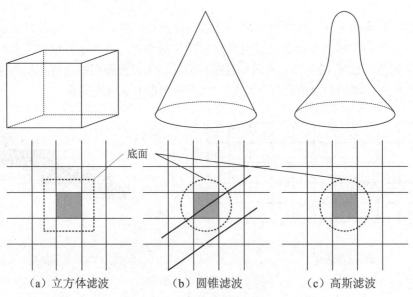

（a）立方体滤波　　　　　（b）圆锥滤波　　　　　（c）高斯滤波

图 3.20　加权区域采样的滤波函数

3.7　裁　　剪

　　裁剪是从数据集合提取信息的过程，它是计算机图形学许多重要问题的基础。裁剪典型的用途就是从一个大的场景中提取所需的信息，以显示某一局部场景或视图，例如，浏览地图时，放大显示感兴趣的区域，此时窗口内显示的内容会相应减少。确定图形的哪些部分在窗口内，哪些部分在窗口外(窗口外的称不可见部分)，只显示窗口内的那部分图形，这个选择处理过程就是裁剪。被裁剪的对象可以是点、线段、圆弧段、多边形、字符以及由它们构成的各种图形。线段裁剪是图形裁剪的基础。二维的裁剪窗口通常为一个矩形范围；而三维空间的裁剪窗口则通常称裁剪空间，指投影空间中的视见体(四棱台或四棱柱)。本节主要介绍二维平面上的图形裁剪算法，因为二维图形处理是三维处理的基础，三维裁剪算法可借鉴二维算法的思想。

3.7.1　点的裁剪

　　对点(x, y)的裁剪相对简单，可理解为对点在窗口内（某种图形区域）的包含检测。下面分两种情形进行讨论。

1. 裁剪窗口为矩形

　　设矩形窗口的左下角点坐标为(X_L, Y_B)，右上角点坐标为(X_R, Y_T)，则只要判断下面两个不等式

$$\begin{cases} X_L \leqslant x \leqslant X_R \\ Y_B \leqslant y \leqslant Y_T \end{cases}$$

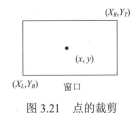

图 3.21　点的裁剪

如两个不等式都成立，则点在矩形窗口内，否则点在矩形窗口外，如图 3.21 所示。

2. 裁剪窗口为不规则多边形

　　当裁剪窗口区域为不规则多边形时，算法的关键就是判断点是否在多边形内，具体方法可参见 3.4.1 节多边形填充算法的相关内容，这里不再详述。

3.7.2　直线裁剪

　　由点的裁剪算法，人们自然会想到一种最简单的直线裁剪算法——将直线的裁剪转化为点的裁剪，即把直线看成是两端点的连线，由直线两端点的可见性去确定直线的可见性，有兴趣的读者可考虑下这种算法的流程与步骤。下面将介绍两种常用的直线裁剪算法，其中 Cohen-Sutherland 编码裁剪算法就是对上述转化算法的一个具体改进算法。

1. Cohen-Sutherland 编码裁剪算法

Cohen-Sutherland 算法是一个经典的编码算法，自 1968 年以来被公认为一个好的算法，它奠定了设计线段裁剪算法的理论基础，为最早流行的直线裁剪算法。

该算法的主要思想是，对于每条线段，分为 3 种情况处理。

（1）若线段完全在窗口之内，则显示该线段，称为"取"。

（2）若线段明显在窗口之外，则丢弃该线段，称为"弃"。

（3）若线段既不满足"取"的条件，也不满足"弃"的条件，则把线段分割为两段。其中一段完全在窗口之外，可弃之；对另一段则重复上述处理。

算法中，为了快速判断一条直线段与矩形窗口的位置关系，采用了如图 3.22 所示的空间划分和编码方案。延长窗口的四条边界，把未经裁剪的图形区域分为 9 个区，每个区有一个 4 位二进制的编码，从左到右各位依次表示上、下、右、左，例如，区号 0101，左起第 2 位的 1 表示该区在窗口的下方；右起第 1 位的 1 表示该区在窗口的左方，整个区号表示该区在窗口的左下方。

裁剪一条线段时，先求出其两端点所在的区号 code1 和 code2，若 code1 = 0 且 code2 = 0，则说明线段的两个端点均在窗口内，那么整条线段必在窗口内，应取之，如图 3.22 中的线段 L_3；若 code1 和 code2 经按位"与"运算的结果不为 0，则说明两个端点同在窗口的上方、下方、左方或右方，如图中的线段 L_1，其两端点的编码"与"运算的结果为 code1 & code2 = 1000，左起第一位不为 0，说明两端点均在窗口上方，L_1 肯定在窗口之外。这种情况下，对线段的处理是弃之。

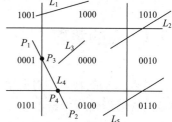

图 3.22　窗口区域编码

如果上述两种条件都不成立，则按第 3 种情况处理。求出线段与窗口某边的交点，在交点处把线段一分为二，其中必有一段完全在窗口外，可弃之，对另一段则重复上述处理。如图 3.22 中的线段 L_4，其端点 P_1 和 P_2 所在的区域编码均不为 0，但 code1 & code2 = 0，属于第 3 种情况。由 code1 = 0001 知，P_1 在窗口左边，计算线段与窗口左边界的交点 P_3，则 P_1P_3 必在窗口外，可弃之。对线段 P_3P_2 重复上述处理。由于 P_3 的编码为 0000，因此 P_3 已在窗口内，P_2 的编码为 0100，说明 P_2 在窗口下方，求出窗口下边界与线段的交点 P_4，丢弃 P_2P_4，剩下的线段 P_3P_4 全在窗口中。

编码实现时，一般是按固定的顺序检验区号的各位是否不为 0。另外，欲舍弃窗口外的子线段，只需用交点的坐标去替换被舍弃端点的坐标即可。

下面给出 Cohen-Sutherland 编码裁剪算法的 C 实例程序。

```
# define LEFT 1
# define RIGHT 2
# define BOTTOM 4
# define TOP 8

void encode(float x, float y, float XL, float XR, float YB, float YT, int* code)
{
```

```
    int c = 0;
    if (x<XL)        c = c|LEFT;
    else if (x>XR)   c = c|RIGHT;
    if (y<YB)        c = c|BOTTOM;
    else if(y>YT)    c = c|TOP;
    *code=c;
    return;
}


void C_S_LineClip(float *x1, float *y1, float *x2, float *y2, float XL,
float XR, float YB, float YT)
{
  int code1,code2,code;
  float x, y;
  encode(x1, y1, XL, XR, YB, YT, &code1);
  encode(x2, y2, XL, XR, YB, YT, &code1);
  while (code1!=0 || code2!=0)
  {
      if ((code1 & code2)!=0)  return;
      code = code1;
      if (code1==0) code = code2;
      if ((LEFT & code)!=0) {            //线段与左边界相交
          x = XL;
          y = y1+(y2-y1)*(XL-x1)/(x2-x1);
      }
      else if ((RIGHT & code)!=0)        //线段与右边界相交
      {
          x = XR;
          y = y1+(y2-y1)*(XR-x1)/(x2-x1);
      }
      else if ((BOTTOM & code)!=0)       //线段与下边界相交
      {
          y = YB;
          x= x1+(x2-x1)*(YB-y1)/(y2-y1);
      }
      else if ((TOP & code)!=0)          //线段与上边界相交
      {
          y = YT;
          x= x1+(x2-x1)*(YT-y1)/(y2-y1);
      }
      if (code==code1){
          *x1 = x;   *y1 = y;
```

```
        encode(x, y, XL, XR, YB, YT, &code1);
    }
    else{
        *x2 = x;  *y2 = y;
        encode(x, y, XL, XR, YB, YT, &code2);
    }
}
return;
}
```

2. Liang-Barsky 参数化裁剪算法

Liang-Barsky 算法是一种更好、更快的直线裁剪算法。设要裁剪的线段是 P_1P_2，P_1 的坐标为 (x_1, y_1)，P_2 的坐标为 (x_2, y_2)，P_1P_2 与窗口的边界交于 A、B、C、D 四点，如图 3.23（a）所示。算法的基本思想是，从 A、B 和 P_1 中找出最靠近 P_2 的点，图中找出的点是 P_1；从 C、D 和 P_2 中找出最靠近 P_1 的点，显然是 C 点，那么 P_1C 就是 P_1P_2 线段上的可见部分。

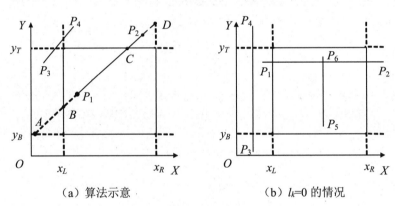

（a）算法示意   （b）$l_k=0$ 的情况

图 3.23 Liang-Barsky 裁剪

具体计算交点时，将 P_1P_2 写成如下的参数方程

$$\begin{cases} x = x_1 + t\mathrm{d}x \\ y = y_1 + t\mathrm{d}y \end{cases} \tag{3.36}$$

其中，$\mathrm{d}x = x_2 - x_1$，$\mathrm{d}y = y_2 - y_1$，根据 x_1 与 x_2 的位置大小关系，即 $\mathrm{d}x$ 的正负号把窗口左右边界分为两类，一类称为始边，另一类称为终边；同理，上下边界也根据 $\mathrm{d}y$ 的符号确定始边、终边。

对左右边界，具体确定规则如下。

若 $\mathrm{d}x \geqslant 0 \Rightarrow x = x_L$ 为始边，$x = x_R$ 为终边；若 $\mathrm{d}x < 0 \Rightarrow x = x_L$ 为终边，$x = x_R$ 为始边。

对上下边界，具体确定规则如下。

若 $\mathrm{d}y \geqslant 0 \Rightarrow y = y_B$ 为始边，$y = y_T$ 为终边；若 $\mathrm{d}y < 0 \Rightarrow y = y_B$ 为终边，$y = y_T$ 为始边。

对 P_1P_2 来说，因 $\mathrm{d}x>0$，$\mathrm{d}y>0$，故 $x=x_L$ 和 $y=y_B$ 为始边，$x=x_R$ 和 $y=y_T$ 为终边。

求出 P_1P_2 与左右上下边界中的两条始边交点的参数 t_1' 和 t_1''：

$$t_1' = (x_L - x_1) / \mathrm{d}x = (x_1 - x_L) / (-\mathrm{d}x)$$
$$t_1'' = (y_B - y_1) / \mathrm{d}y \tag{3.37}$$

取 $t_1 = \max(t_1', t_1'', 0)$，则 t_1 就是 A、B 和 P_1 三点中最靠近 P_2 的点的参数。同样，再求出 P_1P_2 与两条终边交点的参数 t_2' 和 t_2''，取 $t_2 = \min(t_2', t_2'', 1)$，则 t_2 就是 C、D 和 P_2 三点中最靠近 P_1 的点的参数。当 $t_2 > t_1$ 时，前面方程中参数 t 取值 $t \in [t_1, t_2]$ 的线段就是 P_1P_2 的可见部分。当 $t_1 > t_2$ 时，整条直线段不可见，图中的 P_3P_4 就属于这种情况，请读者自行思考。

根据以上分析，可给出 Liang-Barsky 参数化裁剪算法的简单步骤如下。

（1）计算直线与 4 个窗口边界的交点参数。

为方便确定始边和终边，也便于计算 P_1P_2 与它们的交点，可令

$$\begin{cases} l_1 = -\mathrm{d}x, m_1 = x_1 - x_L \\ l_2 = \mathrm{d}x, m_2 = x_R - x_1 \\ l_3 = -\mathrm{d}y, m_3 = y_1 - y_B \\ l_4 = \mathrm{d}y, m_4 = y_T - y_1 \end{cases} \tag{3.38}$$

于是可得 4 个边界交点的参数为

$$t_k = \frac{m_k}{l_k}, k = 1, 2, 3, 4 \tag{3.39}$$

（2）确定始点与终点参数。

当 $l_k < 0$ 时，求得的 t_k 必是 P_1P_2 与始边的交点的参数；当 $l_k > 0$ 时，求得的 t_k 必是 P_1P_2 与终边的交点的参数。以 $\mathrm{d}x > 0$，$\mathrm{d}y < 0$ 为例，此时 l_1 与 l_4 为始边参数，l_2 与 l_3 为终边参数，于是求出始点与终点参数

$$t_1 = \max(l_1, l_4, 0)$$
$$t_2 = \min(l_2, l_3, 1) \tag{3.40}$$

（3）确定直线与窗口相交结果。

当 $t_2 > t_1$ 时，前面方程中参数 t 取值 $t \in [t_1, t_2]$ 的线段就是直线的可见部分。当 $t_1 > t_2$ 时，整条直线段在裁剪窗口外，不可见。

如图 3.23（b）所示，当直线平行于裁剪窗口边界之一时，$l_k = 0$，若对应的 $m_k < 0$，则线段完全不可见，应舍弃，如图中的 P_3P_4。当 $l_k = 0$ 而相应的 $m_k \geqslant 0$ 时，则线段平行于裁剪边界并且在窗口内，应保留，如图中的 P_5P_6。

下面给出 Liang-Barsky 参数化裁剪算法的 C 程序。

```
//x1,y1,x2,y2为直线端点坐标，XL,XR,YB,YT为窗口边界信息
  int L_B_LineClip(float *x1, float *y1, float *x2, float *y2, float XL,float
XR, float YB, float YT)
  {
     float u1 = 0, u2 = 1, dx = x2 - x1, dy;
     //u1为始点参数，初值0；u2为终点参数，初值1
     if (clipTest(-dx, x1-XL, &u1, &u2))        //计算左边界交点参数，更新u1,u2
        if (clipTest(dx, XR-x1, &u1, &u2))      //计算右边界交点参数，更新u1,u2
```

```
        {
            dy=y2-y1;
            if(clipTest(-dy, y1-YB, &u1, &u2))    //计算下边界交点参数，更新u1,u2
                if (clipTest(dy, YT-y1, &u1, &u2))//计算上边界交点参数，更新u1,u2
                {
                    if(u2 < 1){
                        *x2 = x1+u2*dx;              //根据u2计算终点坐标
                        *y2 = y1+u2*dy;
                    }
                    if(u1 > 0){
                        *x1 += u1*dx;               //根据u1计算始点坐标
                        *y1 += u1*dy;
                    }
                    return 1;
                }
        }
        return 0;
}
int clipTest(float p, float q,float* u1,float* u2)  //计算交点参数
{
    float r;
    int retVal = 1;
    if (p < 0){
        r= q/p;
        if (r>*u2)      retVal = 0;
        else if (r>*u1)  *u1 = r;
    }
    else if (p > 0){
        r= q/p;
        if (r<*u1)      retVal = 0;
        else if (r < *u2) *u2 = r;
    }
    else if (q < 0)  retVal = 0;
    return retVal;
}
```

以上两种直线裁剪算法都是针对裁剪窗口为矩形窗口而言，如果裁剪窗口的形状更为复杂，也有相应的裁剪算法，如对凸多边形窗口适用的 Cyrus-Beck 算法，有兴趣的读者可参考相关书籍。

3.7.3　多边形裁剪

多边形的裁剪不能简单地用直线裁剪算法对多边形各边进行裁剪来实现。因为计算机图形学中的多边形通常被认为是封闭的,它把平面分成多边形内和外,也便于对多边形区域进行填充。如果把多边形分解为边界的线段逐段裁剪,则只能得到一些离散的线段并可能导致本来封闭的多边形变得不封闭。

多边形的裁剪算法主要解决两个问题:(1)一个封闭的多边形被裁剪后通常变得不再封闭,需要用窗口边界的适当部分来封闭;(2)一个凹多边形被裁剪后可能形成几个小多边形,要正确封闭它们,如图 3.24 所示。

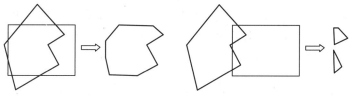

图 3.24　多边形裁剪

下面以 Sutherland-Hodgeman 所提出的逐次多边形裁剪算法为例来说明多边形的裁剪过程。

逐次多边形裁剪算法的主要思想为:一条窗口边界(无穷直线)把平面分成包含窗口和不包含窗口的两个区域。前者广义地称为"可见区域",后者称为"不可见区域"。这样即可把在"不可见区域"的图形裁剪掉,只保留在"可见区域"的图形,而把它们作为下一次待裁剪的多边形。连续用窗口的四条边对依次产生的待裁剪多边形进行裁剪,则原始多边形被窗口裁剪。算法过程如图 3.25 所示。

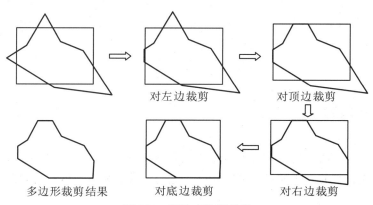

图 3.25　逐次多边形裁剪

算法是对多边形顶点进行操作,算法输入一个多边形的顶点序列,构成一个封闭多边形;输出也是一个顶点序列,构成一个或多个多边形。算法的每一步,考虑以窗口的一条边以及延长线构成的裁剪线。依序考虑多边形的每条边的两个端点 P、Q。它们与裁剪线的关系只有 4 种，如图 3.26 所示。

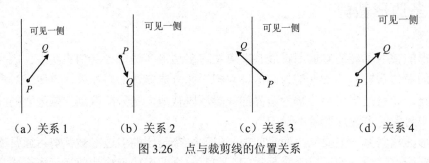

（a）关系 1　　　　（b）关系 2　　　　（c）关系 3　　　　（d）关系 4

图 3.26　点与裁剪线的位置关系

每条线段的端点 P、Q 与裁剪线比较之后，可输出 0～2 个顶点。如图 3.27 所示，对于情况（a），两端点 P、Q 都在可见一侧，则输出 Q；对于情况（b），若 P、Q 都在不可见一侧，则输出 0 个顶点；对于情况（c），若 P 在可见一侧，Q 在不可见一侧，则输出线段 PQ 与裁剪线的交点 I；对于情况（d），若 P 在不可见一侧，Q 在可见一侧，则输出线段与裁剪线的交点 I 与终点 Q。

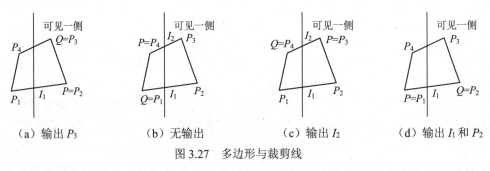

（a）输出 P_3　　（b）无输出　　（c）输出 I_2　　（d）输出 I_1 和 P_2

图 3.27　多边形与裁剪线

在编程实现算法时，对每条裁剪边的算法是相同的，只是得到一个顶点序列的输出，作为下一条裁剪边处理的输入。另外，还要注意对多边形最后一条边的特殊处理。

Sutherland-Hodgeman 算法主要解决了裁剪窗口为凸多边形窗口的问题，但一些应用需要涉及任意多边形窗口（含凹多边形窗口）的裁剪。Weiler-Atherton 多边形裁剪算法正是满足这种要求的算法，有兴趣的读者可查阅相关资料了解。

3.7.4　字符裁剪

当字符和文本部分在窗口内、部分在窗口外时，就出现了字符裁剪的问题。字符串裁剪可按 3 个精度来进行：串精度、字符精度、笔画或像素精度，如图 3.28 所示。采用串精度进行裁剪时，将包围字串的外接矩形对窗口作裁剪，当整个字符串方框落在窗口内时予以显示，否则不显示。采用字符精度进行裁剪时，将包围字的外接矩形对窗口作裁剪，某个字符方框整个落在窗口内予以显示，否则不显示。采用笔画或像素精度进行裁剪时，将笔画分解成直线段对窗口作裁剪，处理方法同上。

（a）待裁剪字符串　　　（b）串精度裁剪　　　（c）字符精度裁剪　　（d）笔画或像素精度裁剪

图 3.28　字符串裁剪精度

习题 3

1．根据中点画线法和 Bresenham 算法，绘制一条端点为(1, 1)和(6, 5)的直线，画出对应各像素点的位置，并给出每一步的判别值。

2．在中点画线方法推导中，直线方程采用了斜截式方程，即 $y=kx+b$（k 为斜率，b 为截距），请思考这种表示方式有何缺点？

3．在区域填充中，多边形扫描转换算法和区域填充算法有何异同？

4．与线段、圆弧等平面图形相比，字符显示有何特点？

5．简述几种反走样方法的基本思想及其优缺点。

6．在什么情况下 Liang-Barsky 裁剪算法比 Cohen-Sutherland 裁剪算法快？快的原因是什么？

7．裁剪的本质是什么？

第4章　图形几何变换

图形变换是计算机图形学中的一个重要内容。对简单图形进行多种变换和组合，可以形成一个复杂图形，这些操作也用于将世界坐标系中的场景描述转换为输出设备上的观察显示中。另外，它们还用于各种其他的应用中，如计算机辅助设计和计算机动画，例如，一个建筑设计师通过安排组成部分的方向和大小来创建一个设计布局图，而计算机动画师通过沿指定路径移动"照相机"位置或场景中的对象来开发一个视频序列。应用于对象几何描述并改变它的位置、方向或大小等几何信息的操作称为几何变换（Geometric Transformation），这种变换一般维持图形的拓扑关系（构成规则）不变，只改变图形的几何关系（大小、形状及相对位置），主要包括平移、缩放、旋转及投影等操作。本章内容对于帮助理解图形绘制流水线中的几何处理阶段有重要作用，同时也为第5章内容的学习奠定基础。

4.1　二维几何变换

平移、旋转和缩放是所有图形软件包中都含有的几何变换函数。其他可能包括在图形软件包中的变换函数有对称和错切操作。为了介绍几何变换的一般概念，这里首先考虑二维操作，然后讨论这些基本的思想怎样扩充到三维场景中。在理解基本的概念后，就可以很容易地编写执行二维场景对象几何变换的程序。

4.1.1　基本变换

基本几何变换都是相对于坐标原点和坐标轴进行的几何变换，有相对坐标原点的平移、旋转及缩放变换和相对坐标轴的对称及错切变换。

1. 平移变换

将位移量加到一个点的坐标上生成一个新的坐标位置，可以实现一次平移（Translation）。实际上，这是将该点从原始位置沿一直线路径移动到新位置。类似地，对于一个用多个顶点定义的对象（如四边形），可以通过对所有顶点使用相同的位移量来实现平移，然后在新位置显示完整的对象。

将平移距离 t_x 和 t_y 加到原始坐标 (x, y) 上获得一个新的坐标位置 (x', y')，可以实现一个二维位置的平移，如图 4.1 所示。

$$x'=x+t_x, \quad y'=y+t_y \tag{4.1}$$

一对平移距离(t_x, t_y)称为平移向量（Translation Vector）。我们可以使用下面的列向量来表示坐标位置和平移向量，然后将方程表示成单个矩阵等式。

$$\boldsymbol{P} = \begin{bmatrix} x \\ y \end{bmatrix} \qquad \boldsymbol{P}' = \begin{bmatrix} x' \\ y' \end{bmatrix} \qquad \boldsymbol{T} = \begin{bmatrix} t_x \\ t_y \end{bmatrix} \tag{4.2}$$

这样就可以使用矩阵形式来表示二维平移方程

$$\boldsymbol{P}'=\boldsymbol{P}+\boldsymbol{T} \tag{4.3}$$

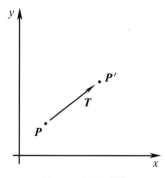

图 4.1　平移变换

2. 旋转变换

二维旋转变换是指物体绕着某个定点按一定角度转动。旋转过程中的定点称为基准点（Rotation Point 或 Pivot Point），也称不动点，这个点在旋转前后保持不变。物体旋转的角度称为旋转角（Rotation Angle），对于旋转角度 θ，逆时针为正，顺时针为负，如图 4.2 所示。

如图 4.3 所示，基本二维旋转变换的基准点为坐标原点 O，点 P 经过旋转变换后转到 P'。其中，r 是 P 点到原点的固定距离，角 ϕ 是 P 点的原始角度位置与水平线的夹角，θ 为旋转角。根据几何知识可得，转换后 P' 的坐标表示为

$$\begin{cases} x' = r\cos(\phi + \theta) = r\cos\phi\cos\theta - r\sin\phi\sin\theta \\ y' = r\sin(\phi + \theta) = r\cos\phi\sin\theta + r\sin\phi\cos\theta \end{cases} \tag{4.4}$$

在极坐标系中，点的原始坐标为

$$x = r\cos\phi, \quad y = r\sin\phi \tag{4.5}$$

将式（4.5）代入式（4.4）中，就得到相对于原点、将位置为(x, y)的点旋转 θ 角的变换方程

$$\begin{cases} x' = x\cos\theta - y\sin\theta \\ y' = x\sin\theta + y\cos\theta \end{cases} \tag{4.6}$$

使用列向量公式（4.2）表示坐标位置，那么旋转方程的矩阵形式为

$$\boldsymbol{P}' = \boldsymbol{R}\boldsymbol{P} \tag{4.7}$$

其中，旋转矩阵为

$$R = \begin{bmatrix} \cos\theta & -\sin\theta \\ \sin\theta & \cos\theta \end{bmatrix} \qquad (4.8)$$

式（4.2）中坐标位置 P 的列向量是标准的数学表示。需要注意的是，早期的图形系统有时用行向量表示坐标位置，此时旋转时矩阵相乘的次序正好相反。

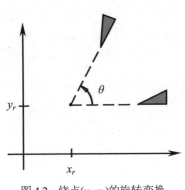

图 4.2　绕点 (x_r, y_r) 的旋转变换

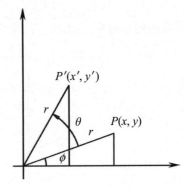

图 4.3　绕原点的旋转变换

3. 缩放变换

改变一个对象的大小，可使用缩放（Scaling）变换。缩放变换也有一个不动点，为了确定一个缩放变换，应该指定不动点、缩放的方向和缩放系数(Scaling factor)。基本缩放变换是以坐标原点为不动点，沿着坐标轴方向进行对象的缩放。一个简单的二维缩放操作可通过将缩放系数 S_x 和 S_y 与对象坐标位置 (x, y) 相乘而得

$$x' = xS_x \qquad\qquad y' = yS_y \qquad (4.9)$$

缩放系数 S_x 在 x 方向缩放对象，而 S_y 在 y 方向进行缩放。基本的二维缩放公式（4.9）也可以写成矩阵形式

$$\begin{bmatrix} x' \\ y' \end{bmatrix} = \begin{bmatrix} s_x & 0 \\ 0 & s_y \end{bmatrix} \begin{bmatrix} x \\ y \end{bmatrix} \qquad (4.10)$$

或

$$P' = SP \qquad (4.11)$$

其中，S 是式（4.10)中的 2×2 缩放矩阵。

使用式（4.10)，对象既被缩放，又被重定位。缩放系数 S_x 和 S_y 可为任何正数。值小于 1 时，对象缩小，同时向原点靠近；反之，值大于 1 时，对象放大，同时远离原点；值等于 1 时，则尺寸不变。当 S_x 和 S_y 相同时，产生均匀缩放，保持对象 x，y 方向的原始比例关系。S_x 和 S_y 值不等时将产生设计应用中常见的非均匀缩放（见图 4.4）。在有些系统中，也可为缩放参数指定负值，这不仅改变对象的尺寸，还相对于一个或多个坐标轴作对称变换。

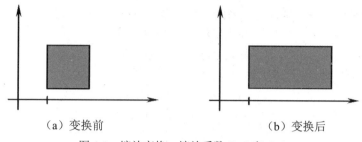

（a）变换前　　　　　　　　　　　（b）变换后

图 4.4　缩放变换：缩放系数 $S_x=2$ 和 $S_y=1$

图 4.5 给出了将值 0.5 赋给式（4.10）中的 S_x 和 S_y 时对线段的缩放。线段的长度和到原点的距离都减少了 1/2。

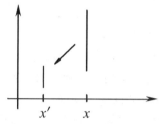

图 4.5　$S_x=S_y=0.5$ 时缩放的线段

4.1.2　齐次坐标

前面我们已经看到，每个基本变换（平移、旋转和缩放等）都可以表示为普通矩阵形式

$$P' = M_1P + M_2 \tag{4.12}$$

坐标位置 P' 和 P 表示为列向量，矩阵 M_1 是一个包含乘法系数的 2×2 矩阵，M_2 是包含平移项的两元素列矩阵。对于平移，M_1 是单位矩阵。对于旋转或缩放，M_2 包含与基准点或缩放固定点相关的平移项。为了利用这个公式产生先缩放、再旋转、后平移的变换顺序，必须一步一步地计算变换的坐标。首先将坐标位置缩放，然后将缩放后的坐标旋转，最后将旋转后的坐标平移。更有效的方法是将变换组合，从而直接从初始坐标得到最后的坐标位置，这样就消除了中间坐标值的计算。因此，需要重组公式（4.12）以消除 M_2 中与平移项相关的矩阵加法。

如果将 2×2 矩阵表达式扩充为 3×3 矩阵，就可以把二维几何变换的乘法和平移项组合成单一矩阵表示。这时将变换矩阵的第三列用于平移项，而所有的变换公式可表达为矩阵乘法。但为了这样操作，必须解释二维坐标位置到三元列向量的矩阵表示。标准的实现技术是齐次坐标表示。

所谓齐次坐标表示法就是由 $n+1$ 维向量表示一个 n 维向量，如 n 维向量$(P_1, P_2, \cdots, P_n)$表示为$(hP_1, hP_2, \cdots, hP_n, h)$，其中，$h$ 称为哑坐标。齐次坐标具有如下特点。

（1）h 可以取不同的值，所以同一点的齐次坐标不是唯一的，例如，普通坐标系下的点(2,3)变换为齐次坐标可以是(1,1.5,0.5)、(4,6,2)或(6,9,3)等。

（2）普通坐标与齐次坐标的关系为"一对多"关系。它们可以通过如下方式进行转换

齐次坐标=普通坐标×h
普通坐标=齐次坐标÷h

例如，(x, y)点对应的齐次坐标为(x_h, y_h, h)，则有

$$x_h = hx,\ y_h = hy,\ h \neq 0 \tag{4.13}$$

几何意义上，(x, y)点对应的齐次坐标为三维空间的一条直线

$$\begin{cases} x_h = hx \\ y_h = hy \\ z_h = h \end{cases}$$

（3）当 $h=1$ 时产生的齐次坐标称为规格化坐标，因为前 n 个坐标就是普通坐标系下的 n 维坐标。

齐次坐标的表示具有如下作用。

（1）将各种变换用阶数统一的矩阵来表示。其提供了用矩阵运算把二维、三维甚至高维空间上的一个点从一个坐标系变换到另一坐标系的有效方法。

（2）便于表示无穷远点。例如点$(x×h, y×h, h)$，令 h 等于 0。

（3）齐次坐标变换矩阵是把直线变换成直线段，平面变换成平面，多边形变换成多边形，多面体变换成多面体。（图形拓扑关系保持不变）

（4）变换具有统一表示形式的优点，便于变换合成和硬件实现。

利用齐次坐标表示位置，可以用矩阵相乘的形式来表示所有的几何变换公式，而这是图形系统中使用的标准方法。二维坐标位置用三元素列向量表示，而二维变换操作用一个 3×3 矩阵表示。

4.1.3　变换的齐次坐标表示

通过齐次坐标，可以将前面的二维图形基本几何变换重新表示如下。

1. 平移变换

$$\begin{bmatrix} x' \\ y' \\ 1 \end{bmatrix} = \begin{bmatrix} 1 & 0 & t_x \\ 0 & 1 & t_y \\ 0 & 0 & 1 \end{bmatrix} \begin{bmatrix} x \\ y \\ 1 \end{bmatrix} \tag{4.14}$$

该平移变换可简写为

$$\boldsymbol{P}' = \boldsymbol{T}(t_x,\ t_y)\boldsymbol{P} \tag{4.15}$$

2. 旋转变换

$$\begin{bmatrix} x' \\ y' \\ 1 \end{bmatrix} = \begin{bmatrix} \cos\theta & -\sin\theta & 0 \\ \sin\theta & \cos\theta & 0 \\ 0 & 0 & 1 \end{bmatrix} \begin{bmatrix} x \\ y \\ 1 \end{bmatrix} \tag{4.16}$$

该旋转变换可简写为

$$P' = R(\theta)P \tag{4.17}$$

3. 缩放变换

$$\begin{bmatrix} x' \\ y' \\ 1 \end{bmatrix} = \begin{bmatrix} s_x & 0 & 0 \\ 0 & s_y & 0 \\ 0 & 0 & 1 \end{bmatrix} \begin{bmatrix} x \\ y \\ 1 \end{bmatrix} \tag{4.18}$$

该缩放变换可简写为

$$P' = S(s_x, s_y)P \tag{4.19}$$

此外，可通过以下变换完成二维图形的整体比例缩放

$$\begin{bmatrix} x' \\ y' \\ 1 \end{bmatrix} = \begin{bmatrix} 1 & 0 & 0 \\ 0 & 1 & 0 \\ 0 & 0 & s \end{bmatrix} \begin{bmatrix} x \\ y \\ 1 \end{bmatrix} = \begin{bmatrix} x/s \\ y/s \\ 1 \end{bmatrix} \tag{4.20}$$

接下来再补充两种常见的几何变换：对称变换和错切变换。这两种变换都可由平移、旋转和缩放 3 种基本变换组合得到。

4. 对称变换

对称变换又称反射或镜像变换，变换后的图形与原图形关于某一坐标轴成对称图形。对称变换可以由三维旋转变换得到。

（1）关于 x 轴的对称，如图 4.6（a）所示。关于直线 $y=0$ 的对称，即 $x'=x$，$y'=-y$ 写成矩阵形式为

$$\begin{bmatrix} x' \\ y' \\ 1 \end{bmatrix} = \begin{bmatrix} 1 & 0 & 0 \\ 0 & -1 & 0 \\ 0 & 0 & 1 \end{bmatrix} \begin{bmatrix} x \\ y \\ 1 \end{bmatrix} \tag{4.21}$$

类似地，可写出下列其他几种对称变换情形。

（2）关于 y 轴的对称，如图 4.6（b）所示。

$$\begin{bmatrix} x' \\ y' \\ 1 \end{bmatrix} = \begin{bmatrix} -1 & 0 & 0 \\ 0 & 1 & 0 \\ 0 & 0 & 1 \end{bmatrix} \begin{bmatrix} x \\ y \\ 1 \end{bmatrix} \tag{4.22}$$

（3）相对于坐标原点的对称

$$\begin{bmatrix} x' \\ y' \\ 1 \end{bmatrix} = \begin{bmatrix} -1 & 0 & 0 \\ 0 & -1 & 0 \\ 0 & 0 & 1 \end{bmatrix} \begin{bmatrix} x \\ y \\ 1 \end{bmatrix} \tag{4.23}$$

（4）关于对角线 $y=x$ 的对称

$$\begin{bmatrix} x' \\ y' \\ 1 \end{bmatrix} = \begin{bmatrix} 0 & 1 & 0 \\ 1 & 0 & 0 \\ 0 & 0 & 1 \end{bmatrix} \begin{bmatrix} x \\ y \\ 1 \end{bmatrix} \tag{4.24}$$

（5）关于对角线 $y=-x$ 的对称

$$\begin{bmatrix} x' \\ y' \\ 1 \end{bmatrix} = \begin{bmatrix} 0 & -1 & 0 \\ -1 & 0 & 0 \\ 0 & 0 & 1 \end{bmatrix} \begin{bmatrix} x \\ y \\ 1 \end{bmatrix} \qquad (4.25)$$

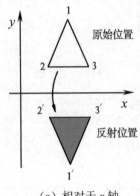 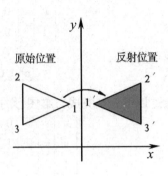

（a）相对于 x 轴　　　　　　　　（b）相对于 y 轴

图 4.6　对称变换

5. 错切变换

错切（Shear）是一种使对象形状发生变化的变换，经过错切的对象好像是由相互滑动的内部夹层组成。错切变换可通过旋转和缩放变换组合得到。

（1）沿 x 方向的错切

沿 x 方向的错切如图 4.7（b）所示，y 方向的坐标不变，x 方向的错切随 y 值增大，错切量也增大，两者成比例变化，因此，可用下列表达式表示

$$x' = x + ay \qquad y' = y \qquad (4.26)$$

写成矩阵形式即为

$$\begin{bmatrix} x' \\ y' \\ 1 \end{bmatrix} = \begin{bmatrix} 1 & a & 0 \\ 0 & 1 & 0 \\ 0 & 0 & 1 \end{bmatrix} \begin{bmatrix} x \\ y \\ 1 \end{bmatrix} \qquad (4.27)$$

（2）沿 y 方向的错切

沿 y 方向的错切如图 4.7（c）所示，x 方向的坐标不变，y 方向的错切随 x 值增大，错切量也增大，两者成比例变化，因此，可用下列表达式表示

$$x' = x \qquad y' = y + bx \qquad (4.28)$$

写成矩阵形式即为

$$\begin{bmatrix} x' \\ y' \\ 1 \end{bmatrix} = \begin{bmatrix} 1 & 0 & 0 \\ b & 1 & 0 \\ 0 & 0 & 1 \end{bmatrix} \begin{bmatrix} x \\ y \\ 1 \end{bmatrix} \qquad (4.29)$$

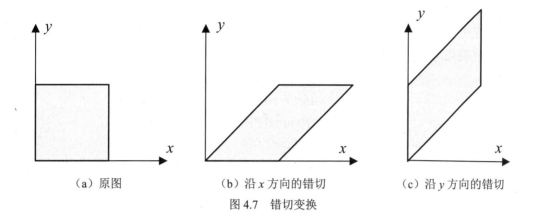

（a）原图　　　　　　（b）沿 x 方向的错切　　　　　（c）沿 y 方向的错切

图 4.7　错切变换

4.1.4　二维几何变换通式与总结

1. 变换通式

综合以上变换公式，可将二维图形变换统一写为

$$P' = \begin{bmatrix} x' \\ y' \\ 1 \end{bmatrix} = \begin{bmatrix} a & b & m \\ c & d & n \\ 0 & 0 & s \end{bmatrix} \begin{bmatrix} x \\ y \\ 1 \end{bmatrix} = MP \tag{4.30}$$

变换矩阵表示为

$$M = \left[\begin{array}{cc|c} a & b & m \\ c & d & n \\ \hline 0 & 0 & s \end{array} \right]$$

从功能上，M 可分为如下 3 部分。

（1）左上角 2×2 子矩阵 $\begin{bmatrix} a & b \\ c & d \end{bmatrix}$ 用来描述旋转、缩放和错切等变换。

（2）右上角 2×1 子矩阵 $\begin{bmatrix} m \\ n \end{bmatrix}$ 完成平移变换功能。

（3）右下角的 $[s]$ 若不为 1，则对图形作整体缩放变换（x、y 方向等比例放大或缩小）。

2. 变换归类总结

上述变换统称为仿射变换（Affine Transformation）。如果一个变换满足以下两个条件，则它是仿射变换。

（1）保持共线性，即变换前位于直线上的点在变换后仍然位于直线上。

（2）保持比例，即给定位于直线上的 3 个点 p_1、p_2 和 p_3，变换后比率 $\| p_2 - p_1 \| / \| p_3 - p_1 \|$ 保持不变。这里 $\| p_2 - p_1 \|$ 表示向量 $p_2 - p_1$ 的长度。

在上述仿射变换中，平移、旋转和对称变换称为刚体变换（Rigid Transformation），因为这些变换中移动所作用的对象在变换前后所有的长度和角度不变。平移、旋转和均匀缩放变换则属于共形变换（Conformal Transformation）。共形变换是保持角度，但不保持长度。

仿射变换还可这样定义：变换 A 是仿射的，是指

$$A(u+v)=A(u)+A(v)$$
$$A(cv)=cA(v)$$
$$A(P+v)=A(P)+A(v)$$

其中，c 是常数，u 和 v 是向量，P 是空间某个点。

上述定义中的仿射变换与线性代数中的线性变换是密切相关的。事实上，用矩阵来表示就是

$$仿射变换=\begin{bmatrix} 线性变换 & 平移 \\ 0\ \ 0 & 1 \end{bmatrix}$$

表 4.1 给出了仿射变换与线性变换之间的差异对比。

表 4.1　仿射变换与线性变换的比较

仿射变换	线性变换
$A(u+v)=A(u)+A(v)$ $A(cv)=cA(v)$ $A(P+v)=A(P)+A(v)$	$L(u+v)=L(u)+L(v)$ $L(cv)=cL(v)$
包括平移	不包括平移
$\begin{cases} x'=ax+by+m \\ y'=cx+dy+n \end{cases}$	$\begin{cases} x'=ax+by \\ y'=cx+dy \end{cases}$
$\begin{bmatrix} x' \\ y' \\ 1 \end{bmatrix} = \begin{bmatrix} a & b & m \\ c & d & n \\ 0 & 0 & s \end{bmatrix} \begin{bmatrix} x \\ y \\ 1 \end{bmatrix}$	$\begin{bmatrix} x' \\ y' \end{bmatrix} = \begin{bmatrix} a & b \\ c & d \end{bmatrix} \begin{bmatrix} x \\ y \end{bmatrix}$

上述变换的归类总结同样适用于三维变换，后面不再赘述。

表 4.2 给出了上述几种变换所保留的各种几何性质。

表 4.2　不同几何变换所保留的几何性质

变　　换	长　度	角　度	比　例	共　线　性
平移	√	√	√	√
旋转	√	√	√	√
均匀缩放	×	√	√	√
非均匀缩放	×	×	√	√
对称	√	√	√	√
错切	×	×	√	√
一般仿射变换	×	×	√	√

4.1.5　逆变换

将变换的物体还原为原来形状的变换称为逆变换。仿射变换的逆变换是另一个仿射变换，它的变换矩阵是原仿射变换矩阵的逆矩阵。

1. 逆平移变换

对于平移变换，可以通过对平移距离取负值而得到逆矩阵，因此，如果二维平移距离是 t_x 和 t_y，则其逆平移矩阵为

$$\boldsymbol{T}^{-1} = \begin{bmatrix} 1 & 0 & -t_x \\ 0 & 1 & -t_y \\ 0 & 0 & 1 \end{bmatrix} \tag{4.31}$$

这产生相反方向的平移。

2. 逆旋转变换

逆旋转通过用旋转角度的负角度取代该旋转角度来实现，例如，绕坐标系原点的角度为 θ（$\theta > 0$）的二维旋转有如下的逆变换矩阵

$$\boldsymbol{R}^{-1} = \begin{bmatrix} \cos\theta & \sin\theta & 0 \\ -\sin\theta & \cos\theta & 0 \\ 0 & 0 & 1 \end{bmatrix} \tag{4.32}$$

3. 逆缩放变换

将缩放系数用其倒数取代就得到了缩放变换的逆矩阵。对以坐标系原点为中心、缩放参数为 s_x 和 s_y 的二维缩放，其逆变换矩阵为

$$\boldsymbol{S}^{-1} = \begin{bmatrix} \dfrac{1}{s_x} & 0 & 0 \\ 0 & \dfrac{1}{s_y} & 0 \\ 0 & 0 & 1 \end{bmatrix} \tag{4.33}$$

4.1.6　二维复合变换

利用矩阵表达式，可以通过计算单个变换的矩阵乘积，将任意的变换序列组成复合变换矩阵（Composite Transformation Matrix）。形成变换矩阵的乘积经常称为矩阵的合并（Concatenation）或复合（Composition）。由于一个坐标位置用齐次列矩阵表示，我们必须先用表达任一变换次序的矩阵乘以该列矩阵。由于场景中许多位置用相同的顺序变换，因此先将所有变换矩阵相乘，形成一个复合矩阵，这是提高效率的一个方法。因此，如果要

对点位置 P 进行两次变换，变换后的位置将用下式计算

$$P' = M_1 M_2 P$$
$$= MP \tag{4.34}$$

该坐标位置使用矩阵 M 来变换，而不是单独地先用 M_1 然后用 M_2 来变换。

1. 基本复合变换

（1）复合二维平移

假如将两个连续的平移向量 (t_{x1}, t_{y1}) 和 (t_{x2}, t_{y2}) 用于坐标位置 P，那么最后的变换位置 P' 可以计算为

$$P' = T(t_{x2}, t_{y2})\{T(t_{x1}, t_{y1})P\} = \{T(t_{x2}, t_{y2})T(t_{x1}, t_{y1})\}P \tag{4.35}$$

其中，P 和 P' 表示三元素、齐次坐标的列向量。我们可以计算两个相关的矩阵乘积来检验这个结果。同样，这个平移序列的复合变换矩阵为

$$\begin{bmatrix} 1 & 0 & t_{x2} \\ 0 & 1 & t_{y2} \\ 0 & 0 & 1 \end{bmatrix} \begin{bmatrix} 1 & 0 & t_{x1} \\ 0 & 1 & t_{y1} \\ 0 & 0 & 1 \end{bmatrix} = \begin{bmatrix} 1 & 0 & t_{x1}+t_{x2} \\ 0 & 1 & t_{y1}+t_{y2} \\ 0 & 0 & 1 \end{bmatrix} \tag{4.36}$$

或

$$T(t_{x2}, t_{y2})T(t_{x1}, t_{y1}) = T(t_{x1}+t_{x2}, t_{y1}+t_{y2}) \tag{4.37}$$

这表示两个连续平移是相加的。

（2）复合二维旋转

应用于 P 的两个连续旋转产生的变换为

$$P' = R(\theta_2)\{R(\theta_1)R\} = \{R(\theta_2)R(\theta_1)\}P \tag{4.38}$$

通过两个旋转矩阵相乘，可以证明两个连续旋转是相加的

$$R(\theta_2)R(\theta_1) = R(\theta_1 + \theta_2) \tag{4.39}$$

因此，点旋转的最后坐标可以使用复合变换矩阵计算为

$$P' = R(\theta_1 + \theta_2)P \tag{4.40}$$

（3）复合二维缩放

合并两个连续的二维缩放操作的变换矩阵，生成如下的复合缩放矩阵

$$\begin{bmatrix} s_{x2} & 0 & 0 \\ 0 & s_{y2} & 0 \\ 0 & 0 & 1 \end{bmatrix} \begin{bmatrix} s_{x1} & 0 & 0 \\ 0 & s_{y1} & 0 \\ 0 & 0 & 1 \end{bmatrix} = \begin{bmatrix} s_{x1}s_{x2} & 0 & 0 \\ 0 & s_{y1}s_{y2} & 0 \\ 0 & 0 & 1 \end{bmatrix} \tag{4.41}$$

或

$$S(s_{x2}, s_{y2})S(s_{x1}, s_{y1}) = S(s_{x1}s_{x2}, s_{y1}s_{y2}) \tag{4.42}$$

这种情况下的结果矩阵表明：连续缩放操作是相乘的。假如要连续两次将对象尺寸放大 3 倍，那么其最后的尺寸将是原始尺寸的 9 倍。

2. 通用复合变换

（1）基准点旋转

当图形软件包仅提供绕坐标系原点旋转函数时，可通过完成下列平移-旋转-平移操作

序列来实现绕任意选定的基准点(x_r, y_r)的旋转。

① 平移对象，使基准点位置移动到坐标原点。

② 绕坐标原点旋转。

③ 平移对象，使基准点回到其原始位置。

这个变换序列如图 4.8 所示。利用矩阵合并可以得到该序列的复合变换矩阵

$$\begin{bmatrix} 1 & 0 & x_r \\ 0 & 1 & y_r \\ 0 & 0 & 1 \end{bmatrix} \begin{bmatrix} \cos\theta & -\sin\theta & 0 \\ \sin\theta & \cos\theta & 0 \\ 0 & 0 & 1 \end{bmatrix} \begin{bmatrix} 1 & 0 & -x_r \\ 0 & 1 & -y_r \\ 0 & 0 & 1 \end{bmatrix} \qquad (4.43)$$

$$= \begin{bmatrix} \cos\theta & -\sin\theta & x_r(1-\cos\theta) + y_r\sin\theta \\ \sin\theta & \cos\theta & y_r(1-\cos\theta) - x_r\sin\theta \\ 0 & 0 & 1 \end{bmatrix}$$

也可以使用下列形式表示

$$\boldsymbol{T}(x_r, y_r)\boldsymbol{R}(\theta)\boldsymbol{T}(-x_r, -y_r) = \boldsymbol{R}(x_r, y_r, \theta) \qquad (4.44)$$

其中，$\boldsymbol{T}(-x_r, -y_r) = \boldsymbol{T}^{-1}(x_r, y_r)$。通常，可以将图形库中的旋转函数设计成先接收基准点坐标参数及旋转角，然后自动生成式（4.43）的旋转矩阵。

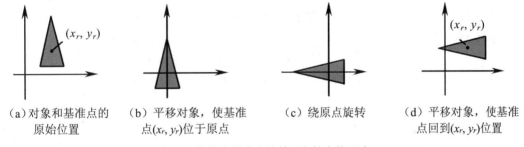

（a）对象和基准点的　　（b）平移对象，使基准　　（c）绕原点旋转　　（d）平移对象，使基准
　　原始位置　　　　　　点(x_r, y_r)位于原点　　　　　　　　　　　点回到(x_r, y_r)位置

图 4.8　绕指定基准点旋转对象的变换顺序

（2）基准点缩放

基本缩放矩阵只适合于坐标原点为基准点的缩放变换，图 4.9 给出了关于任意选择的基准位置(x_f, y_f)进行缩放的变换序列。

① 平移对象，使固定点与坐标原点重合。

② 对坐标原点进行缩放。

③ 使用步骤①的反向平移将对象回到原始位置。

将这 3 个操作的矩阵合并，就可以产生所需的缩放矩阵

$$\begin{bmatrix} 1 & 0 & x_f \\ 0 & 1 & y_f \\ 0 & 0 & 1 \end{bmatrix} \begin{bmatrix} s_x & 0 & 0 \\ 0 & s_y & 0 \\ 0 & 0 & 1 \end{bmatrix} \begin{bmatrix} 1 & 0 & -x_f \\ 0 & 1 & -y_f \\ 0 & 0 & 1 \end{bmatrix} = \begin{bmatrix} s_x & 0 & x_f(1-s_x) \\ 0 & s_y & y_f(1-s_y) \\ 0 & 0 & 1 \end{bmatrix} \qquad (4.45)$$

简写为

$$\boldsymbol{T}(x_f, y_f)\boldsymbol{S}(s_x, s_y)\boldsymbol{T}(-x_f, -y_f) = \boldsymbol{S}(x_f, y_f, s_x, s_y) \qquad (4.46)$$

该变换可以在提供接收基准点坐标的缩放函数的系统中自动生成。

（a）对象和固定点的原始位置

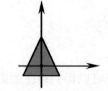
（b）平移对象，使固定点(x_r, y_r)位于原点

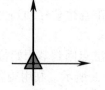
（c）以原点为中心缩放

（d）平移对象，使固定点回到(x_r, y_r)位置

图 4.9　指定基准点缩放

（3）定向缩放

参数 s_x 和 s_y 沿 x 和 y 方向缩放对象，可以通过在应用缩放变换之前，将对象所希望的缩放方向旋转到与坐标轴一致而在其他方向上缩放对象。

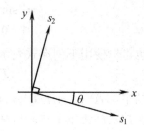

图 4.10　以正交方向由角位移 θ 定义的缩放参数 s_1 和 s_2

假如要在图 4.10 所示的方向上使用参数 s_1 和 s_2 指定的值作为缩放系数。为了完成这种缩放而不改变对象方向，要首先完成旋转操作，使 s_1 和 s_2 的方向分别与 x 轴和 y 轴重合，然后应用缩放变换 $\boldsymbol{S}(s_1, s_2)$，再进行反向旋转以回到其原始位置。从这 3 个变换的乘积得到的复合矩阵为

$$\boldsymbol{R}^{-1}(\theta)\boldsymbol{S}(s_1, s_2)\boldsymbol{R}(\theta) = \begin{bmatrix} s_1 \cos^2\theta + s_2 \sin^2\theta & (s_2 - s_1)\cos\theta\sin\theta & 0 \\ (s_2 - s_1)\cos\theta\sin\theta & s_1 \sin^2\theta + s_2 \cos^2\theta & 0 \\ 0 & 0 & 1 \end{bmatrix} \qquad (4.47)$$

作为缩放变换的一个例子，通过沿$(0,0)$到$(1,1)$的对角线将单位正方形拉长，使其转换成平行四边形（如图 4.11 所示）。我们使用参数 $\theta=45°$ 将对角线旋转到 y 轴，并按 $s_1=1$ 和 $s_2=2$ 将其长度加倍，然后旋转，使对角线回到原来的位置。

在式（4.47）中，假设缩放是相对原点完成的，可以将这个缩放操作推进一步并与平移操作合并，从而使复合矩阵包含为指定的固定位置进行缩放的参数。

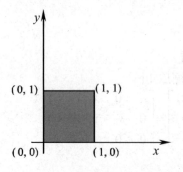
（a）缩放前的单位正方形

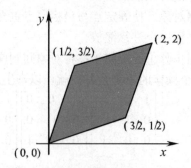
（b）缩放后的平行四边形

图 4.11　沿正方形对角线（$\theta=45°$）的定向缩放变换

4.1.7　二维坐标系变换

计算机图形应用经常需要在场景处理的各阶段将对象的描述从一个坐标系变换到另一个坐标系，如观察变换将对象描述从世界坐标系变换到观察坐标系。对于建模和设计应用，每个对象在各自的局部笛卡儿坐标系中设计。这些局部坐标描述必须接着变换到整个场景坐标系下。这一问题通常称为坐标变换，即在原坐标系中定义了一个新坐标系，然后在新坐标系下表示对象上所有的点。为区别起见，前述的变换可称为对象变换或物体变换，其特征是使用同一个规则改变物体上所有点，但是保证底层坐标系不变。

以图 4.12（a）为例，二维坐标变换问题即为：已知点 P 在原坐标系 Oxy 中的坐标为 $P(x, y)$，在原坐标系 Oxy 构建一个新坐标系 $O'x'y'$，其坐标原点为 $O'(x_0, y_0)$，新坐标轴 $O'x'$ 与原 Ox 轴夹角为 θ，求点 P 在新坐标系下的新坐标 $P'(x', y')$。

根据问题可知，待求的其实是新坐标 $P'(x', y')$ 与原坐标 $P(x, y)$ 之间的变换关系式。从变换角度来看，也即求变换矩阵 $\boldsymbol{M}$，使得 $\boldsymbol{P'} = \boldsymbol{MP}$。

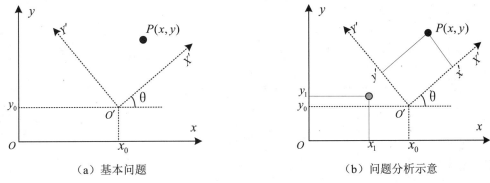

（a）基本问题　　　　　　　　　　　　（b）问题分析示意

图 4.12　二维坐标变换问题及分析

解决这一问题有两种方法。一种方法是通过几何变换的方法，将点 P 与新坐标系一起变换，直至新坐标系与原坐标系重合，这时变换后的点 P 坐标即为所求新坐标，如图 4.12（b）所示；另一种思路是通过线性代数中的基变换方法，将新旧坐标视为同一线性空间下两组不同基所对应的坐标，找到两组基之间的基变换矩阵，从而求出点在两组基之间的坐标变换矩阵。

1. 几何变换方法

要使新坐标系与原坐标系重合，可以分两步进行。

（1）将新坐标系的坐标原点 $O'(x_0, y_0)$ 平移到原坐标系原点 $O(0,0)$。

坐标原点的平移可以使用下列平移变换矩阵表示

$$T(-x_0,-y_0) = \begin{bmatrix} 1 & 0 & -x_0 \\ 0 & 1 & -y_0 \\ 0 & 0 & 1 \end{bmatrix} \tag{4.48}$$

平移操作后两个坐标系的位置如图 4.13（a）所示。

（2）将新坐标系 x' 轴旋转到原坐标系 x 轴上。

采用顺时针旋转，旋转变换矩阵为

$$R(-\theta) = \begin{bmatrix} \cos\theta & \sin\theta & 0 \\ -\sin\theta & \cos\theta & 0 \\ 0 & 0 & 1 \end{bmatrix} \tag{4.49}$$

旋转变换后新坐标系与原坐标系重合，如图 4.13（b）所示。

将这两个变换矩阵合并起来，就得到所求的坐标变换矩阵 M。

$$M = R(-\theta)T(-x_0,-y_0) \tag{4.50}$$

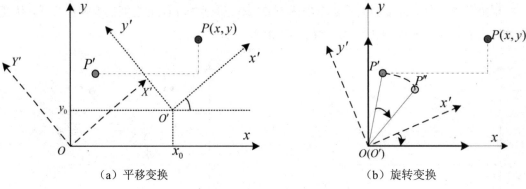

（a）平移变换　　　　　　　　　　　（b）旋转变换

图 4.13　几何变换方法

2. 基变换方法

由于坐标系的基其实是单位向量，而在数学中向量只有大小与方向，和起点无关，因此，首先需要通过平移变换将两组基的原点移至一处，再计算这两组基之间的过渡矩阵，从而求出坐标变换矩阵，计算过程具体如下。

（1）将新坐标系的坐标原点 (x_0, y_0) 平移到原坐标系原点 $O(0,0)$。

由于这里需要求变换矩阵 M，使得 $P'=MP$，因此平移变换应该施加到点 P 上，同时在变换过程中需要保持点 P 和新变换相对位置不变，因此这里平移变换是将点 P 连同新坐标系一起平移，使新坐标系原点与原坐标系原点重合，因此，可得平移变换矩阵为

$$T = \begin{bmatrix} 1 & 0 & -x_0 \\ 0 & 1 & -y_0 \\ 0 & 0 & 1 \end{bmatrix} \tag{4.51}$$

（2）计算两组基之间的过渡矩阵。

设原坐标系对应的基为 i, j，新坐标系对应的基为 u, v。根据图 4.13（a）计算 u, v，有

$$u=\cos\theta\, i+\sin\theta\, j$$
$$v=-\sin\theta\, i+\cos\theta\, j$$

写成矩阵形式即为

$$(\boldsymbol{u},\boldsymbol{v})=(i,\boldsymbol{j})\boldsymbol{R}=(i,\boldsymbol{j})\begin{bmatrix}\cos\theta & -\sin\theta\\ \sin\theta & \cos\theta\end{bmatrix} \qquad (4.52)$$

其中，$\boldsymbol{R}$ 即为所求$(i,\boldsymbol{j})$由基到基$(\boldsymbol{u},\boldsymbol{v})$的过渡矩阵。

$$\boldsymbol{R}=\begin{bmatrix}\cos\theta & -\sin\theta\\ \sin\theta & \cos\theta\end{bmatrix} \qquad (4.53)$$

（3）由过渡矩阵计算坐标变换矩阵。

点 P 在原坐标系中的坐标为(x,y)，在新坐标系中的坐标为(x',y')，于是对向量 OP 有

$$OP=(\boldsymbol{u},\boldsymbol{v})\begin{pmatrix}x'\\ y'\end{pmatrix}=(i,\boldsymbol{j})\begin{pmatrix}x\\ y\end{pmatrix} \qquad (4.54)$$

将基变换公式（4.52）代入上式，可得坐标变换公式

$$\begin{pmatrix}x'\\ y'\end{pmatrix}=\boldsymbol{R}^{-1}\begin{pmatrix}x\\ y\end{pmatrix} \qquad (4.55)$$

其中，$\boldsymbol{R}^{-1}$ 为

$$\boldsymbol{R}^{-1}=\begin{bmatrix}\cos\theta & \sin\theta\\ -\sin\theta & \cos\theta\end{bmatrix} \qquad (4.56)$$

将 $\boldsymbol{R}^{-1}$ 增加齐次坐标，并与平移变换进行组合，可得最终变换矩阵 $\boldsymbol{M}$（$P'=\boldsymbol{M}P$ 形式）为

$$\boldsymbol{M}=\boldsymbol{R}^{-1}\boldsymbol{T}=\begin{bmatrix}\cos\theta & \sin\theta & 0\\ -\sin\theta & \cos\theta & 0\\ 0 & 0 & 1\end{bmatrix}\begin{bmatrix}1 & 0 & -x_0\\ 0 & 1 & -y_0\\ 0 & 0 & 1\end{bmatrix} \qquad (4.57)$$

上述基变换的方法是先平移，再通过过渡矩阵来计算坐标变换矩阵，其实也可以不平移，直接通过有向直线的方法得到两个坐标系之间的过渡矩阵，有兴趣的读者可参考何援军老师的论文[①]。

与几何变换方法结果对比，两次所得变换矩阵结果一致。由于二维坐标变换问题比较简单，因此两种方法中，几何变换方法更为直观简单。

4.2　三维几何变换

三维几何变换的方法是在二维几何变换方法的基础上考虑了 z 坐标而得到的，其基本变换有着类似的扩展。一个三维位置在齐次坐标中表示为四元列向量。因此，现在的每一几何变换操作是一个从左边去乘坐标向量的 4×4 矩阵。和二维几何变换一样，任意变换序列通过依序合并单个变换矩阵而得的一个矩阵表示。变换序列中每一后继矩阵从左边去和以前的变换矩阵合并。

① 何援军. 图形变换的几何化表示——论图形变换和投影的若干问题之一[J]. 计算机辅助设计与图形学学报，2005，17(4):723-728.

4.2.1 基本变换

1. 平移变换

如图 4.14 所示，在三维齐次坐标表示中，任意点 $P(x, y, z)$通过将平移距离 t_x、t_y 和 t_z 加到 P 的坐标上而平移到 $P'(x', y', z')$。

$$x' = x + t_x, \quad y' = y + t_y, \quad z' = z + t_z \tag{4.58}$$

我们也可以用矩阵形式来表达三维平移操作，但现在坐标位置 P 和 P'要用四元列向量的齐次坐标表示，且变换操作 T 是 4×4 矩阵。

$$\begin{bmatrix} x' \\ y' \\ z' \\ 1 \end{bmatrix} = \begin{bmatrix} 1 & 0 & 0 & t_x \\ 0 & 1 & 0 & t_y \\ 0 & 0 & 1 & t_z \\ 0 & 0 & 0 & 1 \end{bmatrix} \begin{bmatrix} x \\ y \\ z \\ 1 \end{bmatrix} \tag{4.59}$$

或

$$P' = TP \tag{4.60}$$

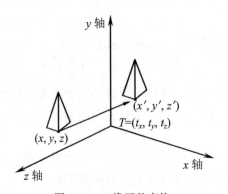

图 4.14 三维平移变换

2. 旋转变换

三维旋转变换是指将物体绕某个坐标轴旋转一个角度，所得的空间位置变化。通常规定，从坐标轴的正向朝着原点观看，逆时针方向为正，如图 4.15 所示。

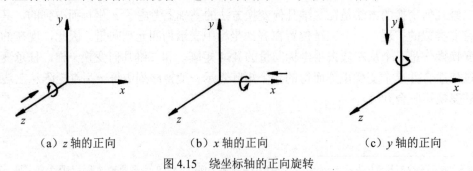

（a）z 轴的正向　　　　（b）x 轴的正向　　　　（c）y 轴的正向

图 4.15 绕坐标轴的正向旋转

（1）绕 z 轴的旋转变换

空间物体绕 z 轴旋转时，物体的 x、y 坐标改变，而 z 坐标值在该变换中不改变，即

$$\begin{cases} x' = x\cos\theta - y\sin\theta \\ y' = x\sin\theta + y\cos\theta \\ z' = z \end{cases} \qquad (4.61)$$

其中，参数 θ 表示指定的绕 z 轴旋转的角度，可以用齐次坐标形式表示如下

$$\begin{bmatrix} x' \\ y' \\ z' \\ 1 \end{bmatrix} = \begin{bmatrix} \cos\theta & -\sin\theta & 0 & 0 \\ \sin\theta & \cos\theta & 0 & 0 \\ 0 & 0 & 1 & 0 \\ 0 & 0 & 0 & 1 \end{bmatrix} \begin{bmatrix} x \\ y \\ z \\ 1 \end{bmatrix} \qquad (4.62)$$

或简写为

$$\boldsymbol{P}' = \boldsymbol{R}_z(\theta)\boldsymbol{P} \qquad (4.63)$$

（2）绕 x 轴的旋转变换

空间物体绕 x 轴旋转时，物体的 y、z 坐标改变，而 x 坐标值在该变换中不改变，于是有

$$\begin{bmatrix} x' \\ y' \\ z' \\ 1 \end{bmatrix} = \begin{bmatrix} 1 & 0 & 0 & 0 \\ 0 & \cos\theta & -\sin\theta & 0 \\ 0 & \sin\theta & \cos\theta & 0 \\ 0 & 0 & 0 & 1 \end{bmatrix} \begin{bmatrix} x \\ y \\ z \\ 1 \end{bmatrix} \qquad (4.64)$$

（3）绕 y 轴的旋转变换

空间物体绕 y 轴旋转时，物体的 x、z 坐标改变，而 y 坐标值在该变换中不改变，于是有

$$\begin{bmatrix} x' \\ y' \\ z' \\ 1 \end{bmatrix} = \begin{bmatrix} \cos\theta & 0 & \sin\theta & 0 \\ 0 & 1 & 0 & 0 \\ -\sin\theta & 0 & \cos\theta & 0 \\ 0 & 0 & 0 & 1 \end{bmatrix} \begin{bmatrix} x \\ y \\ z \\ 1 \end{bmatrix} \qquad (4.65)$$

3. 缩放变换

点 $P(x, y, z)$ 相对于坐标原点的三维缩放是二维缩放的简单扩充。只要在变换矩阵中引入 z 坐标缩放参数

$$\begin{bmatrix} x' \\ y' \\ z' \\ 1 \end{bmatrix} = \begin{bmatrix} s_x & 0 & 0 & 0 \\ 0 & s_y & 0 & 0 \\ 0 & 0 & s_z & 0 \\ 0 & 0 & 0 & 1 \end{bmatrix} \begin{bmatrix} x \\ y \\ z \\ 1 \end{bmatrix} \qquad (4.66)$$

一个点的三维缩放变换矩阵可以表示为指定的任意正值。相对于原点的比例缩放变换的显式表示为

$$x' = xs_x, \qquad y' = ys_y, \qquad z' = zs_z \qquad (4.67)$$

利用式（4.66）对一个对象进行缩放，使得对象大小和相对于坐标原点的对象位置发生变化。大于 1 的参数值将该点沿原点到该点坐标方向而向远处移动。类似地，小于 1 的参数值将该点沿其到原点的方向移近原点。同样，如果缩放变换参数不相同，则对象的相关尺寸也发生变化。可以使用统一的缩放参数（$s_x=s_y=s_z$）来保持对象的原有形状。使用相同的缩放参数（值为 2）来缩放一个对象的结果如图 4.16 所示。

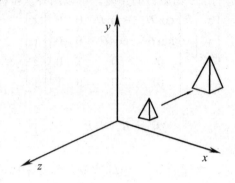

图 4.16　相对于原点的缩放变换

4．对称变换

空间点 $P(x,y,z)$ 相对坐标原点、坐标轴和坐标平面的三维对称变换有以下 3 种典型情况。

（1）关于原点对称，变换矩阵表达式为

$$\begin{bmatrix} x' \\ y' \\ z' \\ 1 \end{bmatrix} = \begin{bmatrix} -1 & 0 & 0 & 0 \\ 0 & -1 & 0 & 0 \\ 0 & 0 & -1 & 0 \\ 0 & 0 & 0 & 1 \end{bmatrix} \begin{bmatrix} x \\ y \\ z \\ 1 \end{bmatrix} \tag{4.68}$$

（2）关于 x 轴对称，变换矩阵表达式为

$$\begin{bmatrix} x' \\ y' \\ z' \\ 1 \end{bmatrix} = \begin{bmatrix} 1 & 0 & 0 & 0 \\ 0 & -1 & 0 & 0 \\ 0 & 0 & -1 & 0 \\ 0 & 0 & 0 & 1 \end{bmatrix} \begin{bmatrix} x \\ y \\ z \\ 1 \end{bmatrix} \tag{4.69}$$

关于 y、z 轴对称情况可类似推导。

（3）关于 xOy 平面对称，变换矩阵表达式为

$$\begin{bmatrix} x' \\ y' \\ z' \\ 1 \end{bmatrix} = \begin{bmatrix} 1 & 0 & 0 & 0 \\ 0 & 1 & 0 & 0 \\ 0 & 0 & -1 & 0 \\ 0 & 0 & 0 & 1 \end{bmatrix} \begin{bmatrix} x \\ y \\ z \\ 1 \end{bmatrix} \tag{4.70}$$

关于 yOz 平面、xOz 平面对称情况可类似推导。

5. 错切变换

（1）沿 z 轴错切，如图 4.17（a）所示，有

$$x' = x$$

$$y' = y$$

$$z' = cx + fy + z$$

于是

$$
\begin{bmatrix} x' \\ y' \\ z' \\ 1 \end{bmatrix} =
\begin{bmatrix} 1 & 0 & 0 & 0 \\ 0 & 1 & 0 & 0 \\ c & f & 1 & 0 \\ 0 & 0 & 0 & 1 \end{bmatrix}
\begin{bmatrix} x \\ y \\ z \\ 1 \end{bmatrix}
\tag{4.71}
$$

（2）沿 y 轴错切，如图 4.17（b）所示，有

$$x' = x$$

$$y' = bx + y + hz$$

$$z' = z$$

于是

$$
\begin{bmatrix} x' \\ y' \\ z' \\ 1 \end{bmatrix} =
\begin{bmatrix} 1 & 0 & 0 & 0 \\ b & 1 & h & 0 \\ 0 & 0 & 1 & 0 \\ 0 & 0 & 0 & 1 \end{bmatrix}
\begin{bmatrix} x \\ y \\ z \\ 1 \end{bmatrix}
\tag{4.72}
$$

（3）沿 x 轴错切，有

$$x' = x + dy + gz$$

$$y' = y$$

$$z' = z$$

于是

$$
\begin{bmatrix} x' \\ y' \\ z' \\ 1 \end{bmatrix} =
\begin{bmatrix} 1 & d & g & 0 \\ 0 & 1 & 0 & 0 \\ 0 & 0 & 1 & 0 \\ 0 & 0 & 0 & 1 \end{bmatrix}
\begin{bmatrix} x \\ y \\ z \\ 1 \end{bmatrix}
\tag{4.73}
$$

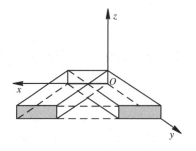 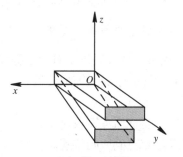

（a）沿 x 轴错切　　　　　（b）沿 z 轴错切

图 4.17　错切变换

6. 三维几何变换通式

综合以上变换公式，可将三维图形变换统一写为

$$P' = \begin{bmatrix} x' \\ y' \\ z' \\ 1 \end{bmatrix} = \begin{bmatrix} a & b & c & l \\ d & e & f & m \\ h & i & j & n \\ 0 & 0 & 0 & s \end{bmatrix} \begin{bmatrix} x \\ y \\ z \\ 1 \end{bmatrix} = TP \tag{4.74}$$

变换矩阵

$$T = \left[\begin{array}{ccc|c} a & b & c & l \\ d & e & f & m \\ h & i & j & n \\ \hline 0 & 0 & 0 & s \end{array} \right] \tag{4.75}$$

从功能上同样可分为如下 3 部分。

（1）左上角 3×3 子矩阵 $\begin{bmatrix} a & b & c \\ d & e & f \\ h & i & j \end{bmatrix}$，可以产生缩放、旋转、对称、错切等几何变换。

（2）右上角 3×1 子矩阵 $\begin{bmatrix} l \\ m \\ n \end{bmatrix}$ 可以产生平移变换。

（3）$[s]$ 产生整体缩放变换。

4.2.2 三维复合变换

类似于二维变换，可以将变换序列中各次运算的矩阵相乘以形成三维复合变换。同样，三维基本复合变换与二维基本复合变换具有类似规律。通用复合变换依赖于指定的矩阵次序，从右到左或从左到右进行矩阵合并来实现变换序列。当然，其中最右边的矩阵是第一个作用于对象的变换，最左边的矩阵是最后一个变换。由于坐标位置用四元素列向量表示，4×4 矩阵必须放在其左边与之相乘，因而需使用上述矩阵的相乘次序。

1. 关于任意给定点的缩放变换

由于某些图形软件仅提供相对于坐标原点的缩放子程序，可以使用下列变换序列进行相对于任意给定点 (x_f, y_f, z_f) 的缩放变换。

（1）平移给定点到原点。

（2）相对于坐标原点缩放对象。

（3）平移给定点到原始位置。

图 4.18 描述了此变换序列。有关任意点的缩放变换矩阵表达式，可以利用平移-缩放-平移变换组合表示为

$$T\left(x_f,y_f,z_f\right)S\left(s_x,s_y,s_z\right)T\left(-x_f,-y_f,-z_f\right)=\begin{bmatrix} s_x & 0 & 0 & (1-s_x)x_f \\ 0 & s_y & 0 & (1-s_y)y_f \\ 0 & 0 & s_z & (1-s_z)z_f \\ 0 & 0 & 0 & 1 \end{bmatrix} \quad (4.76)$$

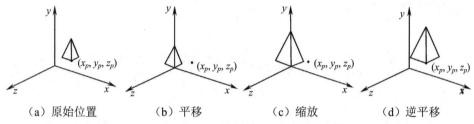

（a）原始位置　　　（b）平移　　　（c）缩放　　　（d）逆平移

图 4.18　相对于指定点的缩放变换序列

2. 关于任意轴线的三维旋转

对于绕与坐标轴不重合的轴进行旋转的变换矩阵，可以利用平移与坐标轴旋转的复合而得到。首先将指定旋转轴经移动和旋转变换到某个坐标轴，然后对该坐标轴应用适当的旋转矩阵，最后将旋转轴变回到原来位置。具体可按照以下 5 个步骤来完成所需的旋转。

（1）平移对象，使得旋转轴通过坐标原点。

（2）旋转对象，使得旋转轴与某一坐标轴重合。

（3）绕坐标轴完成指定的旋转。

（4）逆旋转，使旋转轴回到其原始方向。

（5）逆平移，使旋转轴回到其原始位置。

我们可以将旋转轴变换到 3 个坐标轴的任意一个。z 轴是比较方便的选择，图 4.19 给出了选择 z 轴来完成旋转的变换序列。

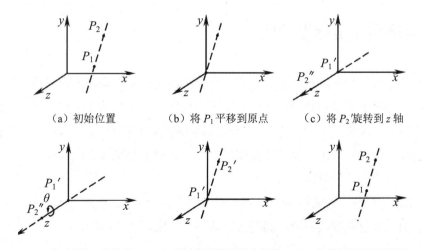

（a）初始位置　　　（b）将 P_1 平移到原点　　　（c）将 P_2′旋转到 z 轴

（d）将对象绕 z 轴旋转　　　（e）将该轴旋转到原来位置　　　（g）将旋转轴平移到原来

图 4.19　绕任意轴旋转时复合变换矩阵计算步骤

4.2.3　三维坐标系变换

在 4.1.7 节，我们讨论了二维坐标系间的变换，即二维坐标变换。三维坐标变换方法类似，具体内容可参见 5.2 节。

4.3　复合变换分析的两种思考模式

通过前面的讨论，变换合成的方法大大提高了对图形对象依次做多次变换的效率，同时变换合成也提供了一种构造复杂变换的方法。一般情况下，当需要对一个图形对象进行较为复杂的变换时，并不直接去计算这个变换，而是首先将其分解成多个基本变换，再依次用它们作用于图形。这种变换分解、再合成的方法对用户来说比较直观，易于理解。

但是在变换合成时，应注意矩阵相乘的顺序。对于复合变换

$$P' = M_n \cdots M_3 M_2 M_1 P \tag{4.77}$$

先作用的变换放在连乘式的右端，后作用的变换放在连乘式的左端。对于两个基本变换 M_1、M_2，由于矩阵乘法不满足交换律，通常 $M_1 M_2 \neq M_2 M_1$，变换合成矩阵的次序不同，将产生不同的结果，因此，需要注意变换的先后次序。

对同一个复合变换来说，可以有两种分析的思考模式：一种是按自右向左顺序根据一个全局固定的坐标系来考虑；另一种是按自左向右顺序根据一个活动的局部坐标系来考虑。需要注意的是，这两种思考模式仅是思考方式不同，最终代码是一样的。

4.3.1　全局固定坐标系模式

在变换合成或复合变换执行时，根据一个全局固定的坐标系来考虑问题，先调用的变换先执行，后调用的变换后执行，体现在矩阵相乘时，先调用的变换放在连乘式的右边，后调用的变换放在连乘式左边。这种交换模式称为全局固定坐标系模式。它的特点是在连续执行几次变换时，每一次变换均可看成相对于全局固定的坐标系进行。

现在来分析下列两种变换合成方案。

（1）先把图形绕 z 轴旋转 $30°$，然后沿 x 轴平移距离 7。

根据前面二维复合变换讨论，其变换矩阵不难写出，如下所示。

$$\begin{bmatrix} x' \\ y' \\ z' \\ 1 \end{bmatrix} = \begin{bmatrix} 1 & 0 & 0 & 7 \\ 0 & 1 & 0 & 0 \\ 0 & 0 & 1 & 0 \\ 0 & 0 & 0 & 1 \end{bmatrix} \begin{bmatrix} \cos 30° & -\sin 30° & 0 & 0 \\ \sin 30° & \cos 30° & 0 & 0 \\ 0 & 0 & 1 & 0 \\ 0 & 0 & 0 & 1 \end{bmatrix} \begin{bmatrix} x \\ y \\ z \\ 1 \end{bmatrix}$$

（4.78）

$$= \begin{bmatrix} \cos 30° & -\sin 30° & 0 & 7 \\ \sin 30° & \cos 30° & 0 & 0 \\ 0 & 0 & 1 & 0 \\ 0 & 0 & 0 & 1 \end{bmatrix} \begin{bmatrix} x \\ y \\ z \\ 1 \end{bmatrix}$$

在图 4.20 中，变换是相对于坐标系 Oxy 进行的。

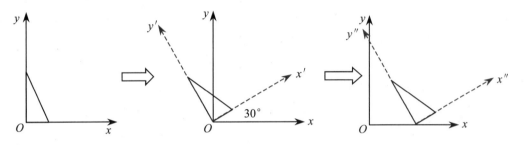

（a）变换前的三角形　　　（b）绕 z 轴旋转 $30°$ 的三角形　　　（c）沿 x 轴平移距离 7 的三角形

图 4.20　三角形先旋转后平移的复合变换序列

（2）先把图形沿 x 轴平移距离 7，然后绕 z 轴旋转 $30°$。

其变换矩阵为

$$\begin{bmatrix} x' \\ y' \\ z' \\ 1 \end{bmatrix} = \begin{bmatrix} \cos 30° & -\sin 30° & 0 & 0 \\ \sin 30° & \cos 30° & 0 & 0 \\ 0 & 0 & 1 & 0 \\ 0 & 0 & 0 & 1 \end{bmatrix} \begin{bmatrix} 1 & 0 & 0 & 7 \\ 0 & 1 & 0 & 0 \\ 0 & 0 & 1 & 0 \\ 0 & 0 & 0 & 1 \end{bmatrix} \begin{bmatrix} x \\ y \\ z \\ 1 \end{bmatrix}$$

（4.79）

$$= \begin{bmatrix} \cos 30° & -\sin 30° & 0 & 7\cos 30° \\ \sin 30° & \cos 30° & 0 & 7\sin 30° \\ 0 & 0 & 1 & 0 \\ 0 & 0 & 0 & 1 \end{bmatrix} \begin{bmatrix} x \\ y \\ z \\ 1 \end{bmatrix}$$

在图 4.21 中，变换也是相对于坐标系 Oxy 进行的。

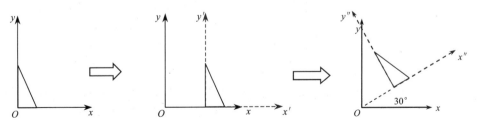

（a）变换前的三角形　　　（b）沿 x 轴平移距离 7 的三角形　　　（c）绕 z 轴旋转 $30°$ 的三角形

图 4.21　三角形先平移后旋转的复合变换序列

显然，两种变换方案结果不同，但都是相对于原坐标系 Oxy 进行的，先调用的变换先执行。

4.3.2　活动局部坐标系模式

考虑变换复合的另一种思路就是抛弃用于变换模型的全局固定坐标系，而是想象一个在绘图时固定到物体的局部坐标系。所有的操作都相对于变化的局部坐标系进行。使用这一思路时，变换组合的顺序可以按照它们在代码中出现的顺序进行。也即，代码是一样的，但考虑它的方式可以不同。这种变换的思考方式称为活动局部坐标系模式。下面按这种思考模式重新考虑 4.3.1 节的两种变换方案。

在活动局部坐标系模式下，执行 4.3.1 节变换合成方案（1）。

（1）将图形与坐标系一起旋转 30°（Rotate(30, 0, 0, 1)）。

（2）在新坐标系中，将图形与坐标系一起沿 x 轴平移距离 7（Translate(7,0,0)）。

得到的结果如图 4.22 所示，而变换矩阵为式（4.78）。这种变换模式的特点是每一次变换均可看成是在前一次变换所形成的新的坐标系中进行的。例如，同样执行 4.3.1 节程序（1）（如图 4.22 所示），在执行函数 Rotate(30,0,0,1)后，形成新的坐标系 $O'x'y'$，接下来的平移变换（Translate(7,0,0)）在新坐标系 $O'x'y'$ 中进行。图形对象可看作定义于它自身的局部坐标系中，如变换前的坐标系 Oxy 和变换结束后的坐标系 $O''x''y''$。图形在它的局部坐标系中的位置是不变的。这样，变换事实上是作用于坐标系而非图形对象本身。

经变换得到的三角形相对于原始坐标系的位置与图 4.21（c）是一样的，只是考虑变换的方式不同。

同理，在活动局部坐标系模式下，执行 4.3.1 节变换合成方案（2）。

（1）将图形与坐标系一起沿 x 轴平移距离 7（Translate(7,0,0)）。

（2）在新坐标系中，将图形与坐标系一起旋转 30°（Rotate(30, 0, 0, 1)）。

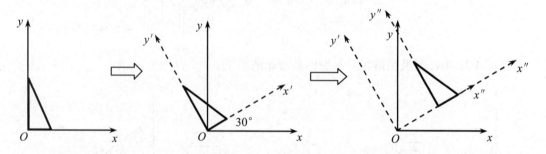

（a）变换前的坐标系　　　（b）绕 z 轴旋转 30°的坐标系　　　（c）沿 x' 轴平移距离 7 的坐标系

图 4.22　活动坐标系模式下，三角形先旋转后平移的复合变换序列

变换矩阵为式（4.77）。根据该变换模式的特点，即每一次变换均可看成是在前一次变换所形成的新的坐标系中进行的。在执行函数 Translate(7,0,0)后，形成新的坐标系 $O'x'y'$，

接下来的旋转变换（Rotate(30,0,0,1)）在新坐标系 $O'x'y'$中绕新的 z'轴进行，执行结果如图 4.23（c）所示。图形对象也可看作定义于它自身的局部坐标系中，如变换前的坐标系 Oxy 和变换结束后的坐标系 $O''x''y''$。图形在它的局部坐标系中的位置始终是不变的。可见，变换事实上是作用于坐标系而非图形对象本身。

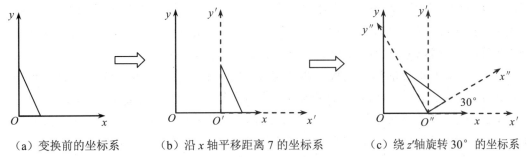

（a）变换前的坐标系　　　　（b）沿 x 轴平移距离 7 的坐标系　　　（c）绕 z'轴旋转 30°的坐标系

图 4.23　活动坐标系模式下，三角形先平移后旋转的复合变换序列

经变换得到的三角形相对于原始坐标系的位置与图 4.20（c）是一样的。

在诸如带关节的机器人手臂（肩、肘、腕及手指等部位均存在关节）这样的应用程序中，可以使用这种方法，如机器人手臂经过变换后移动到适当位置，手腕和手指的运动是相对于手臂的，如果在手臂上建立一个坐标，考虑手腕和手指的运动就简单多了。当手臂移动后，固定在手臂上的坐标便成为新坐标，手腕和手指的运动就可以在新坐标中考虑，这种多次变换的情况要用活动局部坐标系模式。如果用全局固定坐标系来反序考虑这些变换，可能会非常复杂。

4.4　编程实例——三角形与矩形变换及正方形旋转动画

本节通过 3 个编程实例来应用图形的几何变换，其中第 1 个实例是采用自定义矩阵计算来实现一个三角形变换，第 2 个实例是采用 OpenGL 变换函数来实现矩形变换，最后一个实例是变换在动画上的应用，通过 OpenGL 旋转变换函数实现一个正方形的旋转动画。

4.4.1　自定义矩阵变换实例——三角形变换

用矩阵表示几何变换是一种有效的形式，因为它允许通过将复合矩阵应用于对象描述获得变换后的位置来减少计算。如果采用齐次坐标，则可以用 3×3 矩阵操作表示二维变换，而用 4×4 矩阵操作表示三维变换，从而可使一系列变换合并成一个复合矩阵。为此，坐标位置用列矩阵表示。复合变换由平移、旋转、缩放和其他变换的矩阵乘积来形成。同时，可以将平移和旋转的复合应用于动画，将旋转和缩放的复合应用于在任一指定方向缩放对象。

下面的程序给出了一系列几何变换的实现实例。开始时，定义一个复合矩阵 matComposite 并置为单位矩阵。在本例中，使用从左往右合并的次序来构造复合变换矩阵，且按其执行顺序调用变换子程序。在每一变换函数（缩放、旋转和平移）被调用时，为该变换建立矩阵并从左边去和复合矩阵相结合。在指定完所有变换后，使用复合矩阵对三角形进行变换。具体变换过程包括以下 3 个二维复合或基本变换。

（1）任意基准点的缩放变换：通过调用自定义的通用缩放变换函数 scale2D(sx,sy, fixedPt)完成任意基准点缩放矩阵的赋值，并作用到全局复合矩阵 matComposite。

（2）任意基准点的旋转变换：通过调用自定义的通用旋转变换函数 rotate2D(pivPt, theta)完成任意基准点旋转矩阵的赋值，并作用到全局复合矩阵 matComposite。

（3）平移变换：通过调用自定义的平移变换函数 translate2D(tx,ty)完成平移矩阵的赋值，并作用到全局复合矩阵 matComposite。

在本例中，三角形先对其中心位置缩小 50%，然后绕其中心旋转 90°，最后在 y 方向平移 100 单位。图 4.24（a）和（b）给出了使用该序列变换的三角形的原始位置和最后位置，整个变换是在统一的世界坐标系下完成的，即采用的是固定坐标系模式，先调用的变换先执行，后调用的变换后执行，程序执行结果如图 4.24（c）所示。

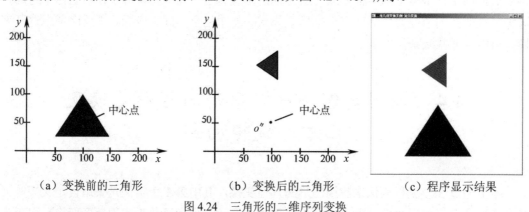

（a）变换前的三角形　　　　（b）变换后的三角形　　　　（c）程序显示结果

图 4.24　三角形的二维序列变换

具体程序如下。

```c
#include <GL/glut.h>
#include <stdlib.h>
#include <math.h>
/* 初始化显示窗口大小 */
GLsizei winWidth=600,winHeight=600;
/* 设置世界坐标系的显示范围 */
GLfloat xwcMin=0.0,xwcMax=225.0;
GLfloat ywcMin=0.0,ywcMax=225.0;
/* 定义二维点数据结构 */
```

```
class wcPt2D
{
public:
    GLfloat  x,  y;
};
typedef GLfloat Matrix3x3 [3][3];
Matrix3x3 matComposite;                     //定义复合矩阵
const GLdouble pi=3.14159;
void init (void)
{
    /* 设置显示窗口的背景颜色为白色 */
    glClearColor(1.0,1.0,1.0,0.0);
}
/* 构建3*3的单位矩阵 */
void matrix3x3SetIdentity(Matrix3x3 matIdent3x3)
{
    GLint row,col;

    for  (row=0;row<3;row++)
        for  (col=0;col<3;col++)
            matIdent3x3[row][col]=(row==col);
}
/* 变换矩阵m1前将m1与矩阵m2相乘,并将结果存放到m2中 */
void  matrix3x3PreMultiply(Matrix3x3 m1, Matrix3x3 m2)
{
    GLint  row, col;
    Matrix3x3  matTemp;

    for(row=0; row<3;row++)
        for(col=0;col<3;col++)
            matTemp[row][col]=m1[row][0]*m2[0][col]+m1[row][1]*m2[1][col]
                +m1[row][2]*m2[2][col];
        for(row=0;row<3;row++)
            for(col=0;col<3;col++)
                m2[row][col]=matTemp[row][col];
}


/* 平移变换函数,平移量为tx, ty */
void translate2D(GLfloat tx,GLfloat ty)
{
    Matrix3x3  matTransl;
    /* 初始化平移矩阵为单位矩阵 */
    matrix3x3SetIdentity(matTransl);
```

```
    matTransl[0][2]=tx;
    matTransl[1][2]=ty;
    /*  将平移矩阵前乘到复合矩阵matComposite中 */
    matrix3x3PreMultiply(matTransl,matComposite);
}

/* 旋转变换函数，参数为中心点pivotPt和旋转角度theta */
void rotate2D(wcPt2D pivotPt, GLfloat theta)
{
    Matrix3x3  matRot;

    /*  初始化旋转矩阵为单位矩阵 */
    matrix3x3SetIdentity(matRot);
    matRot[0][0]=cos(theta);
    matRot[0][1]=-sin(theta);
    matRot[0][2]=pivotPt.x*(1-cos(theta))+pivotPt.y*sin(theta);
    matRot[1][0]=sin(theta);
    matRot[1][1]=cos(theta);
    matRot[1][2]=pivotPt.y*(1-cos(theta))-pivotPt.x*sin(theta);

    /*  将旋转矩阵前乘到复合矩阵matComposite中 */
    matrix3x3PreMultiply(matRot,matComposite);
}

/* 比例变换函数，参数为基准点fixedPt和缩放比例sx、sy */
void scale2D(GLfloat sx,GLfloat sy,wcPt2D fixedPt)
{
    Matrix3x3  matScale;

    /* 初始化缩放矩阵为单位矩阵  */
    matrix3x3SetIdentity(matScale);

    matScale[0][0]=sx;
    matScale[0][2]=(1-sx)*fixedPt.x;
    matScale[1][1]=sy;
    matScale[1][2]=(1-sy)*fixedPt.y;

    /*  将缩放矩阵前乘到复合矩阵matComposite中 */
    matrix3x3PreMultiply(matScale,matComposite);
}

/*  利用复合矩阵计算变换后坐标 */
void  transformVerts2D(GLint nVerts,wcPt2D * verts)
{
```

```
    GLint  k;
    GLfloat  temp;
    for(k=0;k<nVerts;k++)
    {
        temp=matComposite[0][0]*verts[k].x+matComposite[0][1]*verts[k].y
          +matComposite[0][2];
        verts[k].y=matComposite[1][0]*verts[k].x+matComposite[1][1]
         *verts[k].y+matComposite[1][2];
        verts[k].x=temp;
    }
}

/*  三角形绘制函数 */
void triangle(wcPt2D * verts)
{
    GLint  k;

    glBegin(GL_TRIANGLES);
    for(k=0;k<3;k++)
        glVertex2f(verts[k].x,verts[k].y);
    glEnd();
}

void myDisplay ()
{
    /* 定义三角形的初始位置 */
    GLint nVerts=3;
    wcPt2D verts[3]={{50.0,25.0},{150.0,25.0},{100.0,100.0}};
    /*  计算三角形中心位置 */
    wcPt2D centroidPt;

    GLint k,xSum=0,ySum=0;
    for(k=0;k<nVerts;k++)
    {
        xSum+=verts[k].x;
        ySum+=verts[k].y;
    }
    centroidPt.x=GLfloat(xSum)/GLfloat(nVerts);
    centroidPt.y=GLfloat(ySum)/GLfloat(nVerts);

    /*  设置几何变换参数*/
    wcPt2D pivPt,fixedPt;
    pivPt=centroidPt;
    fixedPt=centroidPt;
```

```
    GLfloat tx=0.0,ty=100.0;
    GLfloat sx=0.5,sy=0.5;
    GLdouble theta=pi/2.0;

    glClear(GL_COLOR_BUFFER_BIT);          //清空显示窗口

    glColor3f(0.0,0.0,1.0);                //设置前景色为蓝色
    triangle(verts);                       //显示蓝色三角形（变换前）

    /* 初始化复合矩阵为单位矩阵 */
    matrix3x3SetIdentity(matComposite);

    /* 根据变换序列重建复合矩阵 */
    scale2D(sx,sy,fixedPt);                //变换序列1:缩放变换
    rotate2D(pivPt,theta);                 //变换序列2:旋转变换
    translate2D(tx,ty);                    //变换序列3:平移变换

    /* 应用复合矩阵到三角形 */
    transformVerts2D(nVerts,verts);

    glColor3f(1.0,0.0,0.0);                //重新设置前景色为红色
    triangle(verts);                       //显示红色三角形（变换后）

    glFlush();
}

void Reshape(GLint newWidth,GLint newHeight)
{
    glMatrixMode(GL_PROJECTION);
    glLoadIdentity();
    gluOrtho2D(xwcMin,xwcMax,ywcMin,ywcMax);

    glClear(GL_COLOR_BUFFER_BIT);
}
void main(int argc, char ** argv)
{
    glutInit(&argc,argv);
    glutInitDisplayMode(GLUT_SINGLE|GLUT_RGB);
    glutInitWindowPosition(50,50);
    glutInitWindowSize(winWidth,winHeight);
    glutCreateWindow("二维几何变换实例-复合变换");

    init();
```

```
    glutDisplayFunc(myDisplay);
    glutReshapeFunc(Reshape);


    glutMainLoop();
}
```

对三维变换而言，可以仿照以上示例将变换序列中各个运算的矩阵相乘（坐标位置用四元素列向量表示，矩阵运算换成 4×4 矩阵），以形成三维复合变换。

4.4.2　OpenGL 几何变换实例——矩形变换

在下面的程序中，对一个矩形应用组合变换。与 4.4.1 节实例不同的是，本实例直接采用 OpenGL 的基本变换函数来实现变换，从而避开了 4.4.1 节实例中烦琐的矩阵计算处理。这里，OpenGL 的基本变换函数包括平移变换函数 glTranslatef()、旋转变换函数 glRotatef() 和缩放变换函数 glScalef()，有关介绍可参考附录实验指导中的相关内容。整个变换主要由以下 3 个子变换序列组成。

（1）平移变换：通过调用 OpenGL 图形库的基本平移变换函数 glTranslatef(0,100.0,0) 来完成 y 向平移 100 单位。

（2）缩放变换序列：通过调用自定义的任意基准点三维比例变换函数 scale3D(0.5, 0.5, 1, fixedPt)，实现 xy 平面上以矩形左下角 fixedPt(50,100,0) 为基准点的缩放变换，使原始矩形在 x 方向、y 方向各缩小 50%。

（3）旋转变换序列：通过调用自定义的任意旋转轴线的三维旋转变换函数 rotate3D($p1$, $p2$, 90°)，实现绕 $p1p2$ 旋转轴逆时针 90° 的三维旋转，其中点 $p1$(50,100,0) 和 $p2$(50,100,1) 构成的向量轴为垂直于 xy 平面且通过原 xy 平面上矩形左下角的向量，效果上表现为绕 xy 平面上矩形左下角顶点的二维旋转。

变换前后效果如图 4.25 所示。如果仔细推敲，按照上面的变换序列，结果似乎是错误的。

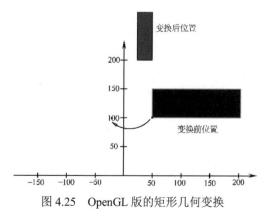

图 4.25　OpenGL 版的矩形几何变换

由于 OpenGL 的变换矩阵在被调用时后乘，采用的是活动坐标系模式。针对整个变换过程，如果在变换序列中适当插入一些代码，以不同颜色显示中间变换过程的矩形对象，替换部分代码如下。

```
glTranslatef (tx, ty, tz);          //③平移变换
glColor3f(1.0,1.0,0.0);             //重新设置前景色为黄色
glRecti(50,100,200,150);            //显示黄色矩形（变换后）
scale3D (sx, sy, sz, fixedPt);      //②比例缩放变换
glColor3f(0.0,1.0,0.0);             //重新设置前景色为绿色
glRecti(50,100,200,150);            //显示绿色矩形（变换后）
rotate3D (p1, p2, thetaDegrees);    //①旋转变换
glColor3f(1.0,0.0,0.0);             //重新设置前景色为红色
glRecti(50,100,200,150);            //显示红色矩形（变换后）
```

如果添上参考坐标轴，执行结果如图 4.26 所示。不难发现，该变换序列变换的是坐标系，而非矩形对象。矩形在它的局部坐标系中的位置始终是不变的，体现的是活动坐标系模式的特点。

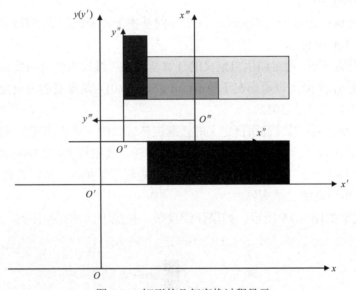

图 4.26　矩形的几何变换过程显示

如果想以固定坐标系的模式来理解整个变换过程，则必须以和应用相反的次序引入变换，即先调用的变换后执行，后调用的变换先执行，因此，每一个后继的变换调用将指定变换矩阵放在复合矩阵右边进行合并。

具体程序如下。

```
#include <GL/glut.h>
#include <stdlib.h>
#include <math.h>
```

```
/* 初始化显示窗口大小 */
GLsizei winWidth=600,winHeight=600;
/* 设置世界坐标系的显示范围 */
GLfloat xwcMin=-300.0,xwcMax=300.0;
GLfloat ywcMin=-300.0,ywcMax=300.0;
void init (void)
{
    /* 设置显示窗口的背景颜色为白色 */
    glClearColor(1.0,1.0,1.0,0.0);
}
class wcPt3D
{
    public:
        GLfloat x, y, z;
};
/* 三维旋转变换，参数为旋转轴（由点p1和p2定义）和旋转角度（thetaDegrees）*/
void rotate3D (wcPt3D p1, wcPt3D p2, GLfloat thetaDegrees)
{
    /* 设置旋转轴的矢量 */
    float vx = (p2.x - p1.x);
    float vy = (p2.y - p1.y);
    float vz = (p2.z - p1.z);

    /* 通过平移-旋转-平移复合变换序列完成任意轴的旋转（注意OpenGL中的反序表示）*/
    glTranslatef (p1.x, p1.y, p1.z);        //③移动p1到原始位置
    /* ②关于通过坐标原点的坐标轴旋转*/
    glRotatef (thetaDegrees, vx, vy, vz);
    glTranslatef (-p1.x, -p1.y, -p1.z);     //①移动p1到原点位置
}


/* 三维比例缩放变换，参数为比例系数sx、sy、sz和固定点fixedPt */
void scale3D (GLfloat sx, GLfloat sy, GLfloat sz, wcPt3D fixedPt)
{
    /* 通过平移-缩放-平移复合变换序列完成任意点为中心点的比例缩放*/
    /* ③反平移到原始位置*/
    glTranslatef (fixedPt.x, fixedPt.y, fixedPt.z);
    glScalef (sx, sy, sz);                  //②基于原点的比例缩放变换
    /* ①移动固定点到坐标原点*/
    glTranslatef (-fixedPt.x, -fixedPt.y, -fixedPt.z);
}
void myDisplay()
{
```

```
    /* 设置变换中心点位置 */
    wcPt3D centroidPt,R_p1, R_p2;

    centroidPt.x=50;
    centroidPt.y=100;
    centroidPt.z=0;

    R_p1=centroidPt;
    R_p2.x=50;
    R_p2.y=100;
    R_p2.z=1;

    /* 设置几何变换参数*/
    wcPt3D p1,p2,fixedPt;
    p1= R_p1;
    p2= R_p2;
    fixedPt=centroidPt;

    GLfloat tx=0.0,ty=100.0,tz=0;
    GLfloat sx=0.5,sy=0.5,sz=1;
    GLdouble thetaDegrees = 90;

    glClear(GL_COLOR_BUFFER_BIT);          //清空显示窗口
    glMatrixMode (GL_MODELVIEW);
    glLoadIdentity();                      //清空变换矩阵为单位矩阵，恢复原始坐标系环境

    /* 显示变换前几何对象 */
    glColor3f(0.0,0.0,1.0);                //设置前景色为蓝色
    glRecti(50,100,200,150);               //显示蓝色矩形（变换前）

    /* 执行几何变换（注意以反序形式写出）*/
    glTranslatef (tx, ty, tz);             //③平移变换
    scale3D (sx, sy, sz, fixedPt);         //②比例缩放变换
    rotate3D (p1, p2, thetaDegrees);       //①旋转变换

    /* 显示变换后几何对象 */
    glColor3f(1.0,0.0,0.0);                //重新设置前景色为红色
    glRecti(50,100,200,150);               //显示红色矩形（变换后）

    glFlush();
}
void Reshape(GLint newWidth,GLint newHeight)
```

```
{
    glMatrixMode(GL_PROJECTION);
    glLoadIdentity();
    gluOrtho2D(xwcMin,xwcMax,ywcMin,ywcMax);
    glClear(GL_COLOR_BUFFER_BIT);
}
void main(int argc, char ** argv)
{
    glutInit(&argc,argv);
    glutInitDisplayMode(GLUT_SINGLE|GLUT_RGB);
    glutInitWindowPosition(50,50);
    glutInitWindowSize(winWidth,winHeight);
    glutCreateWindow("三维几何变换实例-OpenGL版复合变换");

    init();
    glutDisplayFunc(myDisplay);
    glutReshapeFunc(Reshape);

    glutMainLoop();
}
```

4.4.3　变换应用实例——正方形旋转动画

计算机动画技术是计算机图形学的重要研究领域与应用领域之一，也是计算机图形学技术与艺术相结合的产物。它综合利用计算机科学、艺术、数学、物理学和其他相关学科的知识在计算机上生成美观、逼真的虚拟场景，为人们构建了一个充分展示想象力的新天地。

最简单的动画其实是几何变换的直接应用，本节将简单介绍动画的基本知识，并给出一个正方形旋转动画的实例，来帮助读者理解变换和动画之间的紧密联系。

1. 动画的基本原理与工作过程

动画利用了人的视觉暂留特性，使连续播放的静态画面相互衔接形成动态效果。人眼的视觉暂留特性指人眼看到一个画面，可保持约 1/24 秒不会消失。利用这一特性，在一幅画面还没有消失前播放下一幅画面，就会给人造成一种流畅的视觉变化效果，形成动画。连续画面的基本单位为单幅静态画面，在图形学和动画中称为一帧（Frame）。

以一个字母 G 模型为例，如果想让该对象产生旋转动画效果，程序需要做的是：不断擦除和重绘字母 G 模型，并且在每次重绘时让字母 G 模型转动一个微小的角度，如图 4.27 所示。

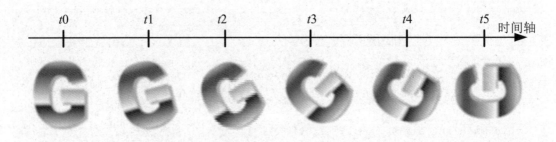

图 4.27　旋转动画示意

以上述动画为例，其工作过程是在 $t0$ 时刻显示第 1 幅画面，然后等待一小段时间 Δt（$\Delta t \leqslant 1/24$ 秒）；到 $t1$ 时刻（$t1=t0+\Delta t$）显示第 2 幅画面，然后再等待一小段时间 Δt，直到 $t2$ 时刻显示第 3 幅画面，如此循环反复，不停等待与显示画面，形成动画效果。以下为用 C 语言伪代码来描述这一过程。

```
for(i=0; i<n; ++i)
{
    DrawScene(i);
    Wait(Δt);
}
```

2. 双缓存技术

在计算机上的动画与实际的动画有些不同。实际的动画都是先画好，播放的时候直接拿出来显示，计算机动画则是画一张，就拿出来一张，再画下一张，再拿出来。如果所需要绘制的图形很简单，那么这样也没什么问题。但一旦图形比较复杂，绘制需要的时间较长，问题就会变得突出。

让我们把计算机想象成一个画图比较快的人，假如他直接在屏幕上画图，而图形比较复杂，则有可能在他只画了某幅图的一半时就被观众看到。而后面虽然他把画补全了，但观众的眼睛却又没有反应过来，还停留在原来那个残缺的画面上。也就是说，有时观众看到完整的图像，有时却又只看到残缺的图像，这样就造成了屏幕的闪烁。

如何解决这一问题呢？我们设想有两块画板，画图的人在旁边画，画好以后把他手里的画板与挂在屏幕上的画板相交换。这样一来，观众就不会看到残缺的画了。这一技术被应用到计算机图形中，称为双缓存技术。也就是说，在存储器（可能是显存）中开辟两块区域，一块作为前台缓存，内容将发送到显示器，一块是后台缓存，准备绘制下一帧，在适当的时候交换它们。在显示前台缓存内容中的一帧画面时，后台缓存正在绘制下一帧画面，当绘制完毕，则后台缓存内容便在屏幕上显示出来，而前台正好又在绘制下一帧画面内容。这样循环反复，屏幕上显示的总是已经画好的图形，于是看起来所有的画面都是连续的。由于交换两块内存区域实际上只需要交换两个指针，这一方法效率非常高，所以被广泛地采用。

要启动双缓冲功能，最简单的办法就是使用 GLUT 工具包的语句：

```
glutInitDisplayMode(GLUT_DOUBLE);
```

其中，参数 GLUT_DOUBLE 表示双缓存，如果改成 GLUT_SINGLE 就是单缓存。

另外，在每次绘制完成时，需要交换两个缓存，把绘制好的信息用于屏幕显示（否则无论怎么绘制，还是什么都看不到）。使用 GLUT 工具包，也可以很轻松地完成这一工作，只要在绘制完成时简单地调用 glutSwapBuffers 函数即可。

加上双缓存后，前面绘制动画的代码可更新如下。

```
for(i=0; i<n; ++i)
{
    DrawScene(i);
    glutSwapBuffers();
    Wait(Δt);
}
```

3. 正方形旋转动画实例

下面是正方形旋转动画实例程序，它通过 glRotated() 旋转变换函数让正方形不断旋转来产生旋转动画。

```
#include <gl\glut.h>
#include <cmath>

GLfloat cx = 0.0f;                     //正方形中心点坐标
GLfloat cy = 0.0f;
GLfloat length = 0.5f;                 //正方形边长
GLfloat theta = 0.0f;                  //旋转初始角度值
void myDisplay()
{
 glClearColor(0.8f, 0.8f, 0.8f, 0.0f);   //设置绘图背景颜色
 glClear(GL_COLOR_BUFFER_BIT);
 glColor3f(1.0f, 0.0f, 0.0f);
 glLoadIdentity();                       //思考：如果去掉这一行代码会怎样？原因是什么？
 glRotated(theta, 0.0, 0.0, 1.0);
 glRectf(cx- length/2, cy - length / 2, cx + length / 2, cy + length / 2);
 glutSwapBuffers();                      //交换双缓存
}

void myIdle()                           //在空闲时调用，达到动画效果
{
 theta += 0.1f;                         //旋转角度增加
 if (theta >= 360)                      //如果旋转角度大于360°，则清零
     theta = 0.0f;
 glutPostRedisplay();                   //重画，相当于重新调用Display()
}

int main(int argc, char** argv)
{
```

```
glutInit(&argc, argv);                          //初始化GLUT库
glutInitWindowPosition(100, 100);
glutInitWindowSize(400, 400);                   //设置显示窗口大小
glutInitDisplayMode(GLUT_DOUBLE | GLUT_RGB);    //设置显示模式为双缓冲和RGB彩色模式
glutCreateWindow("旋转的正方形");                 //创建显示窗口
glutDisplayFunc(myDisplay);                     //注册显示回调函数
glutIdleFunc(myIdle);                           //注册闲置回调函数
glutMainLoop();                                 //进入事件处理循环

return 0;
}
```

运行结果如图 4.28 所示。

图 4.28   正方形旋转动画

习 题 4

1. 找到一个二维仿射变换，将中心在(0,0)、边长为 2 的正方形变换为 4 个顶点分别为 (2,0)，(0,2)，(−2,0)，(0,−2)的正方形，并找出它的逆变换。

2. 给定空间任一点 $P(x, y, z)$ 及任一平面 Q: $ax + by + cz + d = 0$，求 P 对 Q 的对称点 $P'(x', y', z')$ 的变换矩阵。

3. 请写出将空间一点(x, y, z)绕空间任意轴线旋转 θ 的变换矩阵。

4. 证明三维变换矩阵的乘积对以下运算顺序是可交换的：（1）任两个连续的平移；（2）任两个连续的缩放变换；（3）任两个连续关于任一坐标轴的旋转。

5. 证明：两条线相互平行的直线在仿射变换后仍保持平行。**提示**：用直线的参数形式。

6. 从旋转、平移和缩放变换推导出错切变换。

第5章 三 维 观 察

本章将深入讨论如何在二维输出设备上显示三维图形的问题，它是现代图形学的基础与重要组成部分。三维观察的核心问题是：如何对三维对象进行不同角度的观察与显示，如何由三维对象得到相应的二维图形，如何将三维对象有选择地显示，如何在显示设备的指定位置显示指定对象的二维图形。

其中，第一个问题由观察变换来解决，第二个问题由投影变换来解决，第三个问题由观察体和裁剪来解决，最后一个问题由视口变换来解决。上述问题及其解决就构成了三维观察的一个大致流程，本章先介绍三维观察的整体流程，之后再分别对这一流程的各个主要阶段进行具体介绍。在图形绘制流水线中，本章属于几何处理阶段，它对于帮助读者理解几何处理阶段内容有重要作用。

5.1 三维观察的流程

要获得三维世界坐标系场景的显示，必须先建立观察用的坐标系或"照相机"参数，该坐标系定义与照相机胶片平面对应的观察平面（View Plane）或投影平面（Projection Plane）的方向。然后将对象描述转换到观察坐标系并投影到观察平面上，最后将所得的投影显示在终端设备的屏幕上。从坐标变换角度来分析，上述显示过程主要包括观察变换、投影变换和视口变换。另外，从三维观察流程的完整性出发，通常在观察变换之前有一个模型变换以方便模型构建和组合。于是，三维观察的整个流程如图5.1所示。

下面将三维观察过程中的主要环节作一些类比。

（1）对象摆放：在拍照前需要将拍照对象摆放好位置，尤其是拍集体合影时，需要仔细调整每个人的站位，以便于合影效果最佳。对应于三维观察过程就是模型变换（Modeling Transformation）。

（2）设定相机位置与朝向：摆放好拍照对象后，下一步工作即为根据拍照要求在场景中设置相机的位置与镜头方向，如图5.2所示。在三维观察过程中，这一任务称为观察变换（Viewing Transformation）。

（3）调焦取景：根据拍照目标对相机焦距进行调节，来调整与裁剪目标在相片中的大小与位置，以取得最佳的成像效果。在三维观察过程中，这一过程称为投影变换（Projection Transformation）。

（4）拍照：按下相机快门，将调焦取景后成像结果定格在相机胶卷或显示屏上，完成拍照。在三维观察过程中，这一过程类似为视口变换（Viewport Transformation）。

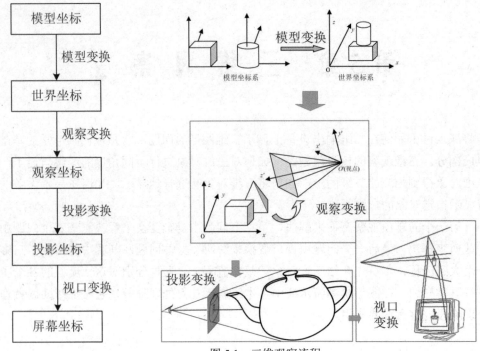

模型坐标

模型变换

世界坐标

观察变换

观察坐标

投影变换

投影坐标

视口变换

屏幕坐标

图 5.1 三维观察流程

当然，与使用照相机拍照相比，利用图形软件包进行三维观察来生成场景的视图有更大的灵活性和更多的选择。我们可以选择平行投影或透视投影，还可以有选择地沿视线消除一些场景部分。可以将投影平面移出"照相机"位置，甚至在"照相机"背后获得对象的图片。

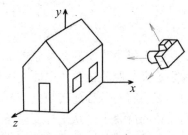

图 5.2 相机拍照

下面类比相机拍照过程，对这一流程中各个阶段所涉及的变换作简单介绍。

1. 模型变换

模型变换是指将在模型坐标系（局部坐标系）中构建的物体放到统一的世界坐标系（全局坐标系）的过程中，根据场景的需要所进行的组合变换。通常可通过平移、旋转、放缩等几何变换的组合来实现，如图 5.3 所示。其实质是物体的模型坐标到世界坐标的变换。

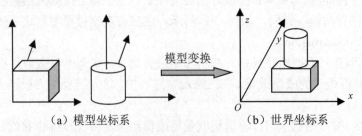

（a）模型坐标系　　　　　　　　　　　　　　（b）世界坐标系

图 5.3 模型变换

这里，模型坐标系（Modeling Coordinate System）是为了建模和模型调用变换的方便而构建的一个局部坐标系。在模型构建时，总是将基本形体或体素与某些位于物体上的点或靠近它们的点联系起来，例如，通常将立方体的某个顶点置于原点；将一个由某个实体旋转而产生的形体的对称轴作为 z 轴等，这时就可形成一个自然的模型坐标系，通常是右手三维直角坐标系。

一旦对多个物体进行了建模，下一步就是将其放置于我们希望绘制的一个统一场景中，这时就需要对这个统一场景来构建一个坐标系，也即世界坐标系，它通常也是右手三维直角坐标系。将多个物体组合形成一个统一场景，实质是一个将物体从模型坐标系下的模型坐标转换到统一场景（世界坐标系）下的世界坐标。

这种变换在具体实现上，可以有两种方式。一种方式是，先构建世界坐标系，在世界坐标系原点构建或导入单个模型，再通过几何变换将该模型移动到指定位置，因此这种方式下的模型变换实质是几何变换。这种方式比较方便，在实际编程，如 OpenGL 编程及其他图形应用时常被采用。另一种方式是，先构建模型坐标系并进行物体建模，再在模型坐标系中引入并设定世界坐标系，在此基础上来计算物体在世界坐标系下的坐标。这种方法下的模型变换实质是坐标系间的变换，这时模型变换有时也被称为世界变换。

2. 观 察 变 换

观察指在世界坐标系中设定了观察坐标系后，物体从世界坐标系下世界坐标到观察坐标系下观察坐标的变换，也称视点变换或视图变换，如图 5.4 所示。类似于相机拍照中，在设定相机位置与朝向后通过相机镜头来观察对象。此时，被观察对象在以相机镜头为原点的观察坐标系下就有了前后左右等位置参考，即观察坐标。也即，有了观察坐标系后，被观察对象每一点在新坐标系下都有了一个新的坐标，即观察坐标。因此，观察变换是物体的世界坐标到观察坐标的变换。它通常由平移变换、旋转变换和对称变换的组合来实现，具体内容见 5.2 节。

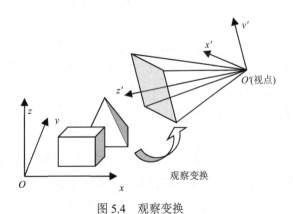

图 5.4　观察变换

这里，观察坐标系（Viewing Coordinate System）也称视点坐标系。通常它的原点模拟视点或摄像机的位置，z 轴与观察方向共线，它可被放在世界坐标系中的任意位置并指向任意方向，还可随意旋转，这样可以很好地模拟人眼或摄像机的观察。它的主要用途是建立观察参数（观察点、观察方向）。它通常是一个左手三维直角坐标系，采用左手坐标系的原因，主要是为了与实际人眼的观察感受相一致：自左向右形成 x 轴正向，自下而上形成 y 轴正向，自后向前形成 z 轴正向，同时沿 z 轴正向，坐标值增大意味深度的增加。右手坐标系和左手坐标系的对比如图 5.5 所示。

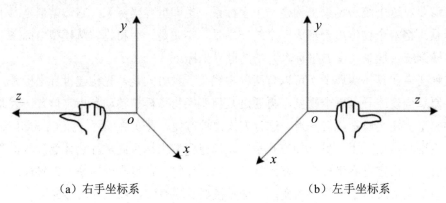

（a）右手坐标系　　　　　　　　　　（b）左手坐标系

图 5.5　右手坐标系和左手坐标系

3. 投影变换

投影变换是指在观察坐标系中设定投影平面（观察平面）和投影坐标系后，将三维物体的观察坐标通过投影方式变换为投影坐标系下投影坐标的过程。这一过程实际上包含裁剪与投影两个过程。

（1）裁剪

由于最终成像结果不可能是无限大小，因此，三维观察和相机拍照一样，也需要一个取景框来选取要显示的对象，这个取景框就是观察窗口。只有位于观察窗口内的对象才会被成像，这就是二维裁剪。对三维场景来说，裁剪区域就由一个观察窗口扩展为一个观察体。如果观察窗口是矩形，则只有处于一个半无穷锥体内的对象才会被成像，这个半无穷锥体就是三维裁剪下的观察体（View Volume）。因此，在这个观察体之外的对象就要从场景中裁剪掉，不会进行显示输出。通常情况下，这个观察体以视点为参考点还会增加两个平面作为远近裁剪平面，从而使它变成一个有限大小的观察体，如图 5.6 所示。此时，这个观察体就是一个四棱台，即截头锥体（Frustum）。

（2）投影

将观察体中的三维对象进行投影得到二维投影图。在投影时，先要设置一个观察平面，也即投影平面，再将观察体中的三维对象投影到观察平面上，得到该对象的二维投影图。为简单起见，通常将投影平面直接设在近裁剪面上，如图 5.7（a）所示，这是计算机图形学中常用的透视投影。另外，在工程领域常采用平行投影方式，如图 5.7（b）所示。

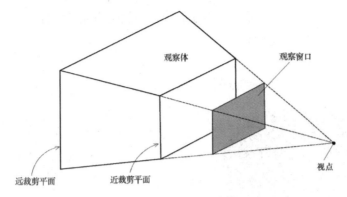

图 5.6　裁剪和观察体

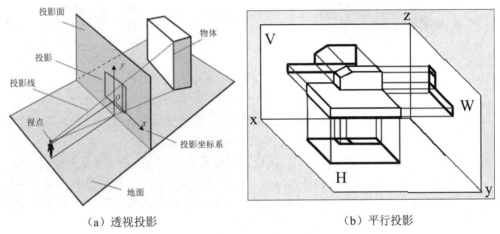

（a）透视投影　　　　　　　　　　（b）平行投影

图 5.7　两种投影方式

这里的投影坐标系（Projection Coordinate System）是一个三维直角坐标系，通常是基于投影面来构建，一般选取视点在投影面的投影为原点，自左向右方向为 x 轴正向，自下而上为 y 轴正向，由原点指向视点为 z 轴正向，形成右手坐标系，如图 5.7（a）所示。

4. 视口变换

视口变换指的是从投影坐标系中的观察窗口到设备坐标系中某个指定视区的变换，如图 5.8（b）所示。在投影变换后，观察窗口中可以得到三维场景的二维投影图，最终这个二维投影图必须在屏幕设备上进行显示输出。因此，这里的观察窗口负责确定观察与显示的对象，而视区则是显示屏幕中指定的显示区域，如图 5.8（a）所示，它负责将观察窗口所得的投影结果在屏幕指定位置和区域显示。在显示输出时，一般可以在屏幕设备上指定多个视图区进行显示输出。因此需要指定从窗口到视区的变换，才能正确完成图形在屏幕设备上的显示。

这里，设备坐标系通常是二维直角坐标系，用于定义二维图像空间，可称为像素坐标系或位图坐标系，主要用于在图形输出设备上指定视区位置与大小。由于该坐标系与设备有直接联系，因此称为设备坐标系。由于现有设备一般采用光栅扫描显示方式，因此设备坐标系一般是二维离散直角坐标系。

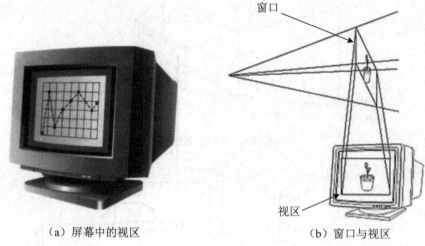

（a）屏幕中的视区　　　　　　　　　　　（b）窗口与视区

图 5.8　视区

　　根据以上分析，视口变换实质是实现二维图形对象由窗口到视区的变换。其实就是根据用户所给定的参数，找到窗口和视区之间的坐标映射关系。

　　视口变换的基本原理如图 5.9 所示，在投影坐标系下，窗口区的 4 条边分别由 wxl（左边界）、wxr（右边界）、wyb（底边界）、wyt（顶边界）来定义；而相应设备坐标系中视图区的 4 条边则由 vxl（左边界）、vxr（右边界）、vyb（底边界）、vyt（顶边界）来定义。注意由于设备坐标系的 y 坐标轴的反向而导致的区别。

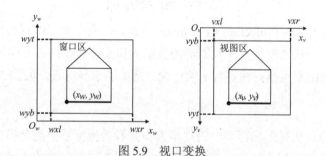

图 5.9　视口变换

　　投影坐标系中的点(x_w, y_w)与设备坐标系下的点(x_v, y_v)相对应。由图中对应的比例关系，不难得出坐标变换公式。

$$\begin{cases} x_v - vxl = \dfrac{vxr - vxl}{wxr - wxl}(x_w - wxl) \\[2mm] vyt - y_v = \dfrac{vyt - vyb}{wyt - wyb}(y_w - wyb) \end{cases}$$

方程可表示为如下形式

$$\begin{cases} x_v = ax_w + b \\ y_v = -cy_w + d \end{cases}$$

其中

$$a = \frac{vxr - vxl}{wxr - wxl}$$

$$b = vxl - \frac{vxr - vxl}{wxr - wxl} wxl$$

$$c = \frac{vyt - vyb}{wyt - wyb}$$

$$d = \frac{vyt - vyb}{wyt - wyb} wyb + vyt$$

将变换方程表示为矩阵形式

$$[x_v \quad y_v \quad 1] = [x_w \quad y_w \quad 1]\begin{bmatrix} a & 0 & 0 \\ 0 & -c & 0 \\ b & d & 1 \end{bmatrix}$$

✿ **注意**：上式中 c 前面出现负号是因为设备坐标系中的 y 轴方向相对于用户坐标系颠倒的缘故（Windows 系统中的屏幕映射方式就会出现这种情形）。当 a 和 c 的大小不相等时，图形由于 x，y 方向上的缩放比不同，会发生变形，为了避免这种情形出现，通常将 a、c 取相同值（取它们中较小的值）。另外，变换中没有考虑图形在视区中的相对定位问题，即坐标原点的映射（平移变换）。

5.2 观察变换

观察变换指从世界坐标空间到观察坐标空间的变换，也称视点变换。在观察坐标空间中，某些操作更方便，通常观察坐标系的原点模拟视点或相机的位置，z 轴与观察方向共线，它可被放在世界坐标系中的任意位置并指向任意方向，还可随意旋转，这样可以很好地模拟人眼或相机的观察。事实上，观察变换就是将物体的世界坐标系描述转换为观察坐标系下的描述。因此，它实质是一个坐标系的变换问题。为了更容易理解三维观察变换，可以先从二维观察变换着手，再回到三维情况进行处理。下面先从坐标系构建开始，再分析观察变换解决思路，最后给出具体解决方案。

5.2.1 观察坐标系构建

观察变换中涉及两个坐标系，即世界坐标系和观察坐标系。其中，世界坐标系在先，观察坐标系在后，因此观察坐标系是在世界坐标系中构建，之后再将对象从世界坐标系变换至观察坐标系下。

具体构建方法如下：设世界坐标系为 $Oxyz$，要构建的观察坐标系为 $O_vx_vy_vz_v$。首先，在世界坐标系中选定一点 $O_v=(x_v,y_v,z_v)$ 作为观察坐标系原点，称为观察点或视点（View Point）。接着，再在世界坐标系中选取一点为观察参考点，作为观察目标或形成观察方向，也即从视点到观察参考点的方向形成观察方向。为简单起见，一般可直接将观察参考点设在世界坐标系的原点 O，其他情况可通过平移变换将其变换为此情形，于是观察方向即为 O_vO 所指方向。据此，将观察方向设为 z_v 轴正向，在垂直于 z_v 轴方向上指定一个观察向上向量 $\mathbf{V}$（View-up-vector）为 y_v 轴正向，由 y_v 轴、z_v 轴及自左向右的方向可确定 x_v 轴，由此得到一个左手直角坐标系，即为观察坐标系 $O_vx_vy_vz_v$，如图 5.10 所示。

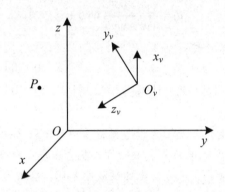

图 5.10　观察坐标系构建

5.2.2　观察变换分析

如前所述，观察变换的核心任务是将对象描述从世界坐标系中变换到观察坐标系中。要完成这个变换，只需要得到对象从世界坐标到观察坐标的变换矩阵即可。因此，如果将对象抽象为某一个任意点 P，同时给出观察坐标系的具体位置信息，则可给出观察变换的基本问题如下。

如图 5.11 所示，已知观察坐标系坐标原点为视点 $O_v(a,b,c)$，OO_v 的长度为 R，OO_v 和 z 轴的夹角为 φ，O_v 点在 xOy 平面内的投影为 $O_p(a,b)$，OO_p 和 x 轴的夹角为 θ。设点 P 在世界坐标系中的坐标为 $P(x,y,z)$，同时它在观察坐标系中的坐标为 $P'(x',y',z')$。试求变换矩阵 $\mathbf{M}$，使得 $\mathbf{P'}=\mathbf{MP}$。这里坐标变换为保持与 OpenGL 一致，点 P 坐标采用列向量写法。其中，视点的球面坐标与直角坐标的关系为

$$\begin{cases} a = R\sin\varphi\cos\theta \\ b = R\sin\varphi\sin\theta \\ c = R\cos\varphi \end{cases} \tag{5.1}$$

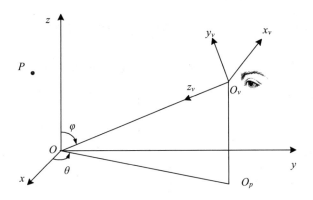

图 5.11 观察变换问题分析

观察变换问题的核心是在已知 **P** 点世界坐标的条件下求出 **P** 点在观察坐标系下的新坐标。这一问题可以在保持 **P** 点和观察坐标系相对位置不变的前提下，通过将世界坐标系进行一系列几何变换，使其与观察坐标系重合来求出。这时，观察变换可看作一系列基本几何变换的分解与组合。根据这一思路可以得到几何变换的方法来计算观察变换矩阵。

如果从线性代数的线性空间和线性变换角度来分析，观察变换虽然是两个不同坐标系间的坐标变换，但究其实质，其实是一种两个坐标系下对应的两组基之间的基变换。也即，它其实是给出了三维空间的两组基及其关系，要求出点在两组基之间的坐标变换矩阵。下面两节内容尝试分别按上述两个思路给出具体解决方案。

5.2.3 几何变换方法

几何变换的方法是通过一系列的几何变换及其对应的变换矩阵来计算点 P 在观察坐标系下的新坐标。这一方法在实现时可以有两种思路：（1）点 P 和观察坐标系不动，对世界坐标系进行几何变换，使其与观察坐标系重合，最终得到点 P 的观察坐标；（2）世界坐标系不动，将点 P 和观察坐标系一起变换，使观察坐标系与世界坐标系重合，此时点 P 在世界坐标系中的坐标即为所求的观察坐标。两种思路本质上一样，只不过类似于相对运动而已，没有太大差别。需要指出的是，这里两种思路中都要保证点 P 和观察坐标系相对位置不变，因为只有这样，才能计算出点 P 在观察坐标系下的新坐标。

这里，按第 1 种思路进行介绍，即固定点 P 和观察坐标系不动，变换世界坐标系，等同于固定点、变换坐标系。这时，变换矩阵的参数需要取反。首先，将世界坐标系原点 O 平移到观察坐标系原点 O_v。然后，将世界坐标系变换为观察坐标系，就可以实现从世界坐标系到观察坐标系的变换。下面给出具体几何变换过程与几何变换矩阵。

（1）原点到视点的平移变换

如图 5.12 所示，把世界坐标系的原点 $O(0, 0, 0)$ 平移到观察坐标系的原点 $O_v(a, b, c)$，

形成新坐标系 $O_1x_1y_1z_1$，则 P 点在新坐标系 $O_1x_1y_1z_1$ 下的新坐标为 $P_1(x_1, y_1, z_1)$，有 $\boldsymbol{P_1}=\boldsymbol{M_1}\boldsymbol{P}$，其中 M_1 为变换矩阵。

$$\boldsymbol{M}_1 = \begin{bmatrix} 1 & 0 & 0 & -a \\ 0 & 1 & 0 & -b \\ 0 & 0 & 1 & -c \\ 0 & 0 & 0 & 1 \end{bmatrix} = \begin{bmatrix} 1 & 0 & 0 & -R\sin\varphi\cos\theta \\ 0 & 1 & 0 & -R\sin\varphi\sin\theta \\ 0 & 0 & 1 & -R\cos\varphi \\ 0 & 0 & 0 & 1 \end{bmatrix} \quad (5.2)$$

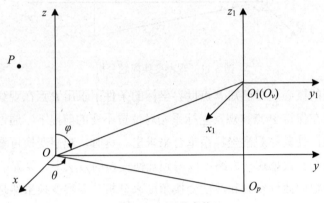

图 5.12　平移变换

（2）绕 z_1 轴的旋转变换

图 5.12 中坐标系 $O_1x_1y_1z_1$ 绕 z_1 轴顺时针旋转 $90° - \theta$ 角，使 y_1 轴位于 O_1O_pO 平面内，形成新坐标系 $O_2x_2y_2z_2$，如图 5.13 所示。由于变换对象为坐标系，旋转参数需要取反，因此最终旋转变换矩阵 M_2 为

$$\boldsymbol{M}_2 = \begin{bmatrix} \cos\left(\dfrac{\pi}{2}-\theta\right) & -\sin\left(\dfrac{\pi}{2}-\theta\right) & 0 & 0 \\ \sin\left(\dfrac{\pi}{2}-\theta\right) & \cos\left(\dfrac{\pi}{2}-\theta\right) & 0 & 0 \\ 0 & 0 & 1 & 0 \\ 0 & 0 & 0 & 1 \end{bmatrix} = \begin{bmatrix} \sin\theta & -\cos\theta & 0 & 0 \\ \cos\theta & \sin\theta & 0 & 0 \\ 0 & 0 & 1 & 0 \\ 0 & 0 & 0 & 1 \end{bmatrix} \quad (5.3)$$

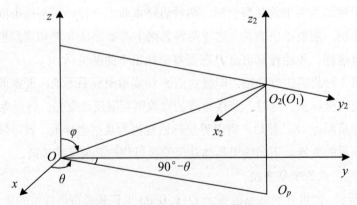

图 5.13　绕 z_2（z_1）轴的旋转变换

（3）绕 x_2 轴的旋转变换

图 5.13 中坐标系 $O_2x_2y_2z_2$ 绕 x_2 轴作 $180°-\varphi$ 角的逆时针旋转变换，使 z_2 轴沿视线方向，形成新坐标系 $O_3x_3y_3z_3$，这里坐标系旋转变换矩阵同理取反为顺时针变换矩阵，如图 5.14 所示。变换矩阵 M_3 为

$$M_3 = \begin{bmatrix} 1 & 0 & 0 & 0 \\ 0 & \cos(\pi-\varphi) & \sin(\pi-\varphi) & 0 \\ 0 & -\sin(\pi-\varphi) & \cos(\pi-\varphi) & 0 \\ 0 & 0 & 0 & 1 \end{bmatrix} = \begin{bmatrix} 1 & 0 & 0 & 0 \\ 0 & -\cos\varphi & \sin\varphi & 0 \\ 0 & -\sin\varphi & -\cos\varphi & 0 \\ 0 & 0 & 0 & 1 \end{bmatrix} \tag{5.4}$$

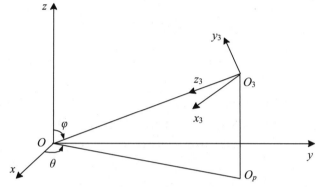

图 5.14   绕 x_3（x_2）轴的旋转变换

（4）关于 $y_3O_3z_3$ 面的对称变换

由于世界坐标系是右手坐标系，观察坐标系是左手坐标系，因此两者之间还需要通过一次对称变换才能完全重合。为了达到此目标，在图 5.14 中将坐标轴 x_3 作关于 $y_3O_3z_3$ 面的对称变换，得到最终的观察坐标系 $O_vx_vy_vz_v$，如图 5.15 所示。变换矩阵 M_4 为

$$M_4 = \begin{bmatrix} -1 & 0 & 0 & 0 \\ 0 & 1 & 0 & 0 \\ 0 & 0 & 1 & 0 \\ 0 & 0 & 0 & 1 \end{bmatrix} \tag{5.5}$$

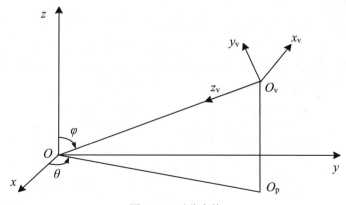

图 5.15   对称变换

综合变换矩阵为（$P'=MP$ 形式）

$$M = M_4\, M_3\, M_2\, M_1 \tag{5.6}$$

计算后得

$$M = \begin{bmatrix} -\sin\theta & \cos\theta & 0 & 0 \\ -\cos\varphi\cos\theta & -\cos\varphi\sin\theta & \sin\varphi & 0 \\ -\sin\varphi\cos\theta & -\sin\varphi\sin\theta & -\cos\varphi & R \\ 0 & 0 & 0 & 1 \end{bmatrix} \tag{5.7}$$

即物体在观察坐标系下变换后坐标为

$$\begin{bmatrix} x' \\ y' \\ z' \\ 1 \end{bmatrix} = M \begin{bmatrix} x \\ y \\ z \\ 1 \end{bmatrix} \tag{5.8}$$

展开得

$$\begin{cases} x' = -x\sin\theta + y\cos\theta \\ y' = -x\cos\varphi\cos\theta - y\cos\varphi\sin\theta + z\sin\varphi \\ z' = -x\sin\varphi\cos\theta - y\sin\varphi\sin\theta - z\cos\varphi + R \end{cases} \tag{5.9}$$

5.2.4 基变换方法

基变换方法是利用线性代数的基变换知识来求解观察变换矩阵。从线性代数知识可知，世界坐标系和观察坐标系所对应的空间其实是一个线性空间，只不过两者具有不同的基而已。因此，只要根据基变换的方法求解这两组基之间的过渡矩阵，就可以根据过渡矩阵求出观察变换的坐标变换矩阵。

由于坐标系的基其实是单位向量，而在数学中向量只有大小与方向，和起点无关，因此，首先需要通过平移变换将两组基的原点移至一处，再计算这两组基之间的过渡矩阵，从而求出坐标变换矩阵。计算过程具体如下。

（1）平移变换

由于这里需要求变换矩阵 M，使得 $P'=MP$，因此平移变换应该施加到 P 点上，同时根据前面的分析，在变换过程中需要保持点 P 和观察变换相对位置不变，因此这里平移变换是将 P 点连同观察坐标系一起平移，使 O_v 与世界坐标系原点 O 重合，得到新点 P'，且 $P'=T_1P$，如图 5.16 所示。其中平移变换矩阵 T_1 为

$$T_1 = \begin{bmatrix} 1 & 0 & 0 & -a \\ 0 & 1 & 0 & -b \\ 0 & 0 & 1 & -c \\ 0 & 0 & 0 & 1 \end{bmatrix} = \begin{bmatrix} 1 & 0 & 0 & -R\sin\varphi\cos\theta \\ 0 & 1 & 0 & -R\sin\varphi\sin\theta \\ 0 & 0 & 1 & -R\cos\varphi \\ 0 & 0 & 0 & 1 \end{bmatrix} \tag{5.10}$$

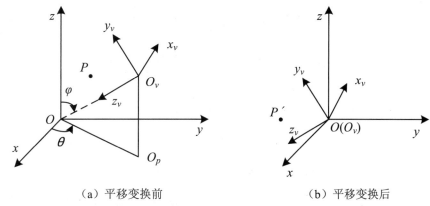

（a）平移变换前 （b）平移变换后

图 5.16 基变换方法求观察变换矩阵

（2）计算两组基之间的过渡矩阵

设世界坐标系 $Oxyz$ 对应的基为 i、j、k，观察坐标系 $O_vx_vy_vz_v$ 对应的基为 u、v、w。先根据图 5.16（a）计算 u、v、w。首先，由 $O_v(a, b, c)$ 可得 $O_vO=(-a, -b, -c)$，对其单位化则可得

$$w=\left(-\frac{a}{R}, -\frac{b}{R}, -\frac{c}{R}\right)=(-\sin\varphi\cos\theta, -\sin\varphi\sin\theta, -\cos\varphi) \tag{5.11}$$

再求 u。由于 $O_vx_v\perp\triangle O_vOO_p$，而平面 O_vOO_p 的方程为 $y=\dfrac{b}{a}x$，即 $\dfrac{b}{a}x-y=0$，故平面 O_vOO_p 的法向量为 $(b/a, -1, 0)$。考虑到 O_vx_v 的方向性，可得 $O_vx_v=(-b/a, 1, 0)=(-\tan\theta, 1, 0)$。同样对其单位化，可得

$$u=(-\sin\theta, \cos\theta, 0) \tag{5.12}$$

最后求 v。由向量的叉积知识可知

$$v=u\times w=\begin{bmatrix} i & j & k \\ -\sin\theta & \cos\theta & 0 \\ -\sin\varphi\cos\theta & -\sin\varphi\sin\theta & -\cos\varphi \end{bmatrix}=-i\cos\varphi\cos\theta-j\cos\varphi\sin\theta+k\sin\varphi$$

于是可得

$$v=(-\cos\varphi\cos\theta, -\cos\varphi\sin\theta, \sin\varphi) \tag{5.13}$$

综合式（5.11）～式（5.13）可得

$$(u, v, w)=(i,j,k)T_2=(i,j,k)\begin{bmatrix} -\sin\theta & -\cos\varphi\cos\theta & -\sin\varphi\cos\theta \\ \cos\theta & -\cos\varphi\sin\theta & -\sin\varphi\sin\theta \\ 0 & \sin\varphi & -\cos\varphi \end{bmatrix} \tag{5.14}$$

其中，T_2 即为所求由基 (i,j,k) 到基 (u,v,w) 的过渡矩阵。

$$T_2=\begin{bmatrix} -\sin\theta & -\cos\varphi\cos\theta & -\sin\varphi\cos\theta \\ \cos\theta & -\cos\varphi\sin\theta & -\sin\varphi\sin\theta \\ 0 & \sin\varphi & -\cos\varphi \end{bmatrix} \tag{5.15}$$

（3）由过渡矩阵计算坐标变换矩阵

设点 P 在世界坐标系中的坐标为 (x, y, z)，在观察坐标系中的坐标为 (x', y', z')，于是对向量 OP 有

$$OP=(u, v, w)\begin{pmatrix} x' \\ y' \\ z' \end{pmatrix}=(i,j,k)\begin{pmatrix} x \\ y \\ z \end{pmatrix} \tag{5.16}$$

将基变换公式（5.14）代入式（5.16），可得坐标变换公式

$$\begin{pmatrix} x' \\ y' \\ z' \end{pmatrix}=T_2^{-1}\begin{pmatrix} x \\ y \\ z \end{pmatrix} \tag{5.17}$$

其中

$$T_2^{-1}=\begin{bmatrix} -\sin\theta & \cos\theta & 0 \\ -\cos\varphi\cos\theta & -\cos\varphi\sin\theta & \sin\varphi \\ -\sin\varphi\cos\theta & -\sin\varphi\sin\theta & -\cos\varphi \end{bmatrix}=(T_2)^T \tag{5.18}$$

将 T_2^{-1} 增加齐次坐标，并与平移变换进行组合，可得最终观察变换矩阵 M（$P'=MP$ 形式）为

$$M=T_2^{-1}T_1=\begin{bmatrix} -\sin\theta & \cos\theta & 0 & 0 \\ -\cos\varphi\cos\theta & -\cos\varphi\sin\theta & \sin\varphi & 0 \\ -\sin\varphi\cos\theta & -\sin\varphi\sin\theta & -\cos\varphi & 0 \\ 0 & 0 & 0 & 1 \end{bmatrix}\begin{bmatrix} 1 & 0 & 0 & -R\sin\varphi\cos\theta \\ 0 & 1 & 0 & -R\sin\varphi\sin\theta \\ 0 & 0 & 1 & -R\cos\varphi \\ 0 & 0 & 0 & 1 \end{bmatrix}$$

经计算得

$$M=\begin{bmatrix} -\sin\theta & \cos\theta & 0 & 0 \\ -\cos\varphi\cos\theta & -\cos\varphi\sin\theta & \sin\varphi & 0 \\ -\sin\varphi\cos\theta & -\sin\varphi\sin\theta & -\cos\varphi & R \\ 0 & 0 & 0 & 1 \end{bmatrix} \tag{5.19}$$

与 5.2.3 节计算结果对比，两次所得观察变换矩阵结果一致。相比较而言，基变换方法更为简单直接，值得推荐。

5.3 投影变换

世界坐标系下的对象描述变换到观察坐标系后，这些客观物体或形体等对象描述仍然是三维的，而这些对象的图形显示与图形输出最终都是在二维平面内实现的。因此，必须要解决三维形体在二维平面上的显示与表示问题。投影方法是解决这一问题的有效手段。典型的投影产生的图有工程制图中的三视图，有一些立体感的轴测图，以及在工业设计、建筑设计中具有较好立体效果的透视图等。

5.3.1 投影分类

通常将把三维物体变为二维图形表示的过程称为投影变换。由于计算机图形学中的观察表面被认为是平面，因此一般只研究称为平面几何投影的那类投影。如图 5.17 所示，将三维空间中的物体（线段 *AB*）变换到二维平面上的过程，即平面几何投影过程。首先在三维空间中选择一个点为投影中心（或称投影参考点），再定义一个不经过投影中心的投影面，

即前面提及的观察平面，连接投影中心与三维物体（线段 *AB*）的线，称为投影线，投影线或其延长线将与投影面相交，在投影面上形成物体的像，这个像称为三维物体在二维投影面上的投影。实际上，投影中心相当于人的视点，投影线则相当于视线。

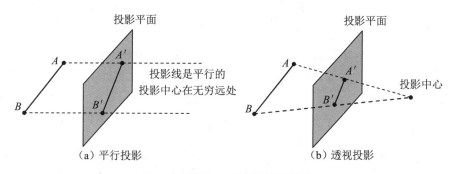

图 5.17　线段 *AB* 的平面几何投影

根据投影中心与投影平面之间距离的不同，投影可分为平行投影和透视投影。平行投影的投影中心与投影平面之间的距离为无穷大；而对透视投影，这个距离是有限的。这两种投影的差别如图 5.17 所示，平行投影保持对象的有关比例不变，这是三维对象计算机辅助绘图和设计中产生成比例工程图的方法，场景中的平行线在平行投影中显示成平行的；透视投影不保持对象的相关比例，但场景的透视投影真实感较好，符合人眼的成像规律。平行投影根据投影方向与投影平面的夹角不同，可进一步分为正投影（投影线垂直于投影面）和斜投影。根据投影平面与坐标轴的夹角不同，正投影又可进一步分为三视图（观察平面垂直于某一坐标轴）和正轴测投影；斜投影可分为斜等测（投影方向与投影平面的夹角为 45°）和斜二测。投影的分类如图 5.18 所示。

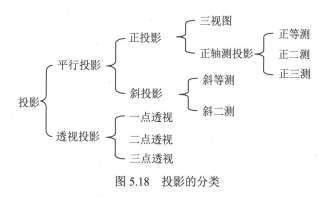

图 5.18　投影的分类

5.3.2　平行投影

根据投影方向与投影平面的夹角不同，平行投影可分成两类：正投影和斜投影，如图 5.19 所示。

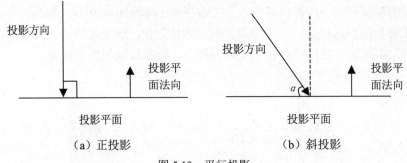

（a）正投影　　　　　　　　　　　（b）斜投影

图 5.19　平行投影

1. 正投影

对象描述沿与投影平面法向量平行的方向到投影平面上的变换称为正投影（Orthogonal Projection）或正交投影（Orthographic Projection）。这生成一个平行投影变换，其中投影线与投影平面垂直。正投影常常用来生成对象的三视图和正轴测视图，如图 5.20 所示。当观察平面与某一坐标轴垂直时，得到的投影为三视图，否则，得到的投影为正轴测视图。工程和建筑绘图通常使用正投影，它可以准确地反映对象的几何信息。对象的正投影可显示对象的平面图和立面图，如图 5.21 所示。

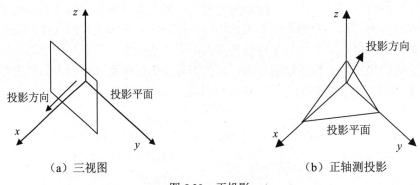

（a）三视图　　　　　　　　　　　（b）正轴测投影

图 5.20　正投影

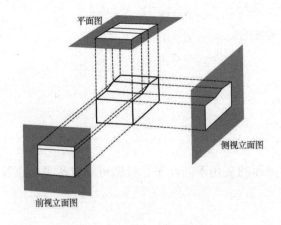

图 5.21　对象的正投影

1）三视图

三视图包括主视图、侧视图和俯视图 3 个方向视图，观察平面分别与 x 轴、y 轴和 z 轴垂直，或者说分别向 3 个投影面作正投影，在正立投影面（V 面，xOz 平面）得到主视图，在侧立投影面（W 面，yOz 平面）得到侧视图，在水平投影面（H 面，xOy 平面）得到俯视图，如图 5.22 所示。

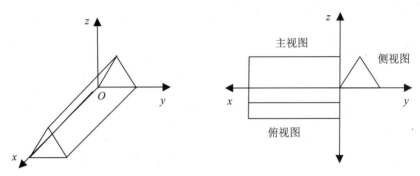

图 5.22　三维形体及三视图

为了绘制三视图，可以按以下步骤完成投影计算。

① 确定三维物体上各点的位置坐标 (x, y, z)。

② 引入齐次坐标，采用列向量表示位置坐标为 $\begin{bmatrix} x \\ y \\ z \\ 1 \end{bmatrix}$。

③ 将所作变换用矩阵表示，通过矩阵运算求得三维物体上各点 (x, y, z) 经变换后的相应点 (x', y', z')，并转换为投影后的二维点坐标。

④ 由变换后的所有二维点绘出三维物体投影后的三视图。

（1）主视图

将三维物体向 xOz 面（又称 V 面）作垂直投影（即正平行投影），得到主视图。变换矩阵为

$$T_V = \begin{bmatrix} 1 & 0 & 0 & 0 \\ 0 & 0 & 0 & 0 \\ 0 & 0 & 1 & 0 \\ 0 & 0 & 0 & 1 \end{bmatrix} \tag{5.20}$$

综合变换式为

$$\begin{bmatrix} x' \\ y' \\ z' \\ 1 \end{bmatrix} = T_V \begin{bmatrix} x \\ y \\ z \\ 1 \end{bmatrix} = \begin{bmatrix} 1 & 0 & 0 & 0 \\ 0 & 0 & 0 & 0 \\ 0 & 0 & 1 & 0 \\ 0 & 0 & 0 & 1 \end{bmatrix} \begin{bmatrix} x \\ y \\ z \\ 1 \end{bmatrix} \tag{5.21}$$

（2）俯视图

将三维物体向 xOy 面（又称 H 面）作垂直投影，得到俯视图。为了将俯视图在同一平面（xOz 面）上画出，一般需要做如下处理，如图 5.23 所示。

① 俯视图的投影变换。

② 使 H 面绕 x 轴负转 $90°$。

③ 使 H 面沿 z 方向平移一段距离 $-z_0$。

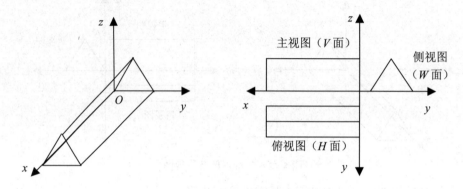

图 5.23　三维形体及调整后的三视图

其变换矩阵为

$$\boldsymbol{T}_H = \begin{bmatrix} 1 & 0 & 0 & 0 \\ 0 & 1 & 0 & 0 \\ 0 & 0 & 1 & -z_0 \\ 0 & 0 & 0 & 1 \end{bmatrix} \begin{bmatrix} 1 & 0 & 0 & 0 \\ 0 & \cos\left(-\dfrac{\pi}{2}\right) & -\sin\left(-\dfrac{\pi}{2}\right) & 0 \\ 0 & \sin\left(-\dfrac{\pi}{2}\right) & \cos\left(-\dfrac{\pi}{2}\right) & 0 \\ 0 & 0 & 0 & 1 \end{bmatrix} \begin{bmatrix} 1 & 0 & 0 & 0 \\ 0 & 1 & 0 & 0 \\ 0 & 0 & 0 & 0 \\ 0 & 0 & 0 & 1 \end{bmatrix} \tag{5.22}$$

其综合变换式为

$$\begin{bmatrix} x' \\ y' \\ z' \\ 1 \end{bmatrix} = \boldsymbol{T}_H \begin{bmatrix} x \\ y \\ z \\ 1 \end{bmatrix} = \begin{bmatrix} 1 & 0 & 0 & 0 \\ 0 & 0 & 0 & 0 \\ 0 & -1 & 0 & -z_0 \\ 0 & 0 & 0 & 1 \end{bmatrix} \begin{bmatrix} x \\ y \\ z \\ 1 \end{bmatrix} \tag{5.23}$$

（3）侧视图

将三维物体向 yOz 面（又称 W 面）作垂直投影，得到侧视图。为了将侧视图也在同一平面（xOz 面）上画出，一般需要做如下处理，如图 5.23 所示。

① 侧视图的投影变换。

② 使 W 面绕 z 轴正转 $90°$。

③ 使 W 面沿负 x 方向平移一段距离 x_0。

其变换矩阵为

$$T_W = \begin{bmatrix} 1 & 0 & 0 & -x_0 \\ 0 & 1 & 0 & 0 \\ 0 & 0 & 1 & 0 \\ 0 & 0 & 0 & 1 \end{bmatrix} \begin{bmatrix} \cos\left(\dfrac{\pi}{2}\right) & -\sin\left(\dfrac{\pi}{2}\right) & 0 & 0 \\ \sin\left(\dfrac{\pi}{2}\right) & \cos\left(\dfrac{\pi}{2}\right) & 0 & 0 \\ 0 & 0 & 1 & 0 \\ 0 & 0 & 0 & 1 \end{bmatrix} \begin{bmatrix} 0 & 0 & 0 & 0 \\ 0 & 1 & 0 & 0 \\ 0 & 0 & 1 & 0 \\ 0 & 0 & 0 & 1 \end{bmatrix} \qquad (5.24)$$

其综合变换式为

$$\begin{bmatrix} x' \\ y' \\ z' \\ 1 \end{bmatrix} = T_W \begin{bmatrix} x \\ y \\ z \\ 1 \end{bmatrix} = \begin{bmatrix} 0 & -1 & 0 & -x_0 \\ 0 & 0 & 0 & 0 \\ 0 & 0 & 1 & 0 \\ 0 & 0 & 0 & 1 \end{bmatrix} \begin{bmatrix} x \\ y \\ z \\ 1 \end{bmatrix} \qquad (5.25)$$

2）正轴测视图

我们也能形成显示对象多个侧面的正投影。正轴测有正等测、正二测和正三测 3 种。当观察平面与三个坐标轴之间的夹角都相等时为正等测；当观察平面与两个坐标轴之间的夹角相等时为正二测；当观察平面与 3 个坐标轴之间的夹角都不相等时为正三测。最常用的正轴测投影是正等测投影。调整投影平面，使其与每个坐标轴（其中定义了对象，该轴称为主轴）的交点离原点距离相同，从而生成一个正等测投影。图 5.24 表示了立方体的一个正轴测投影。通过调整投影平面法向量到立方体的对角线位置，可以得到正等测投影。一共有 8 个位置，每一个位置在一个八分象限中，各得到一个等轴测视图。所有的 3 个主轴在等轴测投影中缩短了相同的等级，从而保持相应的比例不变。

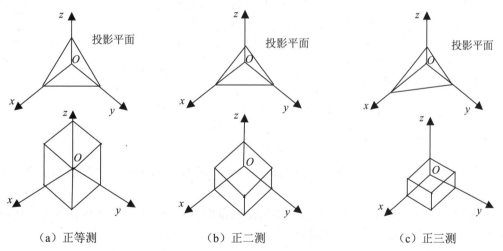

（a）正等测　　　　　　　　（b）正二测　　　　　　　　（c）正三测

图 5.24　正轴测投影面及一个立方体的正轴测投影图

为了绘制正轴测投影视图，一般先将三维实体分别绕两个坐标轴旋转一定的角度，然后向由这两个坐标轴所决定的坐标平面作正投影。因此，正轴测投影可以有 3 种方式：第一种是先将三维实体绕 x 轴和 y 轴分别旋转一定的角度，然后向 xOy 平面（H 面）作正投影；第 2 种是先将三维实体绕 x 轴和 z 轴分别旋转一定的角度，然后向 xOz 平面（V 面）

作正投影；第 3 种是先将三维实体绕 y 轴和 z 轴分别旋转一定的角度，然后向 yOz 平面（W 面）作正投影。这里以最常用的第 2 种方式为例，来研究正轴测投影的变换矩阵。

① 将三维实体绕 z 轴逆时针转 α 角。

② 将三维实体绕 x 轴顺时针转 β 角。

③ 向 xOz 平面（V 面）作正投影。

其变换矩阵为

$$T = \begin{bmatrix} 1 & 0 & 0 & 0 \\ 0 & 0 & 0 & 0 \\ 0 & 0 & 1 & 0 \\ 0 & 0 & 0 & 1 \end{bmatrix} \begin{bmatrix} 1 & 0 & 0 & 0 \\ 0 & \cos\beta & \sin\beta & 0 \\ 0 & -\sin\beta & \cos\beta & 0 \\ 0 & 0 & 0 & 1 \end{bmatrix} \begin{bmatrix} \cos\alpha & -\sin\alpha & 0 & 0 \\ \sin\alpha & \cos\alpha & 0 & 0 \\ 0 & 0 & 1 & 0 \\ 0 & 0 & 0 & 1 \end{bmatrix}$$

$$= \begin{bmatrix} \cos\alpha & -\sin\alpha & 0 & 0 \\ 0 & 0 & 0 & 0 \\ -\sin\alpha\sin\beta & -\cos\alpha\sin\beta & \cos\beta & 0 \\ 0 & 0 & 0 & 1 \end{bmatrix} \quad (5.26)$$

在轴测投影中，沿三坐标轴向直线的投影长度与实际长度之比称为轴向变形系数或轴向变化率，分别用 η_x、η_y、η_z 表示。对于正轴测投影，应使 $0<\eta_x$, η_y, $\eta_z<1$。而斜投影的轴向变形系数可小于 1、等于 1 或大于 1。如果根据轴向变形系数来分类，当 $\eta_x\neq\eta_y\neq\eta_z$ 时，得到的正轴测投影图称为正三轴测投影图，简称正三测；当任意两个轴向变形系数相等时，得到正二测；当 $\eta_x=\eta_y=\eta_z$ 时，得到正等测，或称正等轴测。

如图 5.25 所示，对于 A、B、C 点，正轴测投影后

$$A': \ T \begin{bmatrix} 1 \\ 0 \\ 0 \\ 1 \end{bmatrix} = \begin{bmatrix} \cos\alpha \\ 0 \\ -\sin\alpha\sin\beta \\ 1 \end{bmatrix}; \quad B': \ T \begin{bmatrix} 0 \\ 1 \\ 0 \\ 1 \end{bmatrix} = \begin{bmatrix} -\sin\alpha \\ 0 \\ -\cos\alpha\sin\beta \\ 1 \end{bmatrix}; \quad C': \ T \begin{bmatrix} 0 \\ 0 \\ 1 \\ 1 \end{bmatrix} = \begin{bmatrix} 0 \\ 0 \\ \cos\beta \\ 1 \end{bmatrix}$$

则轴向变形系数分别为

$$\eta_x=OA'/OA=\sqrt{\cos^2\alpha + \sin^2\alpha\sin^2\beta}$$
$$\eta_y=OB'/OB=\sqrt{\sin^2\alpha + \cos^2\alpha\sin^2\beta}$$
$$\eta_z=OC'/OC=\cos\beta$$

其中，投影后 x' 轴与原 x 轴夹角为 $\mathrm{tg}\alpha_x = \sin\alpha\sin\beta/\cos\alpha= \mathrm{tg}\alpha\sin\beta$；$y'$ 轴与原 y 轴夹角为 $\mathrm{tg}\alpha_y=\cos\alpha\sin\beta/\sin\alpha= \mathrm{ctg}\alpha\sin\beta$。

而对于正等轴测视图，具有三轴上的变形系数均相等的特点，即 $\eta_x = \eta_y = \eta_z$，所以求解得 $\alpha=45°$，$\beta=35°16'$，进一步求解得

$$\eta_x = \eta_y = \eta_z=\cos35°16'= 0.816$$
$$\mathrm{tg}\alpha_x = \mathrm{tg}45°\sin35°16'= 0.5774$$
$$\mathrm{tg}\alpha_y = \mathrm{ctg}45°\sin35°16'= 0.5774$$

可得 $\alpha_x=\alpha_y = 30°$，即在手工绘制等轴测图时，常把 3 根轴测轴画成互成 $120°$，如图 5.25 所示。

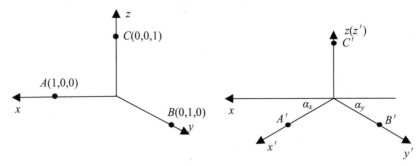

图 5.25　正轴测投影及参数

2. 斜投影

通常，场景的平行投影视图通过将对象描述沿投影线变换到观察平面来获得，投影线的方向和观察平面法向量之间的关系为任意的。当投影路径与观察平面不垂直时，该映射称为斜平行投影（Oblique Parallel Projection），简称斜投影。使用这样的投影可生成对象的前视、顶视等视图的混合视图。常用的斜投影图有斜等测（Cavalier）图和斜二测（Cabinet）图，如图 5.26 所示。

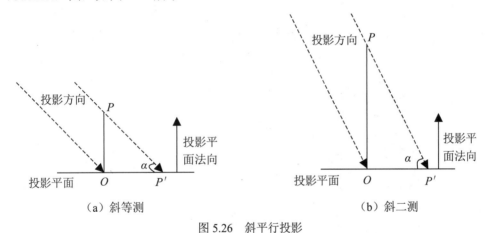

（a）斜等测　　　　　　　　　　　　　　（b）斜二测

图 5.26　斜平行投影

在工程与建筑设计应用中，斜平行投影常使用两个角度来描述，如图 5.27 所示中的 α 和 φ。其中的空间位置 (x, y, z) 投影到位于观察 z 轴 z_{vp} 处的观察平面的 (x_p, y_p, z_p)。位置 (x, y, z_{vp}) 是相应的正投影点。从 (x, y, z) 到 (x_p, y_p, z_p) 的斜平行投影线与投影平面上连接 (x_p, y_p, z_p) 和 (x, y, z_{vp}) 的线之间的夹角为 α。观察平面上这条长度为 L 的线与投影平面水平方向的夹角为 φ。角 α 可赋予 $0°$ 到 $90°$ 之间的值，而 φ 可以从 $0°$ 到 $360°$。用 x、y 和 φ 来表示投影坐标，如下所示。

$$\begin{cases} x_p = x + L\cos\varphi \\ y_p = y + L\sin\varphi \end{cases} \tag{5.27}$$

长度 L 依赖于角 α 及点 (x, y, z) 到观察平面的距离。

$$\tan \alpha = \frac{z_{vp} - z}{L} \tag{5.28}$$

因此

$$L = \frac{z_{vp} - z}{\tan \alpha} \tag{5.29}$$

$$= L_1(z_{vp} - z)$$

这里，L_1=ctgα，当 $z_{vp} - z = 1$ 时就是 L。斜平行投影方程（5.27）可写成

$$\begin{cases} x_p = x + L_1(z_{vp} - z)\cos\varphi \\ y_p = y + L_1(z_{vp} - z)\sin\varphi \end{cases} \tag{5.30}$$

在 L_1=0 时（在 α= 90° 时发生），得到正投影。

公式（5.30）表达了 z 轴的错切变换（参见 4.2.1 节）。实际上，斜平行投影的效果是常数 z 的错切平面并将它们投影到观察平面上。每个常数 z 平面上位置(x, y)按该平面到观察平面距离的比例来移动，因此该平面上的角度、距离及平行线都将精确地投影。

角度 φ 一般使用 30° 和 45°，显示对象前、侧和顶（或前、侧和底）视图的组合。α 的常用值为满足 tanα=1 和 tanα=2 的值。第一种情况，α=45°，获得的视图称为斜等测投影图。所有垂直于投影平面的线条投影后长度不变。图 5.28 给出了一个立方体两种角度的斜等测投影图的例子，立方体深度投影与宽度及高度相等。

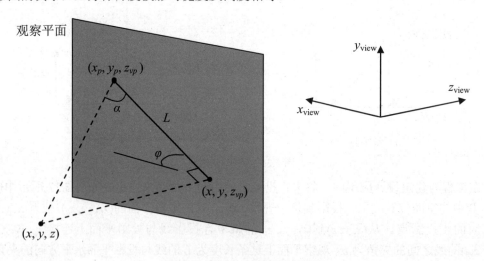

图 5.27　点(x, y, z)的斜平行投影

当投影角 α 满足 tanα=2 时，生成的视图称为斜二测投影图。对于这样的角度（大约为63.4°），垂直于观察平面的线段投影后得到一半长度。因为在垂直方向长度减半，使得斜二测投影看起来比等轴测的真实感好一些。图 5.29 给出了两种角度的斜二测立方体投影图的例子，立方体的深度投影是宽度及高度的一半。

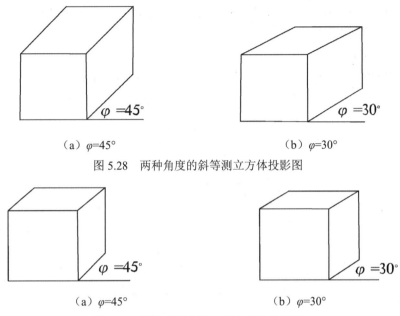

（a）φ=45° 　　　　　　　　　（b）φ=30°

图 5.28 两种角度的斜等测立方体投影图

（a）φ=45° 　　　　　　　　　（b）φ=30°

图 5.29 两种角度的斜二测立方体投影图

5.3.3 透视投影

与平行投影相比，透视投影的特点是所有的投影线都从空间一点投射，离视点近的物体投影大，离视点远的物体投影小，小到极点成为灭点。生活中，照相机拍摄的照片，画家的写生画等均是透视投影的例子。透视投影模拟了人的眼睛观察物体的过程，符合人类的视觉习惯，所以在真实感图形中得到广泛应用。

一般将投影平面放在观察者和物体之间，如图 5.30 所示。投影线与投影平面的交点就是物体上点的透视投影。观察者的眼睛位置称为视点，视点在投影平面的垂足称为视心，视点到视心的距离称为视距。在透视投影中，投影平面有时也简称为画面。

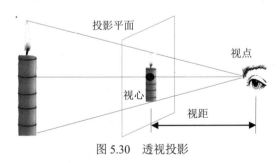

图 5.30 透视投影

1. 点的透视投影与透视变换

（1）点的透视投影及其变换矩阵

经过 5.2 节的变换，世界坐标系已经变换为观察坐标系。为了推导点的透视投影规律，首先根据问题需要在观察坐标系中建立投影坐标系。设视距为 d，为方便推导与计算，可

将观察坐标系沿 z 轴向其负方向平移距离 d，则投影面与平移后所得的 Oxy 坐标面重合，于是可将平移后的 $Oxyz$ 坐标系直接设为投影坐标系，如图 5.31 所示。其中，视点 $E(0, 0, d)$，设空间任意一点为 $P(x, y, z)$，视线 EP 和投影面的交点为 P'，称为 P 点的透视投影。下面推导计算 P' 点的透视投影坐标。

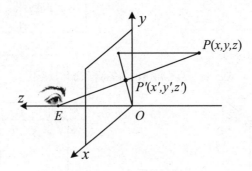

图 5.31　点 P 的透视投影

由已知，令 t 为参数，可得视线 EP 的直线参数式方程为

$$\begin{cases} X = 0 + (x-0)t \\ Y = 0 + (y-0)t \\ Z = d + (z-d)t \end{cases}$$

令 $Z=0$，则可得视线 EP 与投影面 $Z=0$ 相交时的参数 $t=d/(d-z)$，将此参数值代入上述直线方程，可得

$$\begin{cases} x' = xd/(d-z) \\ y' = yd/(d-z) \\ z' = 0 \end{cases}$$

上述结果也可通过相似三角形来推导得出。上式用齐次坐标写成矩阵形式，则有

$$\boldsymbol{P'} = \begin{bmatrix} x' \\ y' \\ z' \\ 1 \end{bmatrix} = \begin{bmatrix} \dfrac{x}{1-\frac{z}{d}} \\ \dfrac{y}{1-\frac{z}{d}} \\ 0 \\ 1 \end{bmatrix} \cong \begin{bmatrix} x \\ y \\ 0 \\ 1-\dfrac{z}{d} \end{bmatrix} = \begin{bmatrix} 1 & 0 & 0 & 0 \\ 0 & 1 & 0 & 0 \\ 0 & 0 & 0 & 0 \\ 0 & 0 & -\dfrac{1}{d} & 1 \end{bmatrix} \begin{bmatrix} x \\ y \\ z \\ 1 \end{bmatrix} = \boldsymbol{MP} \quad (5.31)$$

其中，$\cong$ 是齐次坐标转换，$\boldsymbol{M}$ 为透视投影矩阵。

（2）点的透视变换及其变换矩阵

通过点的透视投影变换公式（5.31），不难发现透视投影后 $z'=0$，导致 P 点离视点的距离（即深度）信息无法计算，这将导致后续无法进行隐藏面消除。因此，还需要保留深度信息，以用于后面的隐藏面消除。

这里，P 点的实际深度为 $\sqrt{x^2+y^2+(z-d)^2}$。为了消除隐藏面，需要对感兴趣的每一个点计算相应的深度值，而这一计算比较耗时。为了解决这一问题，在实际应用中，通常在投影后对投影点增加一个伪深度值，提供对 P 点深度的适当度量，从而实现消隐。

其实，对隐藏面消除而言，它真正需要的是一种距离视点的度量方法，使得当两个点投影到投影面时能够判别出哪一个点更靠近视点从而可见。如图 5.32 所示，同一条视线上两点 A 和 B，它们的投影点重合，到底哪一点可见呢？只要我们对每个点都能提供一个深度值的适当度量（即伪深度）即可，它能正确反映出两点相对视点的远近关系。从图中可看出，深度值与点的 z 坐标负相关，即同一视线的两点，更远的点（如 B 点）其 z 坐标更小，因此，我们可采用 $-z$ 值作为伪深度值。

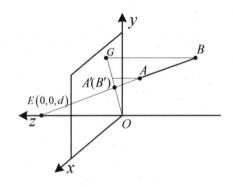

图 5.32　同一视线上的两点

考虑到伪深度值与 z 的线性关系和变换表达式的一致性，可以采用如下保留有 z 坐标的变换式。

$$\begin{cases} x' = x \Big/ \left(1 - \dfrac{z}{d}\right) \\[2mm] y' = y \Big/ \left(1 - \dfrac{z}{d}\right) \\[2mm] z' = z \Big/ \left(1 - \dfrac{z}{d}\right) \end{cases} \tag{5.32}$$

上式用齐次坐标写成矩阵形式，则有

$$\boldsymbol{P}' = \begin{bmatrix} x' \\ y' \\ z' \\ 1 \end{bmatrix} = \begin{bmatrix} \dfrac{x}{1-\dfrac{z}{d}} \\[3mm] \dfrac{y}{1-\dfrac{z}{d}} \\[3mm] \dfrac{z}{1-\dfrac{z}{d}} \\[3mm] 1 \end{bmatrix} \cong \begin{bmatrix} x \\ y \\ z \\ 1-\dfrac{z}{d} \end{bmatrix} = \begin{bmatrix} 1 & 0 & 0 & 0 \\ 0 & 1 & 0 & 0 \\ 0 & 0 & 1 & 0 \\ 0 & 0 & -\dfrac{1}{d} & 1 \end{bmatrix} \begin{bmatrix} x \\ y \\ z \\ 1 \end{bmatrix} = \boldsymbol{TP} \tag{5.33}$$

其中，≅是齐次坐标转换。上述计算过程其实也是一种变换，而且代表的是一类范围更广的变换，称为透视变换，T 即为透视变换矩阵。从式（5.32）和式（5.33）可知，透视变换把一个三维点 P 变换为另一个三维点 P'，如图 5.33 所示，即

$$透视变换：P(x,y,z) \rightarrow P'\left(\frac{x}{1-\frac{z}{d}}, \frac{y}{1-\frac{z}{d}}, \frac{z}{1-\frac{z}{d}}\right)$$

其中，将 P' 点称为 P 点的透视。变换后 P' 点坐标中前两个分量可用于计算 P 点的投影坐标，而第 3 个分量可用于深度测试和隐藏面消除。这里，可以通过正投影将第 3 个分量置为 0，来获取点的投影坐标。

$$投影：P'\left(\frac{x}{1-\frac{z}{d}}, \frac{y}{1-\frac{z}{d}}, \frac{z}{1-\frac{z}{d}}\right) \rightarrow P''\left(\frac{x}{1-\frac{z}{d}}, \frac{y}{1-\frac{z}{d}}, 0\right)$$

根据上述分析，可以总结得到

透视投影 = 透视变换 + 正投影

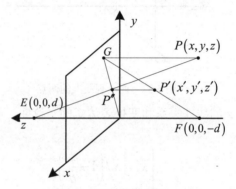

图 5.33　透视变换分析

下面讨论点的透视变换性质。根据式（5.32）和图 5.33 可得：（1）当 $z=0$ 时，点的透视与原有点重合，也即投影面上点的透视就是其自身；（2）当 $z \rightarrow -\infty$ 时，$z' \rightarrow -d$，同时有 $P(x,y,z) \rightarrow F(0,0,-d)$，即视线上无穷远处的点，其透视趋近于点 $F(0,0,-d)$。

根据式（5.32）中的 $z'=z/(1-\frac{z}{d})$ 可绘出 z' 和 z 的关系，如图 5.34 所示。从图中看出，随着 z 坐标的变小，z' 变化会越来越小，并逐渐趋近 $-d$。

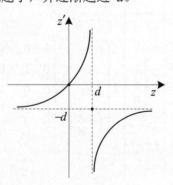

图 5.34　z' 和 z 的关系

2. 直线的透视与透视投影

下面讨论直线透视和透视投影的一些有趣性质。设三维空间中一条直线经过点 $P_0(x_0, y_0, z_0)$，直线的方向向量为 $c(c_x, c_y, c_z)$，则直线的点参式方程为 $P(t)=P_0+ct$，展开可写为

$$\begin{cases} x = x_0 + c_x t \\ y = y_0 + c_y t \\ z = z_0 + c_z t \end{cases}$$

将上式代入点的透视变换公式（5.32）中，可得该直线上点的透视满足下列表达式。

$$\begin{cases} x' = (x_0 + c_x t) / \left(1 - \dfrac{z_0 + c_z t}{d}\right) \\[2ex] y' = (y_0 + c_y t) / \left(1 - \dfrac{z_0 + c_z t}{d}\right) \\[2ex] z' = (z_0 + c_z t) / \left(1 - \dfrac{z_0 + c_z t}{d}\right) \end{cases} \tag{5.34}$$

下面根据式（5.34）来讨论不同类型直线的透视性质。

（1）投影面（画面）平行线

如图 5.35 所示，若直线 AB 平行于画面，则 $c_z=0$，将其代入式（5.34）可得

$$\begin{cases} x' = (x_0 + c_x t) / \left(1 - \dfrac{z_0}{d}\right) \\[2ex] y' = (y_0 + c_y t) / \left(1 - \dfrac{z_0}{d}\right) \\[2ex] z' = z_0 / \left(1 - \dfrac{z_0}{d}\right) \end{cases} \tag{5.35}$$

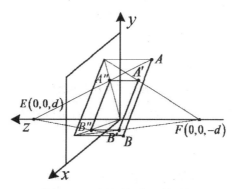

图 5.35　画面平行线及其透视

从式（5.35）可知，该直线的透视 $A'B'$ 满足直线的参数方程，仍是一条直线，且其方向向量仍为 $(c_x, c_y, 0)$，因此该直线的透视 $A'B'$ 仍平行于画面，且与原直线 AB 平行。当 $z'=0$ 时，得到直线透视 $A'B'$ 的透视投影 $A''B''$，同理可知该透视投影与原直线也保持平行。于是，关

于画面平行线的透视及透视投影，我们可以得到如下结论：

平行于画面的直线，其透视仍平行于画面，同时其透视和透视投影与原直线均相互平行；平行于画面的两条平行线，其透视和透视投影也相互平行。

（2）投影面（画面）垂直线

如图 5.36 所示，若直线 AB 垂直于画面，则由空间解析几何知识可知该直线的方向向量 $c(c_x, c_y, c_z)=(0, 0, 1)$，将其代入式（5.34）可得

$$
\begin{cases}
x' = x_0 / \left(1 - \dfrac{z_0 + t}{d}\right) \\[2mm]
y' = y_0 / \left(1 - \dfrac{z_0 + t}{d}\right) \\[2mm]
z' = (z_0 + t) / \left(1 - \dfrac{z_0 + t}{d}\right)
\end{cases}
\qquad (5.36)
$$

式（5.36）中，若令 $t=-z_0$，则有 $(x', y', z') = (x_0, y_0, 0)$，说明该直线的透视通过其在画面的垂足 G；若令 $t \to -\infty$，则有 $(x', y', z') \to (0, 0, -d)$，说明该直线上距视点无限远处点的透视趋近于一点 $F(0, 0, -d)$，该点称为该直线透视的灭点，也称消失点，它正好与视点 E 关于画面对称。同理，该直线上距视点无限远处点的透视投影则趋近于视心 $O(0, 0, 0)$。于是，关于画面垂直线的透视及透视投影，我们可以得到如下结论：

垂直于画面的所有直线，其透视汇于一点 $(0, 0, -d)$，该点正好与视点关于画面对称，其透视投影汇于视心 $(0, 0, 0)$。

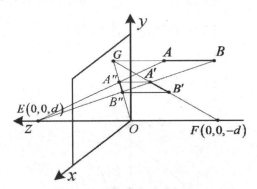

图 5.36　画面垂直线及其透视

图 5.37 所示的两幅照片也显示了这一规律，读者可以观察这两幅图中的灭点位置，同时思考视点位置。

（3）投影面（画面）相交线

画面垂直线其实是画面相交线的一种特殊情形，下面讨论更一般的画面相交线情况。当直线与画面相交时，必有 $c_z \neq 0$。不妨设 $c_z<0$，此时当 t 增大时，直线上的点距视点越来越远。当 $t \to \infty$ 时，根据直线的透视公式（5.34），则有 $(x', y', z') \to (-dc_x/c_z, -dc_y/c_z, -d)$，说明该直线上距视点无限远处点的透视趋近于一点 $(-dc_x/c_z, -dc_y/c_z, -d)$，该点即为该直线透视的灭点。

图 5.37 向远处延伸道路及其灭点

下面以一条与画面相交的水平线为例来帮助我们理解。为方便观察，这里采用俯视角度来展示，如图 5.38 所示。其中，直线 AB 是一条与画面相交的水平线，其透视 A'B' 及透视投影 A"B" 与其自身汇于它与画面的交点 C。当 AB 向右侧无限远处延伸时，为求直线 AB 上无限远处点的透视及透视投影，可以过视点作直线 EJ // AB，EJ 与 x 轴相交于 V''，即为 AB 透视投影的灭点。再作 V'V" // Oz 轴，与 Z=-d 平面相交于 V'，则 V' 即为 AB 透视的灭点。

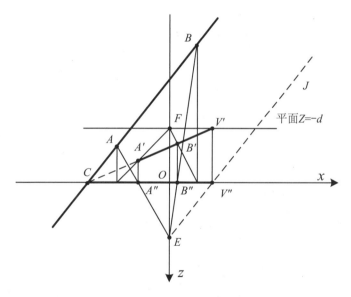

图 5.38 画面相交线及其透视

从以上分析，关于画面相交线的透视及透视投影，我们可以得到如下结论：

与画面相交的直线，其透视及透视投影必各有一个灭点，其透视灭点为 $(-dc_x/c_z, -dc_y/c_z, -d)$，透视投影灭点为 $(-dc_x/c_z, -dc_y/c_z, 0)$。

（4）过视点的直线

如图 5.39 所示，若 AB 为过视点的直线，可将视点 E(0, 0, d) 代入直线的透视公式（5.153），可得

$$\begin{cases} x' = (0 + c_x t) \Big/ \left(1 - \dfrac{d + c_z t}{d}\right) \\[2mm] y' = (0 + c_y t) \Big/ \left(1 - \dfrac{d + c_z t}{d}\right) \\[2mm] z' = (d + c_z t) \Big/ \left(1 - \dfrac{d + c_z t}{d}\right) \end{cases} \tag{5.37}$$

整理后可得

$$\begin{cases} x' = -dc_x / c_z \\ y' = -dc_y / c_z \\ z' = -d^2 / c_z t - d \end{cases}$$

从上式可看出，过视点直线 AB 的透视 $A'B'$ 为一条平行于 z 轴的直线，其透视投影汇聚为一点 $A''(B'')$。于是，关于过视点直线的透视及透视投影，我们有如下结论：

过视点的直线，其透视平行于 z 轴，透视投影汇聚于一点 $(-dc_x/c_z, -dc_y/c_z, 0)$。

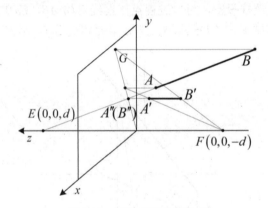

图 5.39　过视点直线的透视

从图 5.39 还可发现一个很有意思的对称性结论：

过视点 $E(0, 0, d)$ 的直线，其透视为一条平行于 z 轴的直线；而一条平行于 z 轴的直线，其透视则为一条过点 $(0, 0, -d)$ 的直线。

3.　体 的 透 视 与 透 视 投 影 分 类

在上述点和直线透视分析的基础上，下面来讨论体的透视及其透视投影，我们以立方体为例，有关结论可推广到其他立体。为讨论问题方便，这里将立方体还原到一个世界坐标系 $O_w x_w y_w z_w$ 中，立方体紧靠世界坐标系的第一象限，且一个角点与原点 O_w 重合，该角点相邻的三条边与世界坐标系的轴重合。这里，我们称世界坐标系的轴为主轴，三个平面 $x_w = 0$, $y_w = 0$, $z_w = 0$ 称为主平面。

主轴及平行于该主轴方向的平行线在屏幕上投影形成的灭点称为主灭点。因为有三条主轴，所以主灭点最多有三个。当某个主轴与画面平行时，则主轴及该方向的平行线在画面上的投影仍保持平行，不形成灭点。透视投影中主灭点数目由与画面相交的主轴数量来决定，并据此将透视投影分为一点、两点和三点透视，如图 5.40 所示。

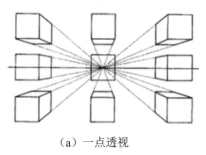 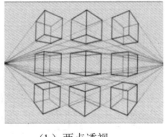 

（a）一点透视 （b）两点透视 （c）三点透视

图 5.40 三类透视图

（1）一点透视：世界坐标系某一主轴垂直于画面

如图 5.41 所示，当世界坐标系某一主轴 y_w 垂直于画面时，另两条主轴必然与画面平行。因此，与画面垂直的主轴 y_w 在画面会产生一个灭点，另两条与画面平行的主轴，其透视投影仍与原主轴保持平行，不会产生灭点。由于立方体的三组边分别与三条主轴平行，据此可知，立方体的透视投影也只会有一个灭点，且灭点为视心，与立体的位置无关。这种情形称为一点透视，也称平行透视。图 5.40（a）所示即为不同位置下立方体的一点透视图。

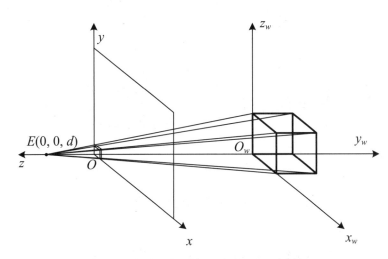

图 5.41 一条主轴垂直于画面形成一点透视

（2）两点透视：世界坐标系某一主轴平行于画面，另两条主轴与画面相交

如图 5.42 所示，当世界坐标系某一主轴平行于画面，另两条主轴与画面相交时，与画面相交的两条主轴会在画面各产生一个主灭点，而另一条与画面平行的主轴，其透视投影仍与原主轴保持平行，不会产生灭点，最终透视投影上有两个主灭点，称为两点透视，也称成角透视。图 5.40（b）所示即为不同位置下立方体的两点透视图。

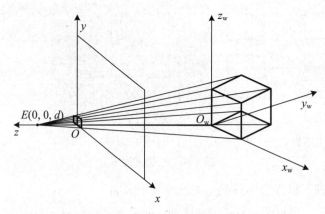

图 5.42 两条主轴与画面相交形成两点透视

（3）三点透视：世界坐标系三条主轴均与画面相交

如图 5.43 所示，当世界坐标系三条主轴均与画面相交时，这三条主轴在画面均会产生一个主灭点，最终透视投影上有三个主灭点，称为三点透视，也称斜透视。图 5.40（c）所示即为一个立方体的三点透视图。

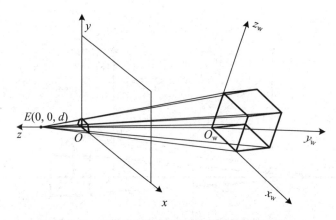

图 5.43 三条主轴均与画面相交形成三点透视

5.4 OpenGL 三维观察

本节先介绍有关观察体及规范化的知识，之后结合前面变换知识推导 OpenGL 透视投影矩阵，最后介绍几个 OpenGL 相关观察函数。

5.4.1 观察体及其规范化

模拟照相机时，镜头的类型是确定有多少场景变换到胶片上的一个因素。广角镜头可以摄入比一般镜头更多的场景。对于计算机图形应用而言，使用观察体来实现这一目标。

1. 正投影下的观察体及规范化

正投影下的观察体主要使用矩形的裁剪窗口来实现三维裁剪。裁剪窗口的边指定了要显示的场景部分的 x 和 y 范围限制。该限制形成了称为正投影观察体（Orthogonal-projection View Volume）的裁剪区域的上、下和两侧。由于投影线与观察平面垂直，因此这 4 个边界是和观察平面垂直的平面，此外可以通过选择平行于观察平面的一个或两个边界平面来为正交观察体的 z_{view} 方向限定边界。这两个平面称为近-远裁剪平面（Near-far Clipping Plane），或前-后裁剪平面（Front-back Clipping Plane）。指定近和远平面，就有了一个有限的正交观察体，它是一个和观察平面一起定位的矩形平行管道（Rectangular Parallelepiped），如图 5.44 所示。我们观察到的场景是在该观察体中的对象，在观察体外的场景部分均被裁掉。

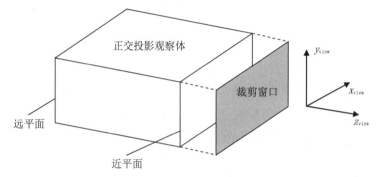

图 5.44　观察平面在近平面之"前"的有限正投影观察体

为了保证在不同输出设备有统一的观察体输出形式，一般需要对观察体进行规范化变换处理，有些图形软件包使用单位立方体作为规范化观察体，其 x、y 和 z 坐标规范成 0～1。另外的规范化变换方法使用坐标范围为 -1～1 的对称立方体。由于屏幕坐标经常指定为左手系（如图 5.45 所示），因此规范化观察体也常指定为左手坐标系统。

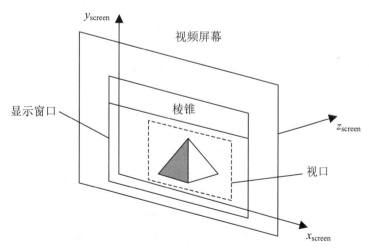

图 5.45　左手坐标系统

为了推导规范化变换矩阵，这里采用对称立方体作为正投影下的规范化观察体，近和远平面的 z 坐标分别用 z_{near} 和 z_{far} 来表示。正投影下的规范化变换如图 5.46 所示，位置 $(x_{min}, y_{min}, z_{near})$ 映射到规范化位置 $(-1, -1, -1)$，而位置 $(x_{max}, y_{max}, z_{far})$ 映射到 $(1, 1, 1)$。

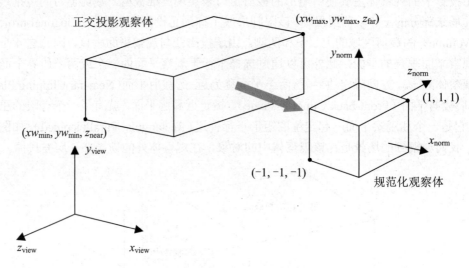

图 5.46　正投影下的规范化变换

把矩形平行管道观察体变换到规范化立方体与把二维裁剪窗口转换到规范化对称正方形的工作类似。正投影观察体中的 x 和 y 位置的规范化变换由前面章节规范化矩阵给出。另外，我们要用相同的计算将从 z_{near} 到 z_{far} 的 z 坐标变换成-1～1。因此，正投影观察体的规范化变换是

$$
M_{ortho,norm} = \begin{bmatrix} \dfrac{2}{xw_{max}-xw_{min}} & 0 & 0 & -\dfrac{xw_{max}+xw_{min}}{xw_{max}-xw_{min}} \\ 0 & \dfrac{2}{yw_{max}-yw_{min}} & 0 & -\dfrac{yw_{max}+yw_{min}}{yw_{max}-yw_{min}} \\ 0 & 0 & \dfrac{-2}{z_{near}-z_{far}} & \dfrac{z_{near}+z_{far}}{z_{near}-z_{far}} \\ 0 & 0 & 0 & 1 \end{bmatrix} \quad (5.38)
$$

该矩阵从左边和组合观察变换 RT 相乘，得到完整的从世界坐标系到规范化正投影坐标系的变换。

2. 斜投影下的观察体及规范化

斜平行投影的观察体用正投影中相同的过程来设定。使用坐标位置 (xw_{min}, yw_{min}) 和 (xw_{max}, yw_{max}) 作为裁剪矩形的左下角和右上角来选择观察平面上的裁剪窗口。观察体的顶、底和两侧由投影方向和裁剪窗口的边来定义。另外，通过添加一个近平面和一个远平面来限制观察体的范围，如图 5.47 所示。有限的斜平行投影观察体是一个斜平行管道。

对于一般的斜平行投影，变换矩阵表达 z 轴的错切变换。所有在斜观察体中的坐标位置按其与观察点的距离成比例地错切，其效果是将斜观察体错切成如图 5.48 所示的矩形的

平行管道。这样，观察体中的位置被斜平行投影变换错切到正投影坐标，即观察体中的对象（如中间的方块）映射到正投影坐标系。

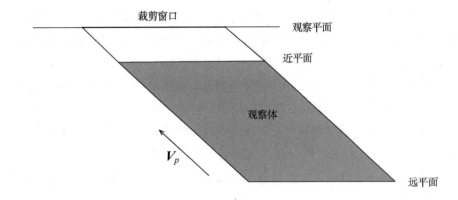

图 5.47　向量 V_p 方向的斜平行投影的有限观察体的顶视图

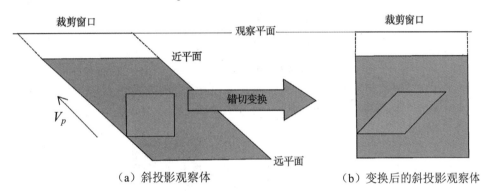

（a）斜投影观察体　　　　　　　　（b）变换后的斜投影观察体

图 5.48　斜平行投影变换的顶视图

　　由于斜平行投影方程将对象描述转变为正投影坐标位置，因此可以在该变换之后使用规范化过程，其变换过程同前，所以斜投影观察体的规范化变换为

$$M_{\text{oblique,norm}} = M_{\text{ortho,norm}}\, M_{\text{oblique}} \qquad (5.39)$$

其中

$$M_{\text{oblique}} = \begin{bmatrix} 1 & 0 & -\dfrac{V_{px}}{V_{pz}} & z_{vp}\dfrac{V_{px}}{V_{pz}} \\ 0 & 1 & -\dfrac{V_{py}}{V_{pz}} & z_{vp}\dfrac{V_{py}}{V_{pz}} \\ 0 & 0 & 1 & 0 \\ 0 & 0 & 0 & 1 \end{bmatrix} \qquad (5.40)$$

　　变换 M_{oblique} 将场景描述转换为正投影坐标，其中投影向量为 $V_p=(V_{px},\ V_{py},\ V_{pz})$，$z_{vp}$ 为观察平面的 z 值。而变换 $M_{\text{ortho,norm}}$ 是矩阵（5.38），它将正投影观察体的内容转换到对称的规范化立方体中。

3. 透视投影下的观察体及规范化

通过在观察平面上指定一个矩形裁剪窗口可得到一个观察体，但现在的观察体边界面不再平行，因为投影线不是平行的。观察体的底面、顶面和侧面通过窗口边线相交于投影参考点的平面，这形成一个顶点在投影中心的无限矩形棱锥。在该棱锥体之外的所有对象都被裁剪子程序消除。透视投影观察体常称为视觉棱锥体（Pyramid of Vision），因为它与眼睛或照相机的视觉圆锥体（Cone of Vision）相近。显示的场景视图仅仅包括位于棱锥体之内的对象，就像我们不能看到视觉圆锥体外围的对象一样。

添加垂直于 z_{view} 轴（且和观察平面平行）的近、远平面后，切掉了无限、透视投影观察体的一部分，形成一个棱台（Frustum）观察体。如图 5.49 中一个有限的、透视投影观察体形状，其观察平面位于近平面和投影参考点之间。在有些图形系统中，近和远平面要求给定，有的则任选。

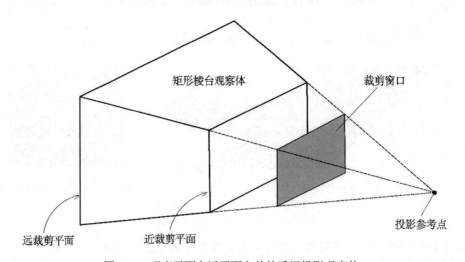

图 5.49 观察平面在近平面之前的透视投影观察体

通常，近和远平面位于投影参考点的同侧，远平面比近平面沿观察方向离投影点更远。在平行投影中，我们可以简单地使用近和远平面以包括观察的场景。但在透视投影中，近裁剪平面可用来除去裁剪窗口内的接近观察平面，且投影形状可能无法辨认的大对象。同样，远裁剪平面可用来切掉远离投影参考点，可能投影成观察平面上小点的对象。有些系统相对于近和远平面来限制观察平面的定位，而其他的系统则允许被定位于除投影参考点以外的任何位置。如果观察平面在投影参考点之后，对象被颠倒。

棱台观察体可以是任意的方向，这时棱台观察体是不对称的，可以通过错切变换将其变为对称形状。下面就分别从对称性角度来考虑这两种情形下的观察体。

（1）对称棱台观察体

从视点到裁剪窗口中心并穿过观察体的线条是透视投影棱台的中心线。如果该中心线与投影平面垂直，则有一个对称棱台（相对于该中心线），如图 5.50 所示，其观察平面位于投影参考点与近裁剪平面之间,从上面、下面或两侧看时,该棱台相对于其中心线对称。

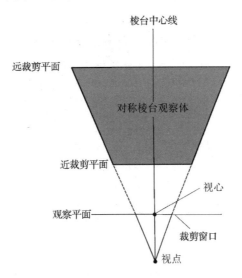

图 5.50 对称的透视投影棱台观察体

当透视投影观察体是一个对称棱台时,根据透视变换知识可知,透视变换将棱台观察体映射为一个长方体观察体,如图 5.51 所示。之后,再进入下一步的规范化变换。

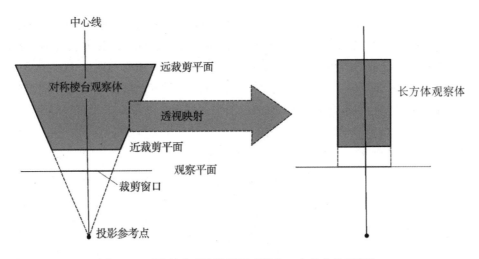

图 5.51 对称棱台观察体透视变换为一个长方体观察体

(2)非对称棱台观察体

如果透视投影观察体的中心线并不垂直于观察平面,则得到一个不对称的斜棱台,即非对称棱台观察体(Oblique Frustum)。图 5.52 给出了一个一般形状非对称棱台观察体的顶视图或侧视图。在这种情况下,先将非对称棱台观察体通过错切变换转变为对称棱台观察体,然后再变换成规范化观察体。

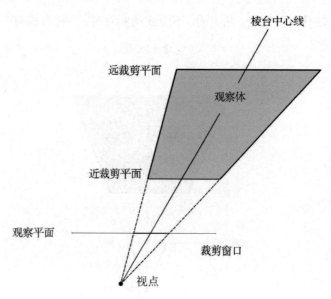

图 5.52　非对称棱台观察体的顶视图或侧视图

5.4.2　OpenGL 透视投影变换

　　下面结合前面所述变换知识对 OpenGL 透视投影函数 glFrustum()对应的变换矩阵进行推导。该函数的原型为 glFrustum(left, right, bottom, top, near, far)，其中 near>0，far>0，它们分别代表视点到近裁剪面和远裁剪面的距离，且 near<far，left、right、bottom 和 top 这 4 个参数是裁剪窗口在近裁剪面上的位置，即裁剪窗口的左右上下 4 条边界，视点在原点，投影面在近裁剪面上，如图 5.53（a）所示，图中上述 6 个参数均采用首字母来表示。

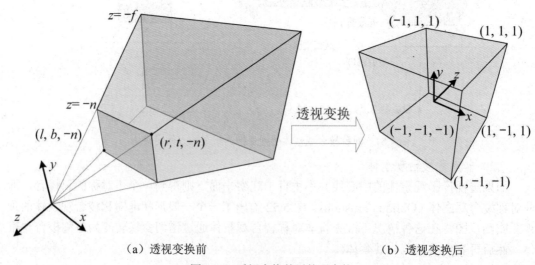

（a）透视变换前　　　　　　　　　　　　　（b）透视变换后

图 5.53　透视变换前后的观察体

根据前述透视变换知识可知，图 5.53（a）所示的观察体经透视变换后变为一个长方体。

为了使变换后的长方体尺寸更为标准和统一，OpenGL 在这个变换中又增加了平移和缩放变换，使这个长方体变为一个立方体，每一维的坐标都从-1 到 1，如图 5.53（b）所示。由于在 x 和 y 两个方向上缩放系数不同，因此可能会导致形状产生失真，不过这种失真可以在后续的视口变换中进行矫正消除。下面结合前述的透视变换知识对上述变换矩阵进行推导。

首先，为了利用前述透视变换已有结论，我们可将图中的投影坐标系沿 z 轴平移 n，得到与 5.3.3 节透视投影内容相同的投影坐标系情形，此时 $z=-n$ 变为 $z'=0$，$z=-f$ 变为 $z'=-f+n$，相应的平移变换为

$$\boldsymbol{P}' = \begin{bmatrix} x' \\ y' \\ z' \\ 1 \end{bmatrix} = \begin{bmatrix} 1 & 0 & 0 & 0 \\ 0 & 1 & 0 & 0 \\ 0 & 0 & 1 & n \\ 0 & 0 & 0 & 1 \end{bmatrix} \begin{bmatrix} x \\ y \\ z \\ 1 \end{bmatrix} = \boldsymbol{T}_1 \boldsymbol{P} \tag{5.41}$$

接着对平移后的观察体进行透视变换，视点位置为 $(0, 0, n)$，相应的透视变换为

$$\boldsymbol{P}' = \begin{bmatrix} x' \\ y' \\ z' \\ 1 \end{bmatrix} = \begin{bmatrix} \dfrac{x}{1-\dfrac{z}{n}} \\[3mm] \dfrac{y}{1-\dfrac{z}{n}} \\[3mm] \dfrac{z}{1-\dfrac{z}{n}} \\[3mm] 1 \end{bmatrix} \cong \begin{bmatrix} x \\ y \\ z \\ 1-\dfrac{z}{n} \end{bmatrix} = \begin{bmatrix} 1 & 0 & 0 & 0 \\ 0 & 1 & 0 & 0 \\ 0 & 0 & 1 & 0 \\ 0 & 0 & -\dfrac{1}{n} & 1 \end{bmatrix} \begin{bmatrix} x \\ y \\ z \\ 1 \end{bmatrix} = \boldsymbol{T}_2 \boldsymbol{P} \tag{5.42}$$

根据前述透视投影知识可知，透视变换后的观察体变为一个长方体，且裁剪窗口为长方体一个端面，近裁剪面 $z=0$ 在透视变换前后不变，远裁剪面 $z=n-f$ 变换为 $z'=n(n-f)/f$。

接下来考虑将长方体变换为一个立方体，每一维坐标都为-1~1，具体过程如下。

（1）首先考虑将长方体的 z 坐标范围变为-1~1，同时 x，y 坐标不变，可以考虑由一个线性变换 $z'=az+b$ 来实现。由已知可得，近裁剪面 $z=0$ 被映射为平面 $z'=-1$，远裁剪面 $n(n-f)/f$ 被映射为 $z'=1$，因此可得方程

$$\begin{cases} a \cdot 0 + b = -1 \\ a \cdot \dfrac{n(n-f)}{f} + b = 1 \end{cases}$$

由上式可得：$a=\dfrac{2f}{n(n-f)}$，$b=-1$。相应的坐标变换为

$$\boldsymbol{P}' = \begin{bmatrix} x' \\ y' \\ z' \\ 1 \end{bmatrix} = \begin{bmatrix} 1 & 0 & 0 & 0 \\ 0 & 1 & 0 & 0 \\ 0 & 0 & \dfrac{2f}{n(n-f)} & -1 \\ 0 & 0 & 0 & 1 \end{bmatrix} \begin{bmatrix} x \\ y \\ z \\ 1 \end{bmatrix} = \boldsymbol{T}_3 \boldsymbol{P} \tag{5.43}$$

上述变换也可以通过一个 z 方向的缩放变换与平移变换的组合来实现。

（2）将长方体在 x 方向上平移 $-(l+r)/2$，在 y 方向上平移 $-(b+t)/2$，使其裁剪窗口端面中心与原点重合，相应的平移变换为

$$P' = \begin{bmatrix} x' \\ y' \\ z' \\ 1 \end{bmatrix} = \begin{bmatrix} 1 & 0 & 0 & -(l+r)/2 \\ 0 & 1 & 0 & -(b+t)/2 \\ 0 & 0 & 1 & 0 \\ 0 & 0 & 0 & 1 \end{bmatrix}\begin{bmatrix} x \\ y \\ z \\ 1 \end{bmatrix} = T_4 P \tag{5.44}$$

（3）将长方体在 x 方向上缩放 $2/(r-l)$，在 y 方向上缩放 $2/(t-b)$，从而使长方体在 x,y 方向的坐标变为 $(-1, 1)$，相应的缩放变换为

$$P' = \begin{bmatrix} x' \\ y' \\ z' \\ 1 \end{bmatrix} = \begin{bmatrix} 2/(r-l) & 0 & 0 & 0 \\ 0 & 2/(t-b) & 0 & 0 \\ 0 & 0 & 1 & 0 \\ 0 & 0 & 0 & 1 \end{bmatrix}\begin{bmatrix} x \\ y \\ z \\ 1 \end{bmatrix} = T_5 P \tag{5.45}$$

经过上述所有变换即可得到最终的透视投影变换，即

$$P' = \begin{bmatrix} x' \\ y' \\ z' \\ 1 \end{bmatrix} = T_5 T_4 T_3 T_2 T_1 P = TP = \begin{bmatrix} \dfrac{2}{(r-l)} & 0 & \dfrac{r+l}{n(r-l)} & 0 \\ 0 & \dfrac{2}{(t-b)} & \dfrac{t+b}{n(t-b)} & 0 \\ 0 & 0 & \dfrac{n+f}{n(n-f)} & \dfrac{2f}{n-f} \\ 0 & 0 & -\dfrac{1}{n} & 0 \end{bmatrix}\begin{bmatrix} x \\ y \\ z \\ 1 \end{bmatrix} \tag{5.46}$$

由于式（5.46）采用了齐次坐标，因此为了与 OpenGL 透视投影矩阵保持一致，可将上述变换矩阵乘以 n 而不改变最终结果，也即

$$T = \begin{bmatrix} \dfrac{2n}{(r-l)} & 0 & \dfrac{r+l}{r-l} & 0 \\ 0 & \dfrac{2n}{(t-b)} & \dfrac{t+b}{t-b} & 0 \\ 0 & 0 & \dfrac{n+f}{n-f} & \dfrac{2fn}{n-f} \\ 0 & 0 & -1 & 0 \end{bmatrix}$$

OpenGL 还有另外一个透视投影函数 gluPerspective(fovy, aspect, near, far)，由于它的参数更加直观，因此也很常用。它和 glFrustum() 函数其实使用的是同一个变换矩阵，只是将前者的参数进行转换代入后者，即

top = near*tan(fovy/2 *π/180), bottom = -top

right = top * aspect, left = -right

5.4.3　OpenGL 其他观察函数

OpenGL 中通常都要指定视点变换、模型变换、投影变换这几种变换的矩阵，OpenGL 中的矩阵可分为 3 类：模型视图矩阵、投影变换矩阵和纹理映射矩阵。通过函数 void glMatrixMode(GLenum mode)来设定当前矩阵操作这三类矩阵所对应类型的矩阵堆栈，参数 mode 取值可以为 GL_MODELVIEW，GL_PROJECTION 和 GL_TEXTURE，分别对应于上述模型视图、投影变换和纹理映射 3 类矩阵。

一旦所有必要的变换矩阵被指定，场景中物体的每一个顶点都要按照被指定的变换矩阵序列逐一进行变换。一般说来，每个顶点先要经过视点变换和模型变换。然后进行指定的投影，如果它位于观察体外，则被裁剪掉。最后，余下的已经变换过的顶点 x、y、z 坐标值都用比例因子 w 相除，即 x/w、y/w、z/w，再映射到视口区域内，最终显示在屏幕上。

1.　OpenGL 投影模式函数

在选择 OpenGL 裁剪窗口和视口之前，必须建立合适的模式以便构建从世界坐标系到屏幕坐标系变换的矩阵。在 OpenGL 中，不能建立独立的二维观察坐标系，必须将裁剪窗口的参数作为投影变换的一部分来设置。因此，必须先选择投影模式，可以使用在几何变换中设定建模观察模式的函数来设置。

```
glMatrixMode(GL_PROJECTION);
```

这个函数指明将投影矩阵作为当前矩阵，这样就会改变观察状态与参数。如果想要恢复到改变前的观察状态，则可以通过下列函数实现初始化。

```
glLoadIdentity();
```

它保证在每次进入投影模式时矩阵重新设定为单位矩阵，因此新的观察状态与参数不会与前面的观察状态混在一起。

2.　GLU 裁剪窗口函数

定义一个二维裁剪窗口可以使用下列 OpenGL 实用库函数。

```
void gluOrtho2D(GLdouble left,GLdouble right,GLdouble bottom,GLdouble top);
```

gluOrtho2D 是一个特殊的正交投影函数，主要用于二维图像到二维屏幕上的投影。它的 near 和 far 默认值分别为-1.0 和 1.0，所有二维物体的 Z 坐标都为 0.0。因此它的裁剪面是一个左下角点为(left, bottom)、右上角点为(right, top)的矩形。它设定视口变换的变换矩阵有关参数，将裁剪窗口中的对象映射到规范化坐标系。裁剪窗口之外的对象将不在最终的显示结果中出现。

对于三维场景来说，这意味着将对象沿垂直于二维 xy 显示平面的平行线投影。但是在二维投影中，对象是在二维 xy 平面上定义的。因此，正交投影对二维场景来说，除了将对象位置转换到规范化坐标系之外没有其他作用。但是，由于二维场景要交给完整的三维

OpenGL 观察流水线处理，因此必须指定正交投影。实际上，我们也可以使用 gluOrtho2D()
函数的三维 OpenGL 核心库版本，如下所示。

```
void glOrtho(GLdouble left,GLdouble right,GLdouble bottom,GLdouble top,
GLdouble near,GLdouble far);
```

具体请参考有关资料。

3. OpenGL 视区函数

视区函数的任务是将经过几何变换、投影变换和裁剪变换后的物体显示于屏幕窗口内
指定的视区内，OpenGL 中的视区函数如下。

```
glViewport(GLint x,GLint y,GLsizei width, GLsizei height);
```

这个函数定义屏幕上的一个视区，其中(GLint x, GLint y)用于指定视区左下角点的坐标，
与显示窗口的左下角对应。参数 width 和 height 分别是视口的宽度和高度。默认时，参数
值为(0, 0, winWidth, winHeight)，指的是屏幕窗口的实际尺寸大小。所有值都是以像素为单
位，全为整型数。

☼ **注意**：在实际应用中，视区的长宽比率总是等于裁剪窗口的长宽比率。如果两个比率不
相等，那么投影后的图像显示于视区内时会发生变形。因此，在调用这个函数时，
最好实时检测窗口尺寸，及时修正视区的大小，保证视区内的图像能随窗口的变
化而变化，且不变形。

OpenGL 可以为各种应用建立多个视区。获取当前活动视区参数的查询函数如下。

```
glGetIntegerv(GL_VIEWPORT, vpArray);
```

这里的 vpArray 是一个单下标、四元素的矩阵。这一函数将当前视区的参数按 v_xMin，
v_yMin，v_Width，v_Height 的顺序返回给 vpArray。例如，在交互式应用中，可以使用该
函数获得光标所在视区的参数。

5.5 编 程 实 例

5.5.1 二维实例——红蓝三角形

下面实例演示了一个简单显示两个三角形的程序。程序中定义了两个视口，分别显示
两个不同颜色的三角形，其中一个视区定义在显示窗口的左半区，显示蓝色三角形；另一
个视区定义在右半区，显示红色三角形。同时，在显示红色三角形时加了一个旋转变换，
如图 5.54 所示。

具体程序如下。

```c
#include <GL/glut.h>
typedef GLfloat point2d[2];                           //点数据类型

void triangle( point2d a, point2d b, point2d c) //显示三角形
{
    glBegin(GL_TRIANGLES);
    glVertex2fv (a) ;
    glVertex2fv (b) ;
    glVertex2fv (c) ;
    glEnd();
}
void display(void)
{
    point2d v[3] = {{-1.0, -0.58}, {1.0, -0.58}, {0.0, 1.15}};
    glClear(GL_COLOR_BUFFER_BIT);
    glColor3f(0.0,0.0,1.0);
    glLoadIdentity();
    glViewport(0, 0, 300, 400);
        triangle(v[0], v[1], v[2]);
    glColor3f(1.0,0.0,0.0);
    glViewport(300, 0, 300, 400);
    glRotatef(90.0, 0.0, 0.0, 1.0);
        triangle(v[0], v[1], v[2]);
    glFlush();
}


void init()
{
    glMatrixMode(GL_PROJECTION);
    gluOrtho2D(-2.0, 2.0, -2.0, 2.0);
    glMatrixMode(GL_MODELVIEW);
    glClearColor(1.0, 1.0, 1.0,1.0);
}


void main(int argc, char **argv)
{
    glutInit(&argc, argv);
    glutInitDisplayMode(GLUT_SINGLE|GLUT_RGB);
    glutInitWindowSize(600, 400);
    glutCreateWindow("Triangle");
```

```
    glutDisplayFunc(display);
    init();


    glutMainLoop();
}
```

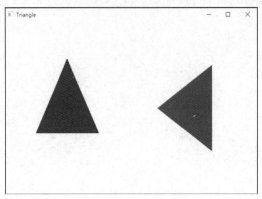

图 5.54　显示结果

　　思考：根据原代码中所给三角形顶点坐标，该三角形应为一个正三角形，为何显示时不是正三角形呢？同时，旋转后的三角形也发生了变形，请分析原因，并给出修改建议。

✿ **提示**：请从 glViewport()函数入手。

5.5.2　三维实例——立方体透视投影

　　下列程序显示了图 5.55 给出的单位立方体的透视投影视图。该立方体绘制在 *xyz* 立体空间中定义（借助 OpenGL 实用函数库 GLUT 实现），在观察坐标系设置上，原点选定为(0.0, 0.0, 5.0)，选择立方体的中心为注视点，向上向量为 *y* 轴，为了获得较好的显示效果，对立方体进行了缩放和旋转等几何变换。投影变换时，使用 glFrustum()函数得到一个透视视图。最后经过视口变换在屏幕上绘出。读者在调试程序时可以修改相关参数，观察不同效果。

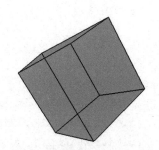

图 5.55　单位立方体的透视投影效果

　　具体程序如下。

```
#include <GL/glut.h>

GLint winWidth = 600, winHeight = 600;  //设置初始化窗口大小

/* 观察坐标系参数设置*/
GLfloat x0 = 0.0, y0= 0.0, z0 =5.0;      //设置观察坐标系原点
```

```
GLfloat xref = 0.0, yref =0.0, zref = 0.0;   //设置观察坐标系参考点（视点）
GLfloat Vx = 0.0, Vy = 1.0, Vz = 0.0;        //设置观察坐标系向上向量（y轴）

/*观察体参数设置 */
GLfloat xwMin = -1.0, ywMin = -1.0, xwMax = 1.0, ywMax = 1.0;
                                             //设置裁剪窗口坐标范围
GLfloat dnear = 1.5, dfar = 20.0;            //设置远、近裁剪面深度范围

void init (void)
{
  glClearColor(1.0,1.0,1.0,0.0);

  /*①观察变换*/
  gluLookAt (x0, y0, z0, xref, yref, zref, Vx, Vy, Vz);   //指定三维观察参数

  /*模型变换*/
  glMatrixMode (GL_MODELVIEW);
  glScalef (2.0, 2.0, 2.0);                  //比例缩放变换
  glRotatef(45.0, 0.0, 1.0, 1.0);            //旋转变换

  /*②投影变换*/
  glMatrixMode (GL_PROJECTION);
  glLoadIdentity ();

//透视投影，设置透视观察体
  glFrustum (xwMin, xwMax, ywMin, ywMax, dnear, dfar);
}
void display (void)
{
  glClear (GL_COLOR_BUFFER_BIT);

  glColor3f (0.0, 1.0, 0.0);                 //设置前景色为绿色
  glutSolidCube (1.0);                       //绘制单位立方体实体
  glColor3f (0.0, 0.0, 0.0);                 //设置前景色为黑色
  glLineWidth (2.0);                         //设置线宽
  glutWireCube (1.0);                        //绘制单位立方体线框

  glFlush ();
}

void reshape (GLint newWidth, GLint newHeight)
{
```

```
/*③视口变换 */
glViewport (0, 0, newWidth, newHeight);    //定义视口大小

winWidth = newWidth;
winHeight = newHeight;
}
void main (int argc, char** argv)
{
glutInit (&argc, argv);
glutInitDisplayMode (GLUT_SINGLE | GLUT_RGB);
glutInitWindowPosition (100, 100);
glutInitWindowSize (winWidth, winHeight);
glutCreateWindow ("单位立方体的透视投影");

init ();
glutDisplayFunc (display);
glutReshapeFunc (reshape);
glutMainLoop ();
}
```

习 题 5

1. 试写出正轴测投影变换矩阵，并推导出正等测图的条件。

2. 三维观察为何需要许多坐标系？如果只用一个坐标系，可以完成三维观察吗？坐标系的作用是什么？

3. 试编写实现输出一个单位立方体的正平行投影、斜平行投影和透视投影图的程序。

4. 试利用 OpenGL 函数库编写实现一个简单场景（如有两个简单几何体）的模型变换、视点变换、投影变换和视口变换的应用程序。

第 6 章　三　维　造　型

计算机图形学的许多应用涉及三维几何信息在计算机内的表示，如游戏和电影中的各种人物角色、计算机辅助设计中的建筑模型或机械零部件等。这类问题统称为三维几何造型，其核心内容是三维物体的数学模型和计算机表示方法，以及相应的生成方法。本章将在 6.1 节概要介绍三维造型，在 6.2 节简单介绍三维物体计算机表示的常见方法，之后分别在 6.3 节和 6.4 节详细介绍其中最重要的两种表示方法：多边形网格表示和曲线/曲面表示方法，并给出相应的编程实例，以帮助读者加深认识和理解。

6.1　三维造型概述

随着计算机图形学技术的不断进步，计算机辅助设计和计算机仿真技术已经渗透到工业设计的各个方面，如在设计实践中，可以先在计算机中设计出各种机械零件的模型，然后进行仿真模拟实验，这大大节省了设计成本和设计时间，保证了零件的可用性。不仅如此，3D 打印技术也日趋成熟，它必将改变未来机械零件、民用设备的生产方式。这些技术最终都依赖于三维物体的建模技术。

另一方面，虚拟战场、虚拟自然环境、虚拟城市等基于物理、社会、自然的环境现象模拟的应用不断发展，被广泛应用于游戏娱乐、电影制作、飞行训练、技能培训和科学研究领域。以上技术的核心是对三维物体或现象的建模与表达，其目的不仅仅是为了用于三维图形显示，更重要的是在三维模型基础上再现真实物体和现象的物理表现和自然状况，例如虚拟战场，除了要体现真实感的场景外，还要体现环境中存在的水体、植被、大气现象等物理要素，而在很多虚拟应用中，还要体现重力及各种力学的真实存在。计算流体力学同样也是利用三维对象模型来实现流体现象的模拟。

各种三维物体模型或虚拟环境的设计都是基于实体和曲线/曲面等造型技术。单从计算机图形显示技术的角度来看，首先要按照物体的几何数据或现象的数学函数来构造出造型模型的数据结构，然后将造型模型中的参数通过投影变换、裁剪、消隐、光照等过程显示出来。

在计算机图形学和 CAD/CAM 领域，物体的几何造型经历了线框模型、表面模型和实体模型 3 个阶段。

线框模型是在计算机图形学和 CAD/CAM 领域中最早用来表示物体的模型，是表面模型和实体模型的基础。线框模型只用顶点和棱边表示物体，它没有面的信息，不能描述内部和外部，拓扑关系不明，也无法进行剖切、消隐、光照，更不能用于数控加工，同一数据结构可能对应多个顶点和棱边相同但表面不同的物体。

表面模型包括两种，一种是自由曲线/曲面造型，是由模拟物体或现象形状的数学模型插值生成的模型，主要用于表现飞机、导弹和轮船的外壳等；另一种是多边形网格模型（也称多边形网格表示），由物体表面的采样点连接成多边形面片模型，通常用于表达地形表面（见图 6.1）、各种复杂的场景对象表面。

其中，多边形网格模型就是在线框模型的基础上增加了面的信息和一些指针，有序地连接棱边，形成棱边之间包围的面，面的集合表示物体。多边形网格模型增加了应用范围，能满足面面求交、线面消隐、光照明暗图及数控加工的需要，但多边形网格模型仍不够严密，如其中的面有二义性，无法分清面的正反以及实体的内部和外部；表面模型的所有面可能并不封闭，不能构成一个有效的独立物体。

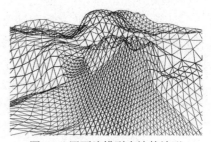

图 6.1　用面片模型表达的地形

在 20 世纪 70 年代及更早的一段时期，没有关于三维物体表示和构造的严密理论。当时只能依靠人工来检查物体模型的有效性。当模型的复杂程度提高或实体模型经过了其他运算和处理后，人工检查模型的有效性就变得很困难。

实体模型是最完善的模型定义，它能够表达全部的形状信息，如物体位置、面积、长度、体积、拓扑关联等，同时也定义了物体的并、交、差集合运算和欧拉运算等。要在计算机中构造一个物体，就要使这个物体不具有任何二义性，因此，首先要对实体的有效性做一个明确的定义，据此来判断所构造的物体是否为有效的实体。

一个有效的实体应具有如下性质。

（1）刚性。一个实体必须有不变的形状。

（2）具有封闭的边界。根据其边界可将空间分为内部和外部两部分。

（3）内部连通。

（4）占据有限的空间。

（5）经过集合运算后，仍然是有效的实体。

在实际应用中，可以将各类造型方法相结合来生成复杂的三维场景表达。

6.2　三维造型方法

如前所述，三维几何造型的核心内容是三维物体的数学模型和计算机表示方法，以及相应的生成方法，因此，本节将介绍三维物体常见的 3 种计算机表示方法和两种构造方法。这里计算机表示方法和构造方法主要是根据计算机和人所需要的表示来区分，如用一些小的多边形来表示物体（即多边形网格表示）是最流行的计算机表示方法，但对于人或三维模型的创建者来说，它却是一个不太方便和友好的表示方法，而构造实体几何法的三维模型表示则对人比较友好，因此本节将两者区分开来进行介绍。

6.2.1 计算机表示方法

1. 多边形网格表示

当三维形体的边界用曲面描述时，一个很好的近似处理方法是将物体表面看成由多边形网格拼接而成。多边形网格（Polygon Mesh）的一种类型是三角形带。该方式在给出 n 个顶点值时产生 n-2 个三角形带，如图 6.2 所示。另一种类型是四边形网格，给出 n 行 m 列顶点，产生 (n-1)×(m-1) 个四边形网格，如图 6.3 所示。

高性能的图形系统一般采用多边形网格及相应的几何与属性信息数据库来对三维形体建模。这些系统结合了快速硬件来实现多边形的绘制，可以在 1 秒内显示成千上万甚至上百万个阴影多边形（通常是三角形），还可以进行快速表面纹理绘制和特殊光照效果处理。

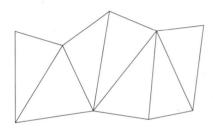

图 6.2 三角形网格

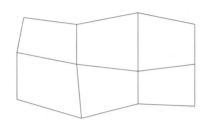

图 6.3 四边形网格

2. 曲线/曲面表示

曲线和曲面方程能表示为非参数形式或参数形式。对于一条曲线，其上点的各坐标变量之间满足一定关系，可以用一个方程描述出来，则得到该曲线的非参数表示，如 $y=kx+b$ 或 $f(x, y, z)=0$。

在解析几何中，空间曲线上一点 P 的每个坐标被表示为某个参数 t 的函数 $x=x(t), y=y(t), z=z(t)$。把 3 个方程合在一起，3 个坐标分量组成曲线上该点的位置矢量，曲线被表示为参数 t 的矢量函数 $P(t)=(x,y,z)=(x(t),y(t),z(t))$。它的每个坐标分量都是以参数 t 为变量的标量函数。这种矢量表示等价于笛卡儿分量表示 $P(t)=x(t)\boldsymbol{i}+y(t)\boldsymbol{j}+z(t)\boldsymbol{k}$。其中，$\boldsymbol{i}$、$\boldsymbol{j}$、$\boldsymbol{k}$ 分别为沿 x 轴、y 轴、z 轴正向的 3 个单位矢量。这样，给定一个 t 值，就得到曲线上一点的坐标，当 t 在 $[a, b]$ 内连续变化时，就得到了曲线。这里将参数限制在 $[a, b]$ 之内，因为通常感兴趣的仅仅是曲线的某一段，不妨假设这段曲线对应的参数区间即为 $[a, b]$。为了叙述方便，可以将区间 $[a, b]$ 规范化成 $[0, 1]$，所需的参数变换为 $t' = \dfrac{t-a}{b-a}$。不失一般性地假定参数 t 在 $[0，1]$ 之间变化，于是，得到曲线的以下参数形式。

$$P = P(t)， \quad t \in [0,1] \tag{6.1}$$

该形式把曲线上表示一个点的位置矢量的各分量合写在一起，将其当成一个整体。通常要考察的正是这个整体（而不是组成这个整体的各分量）和曲线上点之间的相对位置关系（而不是它们与所取坐标系之间的相对位置关系）。类似地，可把曲面表示为双参数 u 和 v 的矢量函数。

相对非参数表示方法，参数表示方法更能满足形状数学描述的要求，因而具有更好的性能。

（1）点动成线。如果把参数 t 视为时间，$P(t)$ 可看作质点随时间变化的运动轨迹，其关于参数 t 的一阶导数 $P' = dP / dt$ 与二阶导数 $P'' = d^2 P / dt^2$ 分别是质点的速度矢量与加速度矢量，这可看作矢量形式的参数曲线方程的物理解释。

（2）通常总是能够选取那些具有几何不变性的参数曲线/曲面表示形式，且能通过某种变换使某些不具有几何不变性的表示形式具有几何不变性，从而满足几何不变性的要求。

（3）任何曲线在坐标系中都会在某一位置上出现垂直的切线，因而导致无穷大斜率。而在参数方程中，可以用对参数求导来代替，如式（6.2）所示。这一关系式还说明，斜率与切线矢量的长度无关。

$$\frac{dy}{dx} = \frac{m \cdot \dfrac{dy}{dt}}{m \cdot \dfrac{dx}{dt}} = \frac{n \cdot \dfrac{dy}{dt}}{n \cdot \dfrac{dx}{dt}} \tag{6.2}$$

（4）规格化的参数变量 $t \in [0,1]$，与其相应的几何分量是有界的，而不必用其他参数去定义其边界。

（5）对非参数方程表示的曲线/曲面进行仿射和投影变换，必须对曲线/曲面上的每个型值点进行变换；而对于用参数表示的曲线/曲面，可直接对其参数方程进行仿射和投影变换，从而减少计算工作量。

（6）参数方程将自变量和因变量完全分开，使得参数变化对各因变量的影响可以明显地表示出来。

基于这些优点，以后将用参数表达形式来讨论曲线/曲面问题。

3. 细分表示

空间细分表示法指通过一些基本的空间元素来表示对象，主要包括体素表示法、八叉树表示法等。

在体素表示法中，实体所占有的空间被划分为均匀的小立方体，即小立方体构成三维矩阵。小立方体也可以称作体素（Voxel），这里的体素与 CSG 法中的体素不同，它的概念类似于图像中的像素（Pixel）。如果事先给定体素的大小，则可以把体素抽象化为它的中心点，因此，用体素表示的空间也被称作三维位图。体素表示法常用于物体的 CT 或 MRI 图像的三维重建（如图 6.4 所示），具体算法及方法请参考相关文献。

八叉树表示法是一种具有层次结构的占有空间计数法，如图 6.5 所示，它是由二维图像压缩编码的四叉树法扩展而来，即是对体素表示法的一种压缩编码。如图 6.6（a）所示，可以将物体所在空间用一个立方体来表示。如果该立方体完全被物体占有，则该立方体可表示为"满"；如果立方体与物体不相交，则该立方体可表示为"空"；如果物体占有立方体的部分空间，则该立方体就等分为 8 个小立方体并对每个立方体编号，等分后的小立方体继续采用上面的规则编码为"空"或"满"，直到立方体的大小达到最小分辨率为止。图 6.6（b）表示的是八叉树的编码。可见，八叉树本质上是一种递归的分割过程。图 6.5 即是一个八叉树表示法应用的典型实例。

图 6.4 基于体素的古蜘蛛的三维重建（摘自国际互联网）

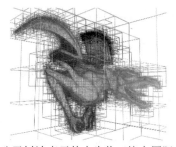

图 6.5 八叉树法表示的古生物（摘自国际互联网）

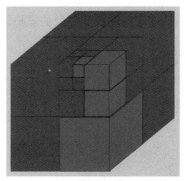

（a）八叉树的分割

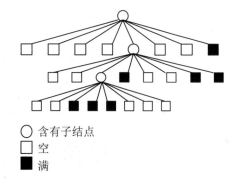

○ 含有子结点
□ 空
■ 满

（b）八叉树的编码树

图 6.6 八叉树的分割与编码

空间细分表示法具有以下优点。

（1）数据结构简单，便于用形状统一的体素（如立方体）表示任意形状的实体。

（2）易于检查实体之间的碰撞、距离关系。

（3）易于实现体积、质量、压强、惯量等量算。

（4）易于实现实体之间的并、交、差集合运算。

（5）易于实现图形的消隐，进而显示输出。

但也具有一些缺点。

（1）存储冗余度大，且处理速度慢。无论是体素表示还是八叉树表示，都存在大量冗余的编码。

（2）难以实现感兴趣物体或局部的一些几何变换，如旋转或任意比例的缩放，这个缺陷需要采用插值方法补充，但计算量增加。

（3）只是近似地表示物体，不适合表示物体的任意边界。要精确表示物体，就要采用更小的分辨率，这会大大增加数据量。

6.2.2　构造方法

实体是内部属性单一的三维物体。实体造型就是通过各种方法与运算生成一个封闭实体的过程。构造实体几何、扫描表示等方法都能构造某种实体。

1．构造实体几何法

构造实体几何法（Constructed Solid Geometry，简称 CSG）是一种十分常用的实体构造方法。该方法的基本思想是将简单实体（又称体素）通过集合运算组合成所需要的物体。常用的体素可以通过边界表示法和扫描表示法生成，如长方体、正四面体、圆柱体、圆锥体、圆台体、八面体、轮胎体、球体等，如图 6.7 所示。体素还可以由多个半空间的集合运算来表示，半空间指一个无限大的平面将三维空间分成两个无限的区域。由多个基本体素集合运算得到的实体也可以作为构造更复杂形体的体素。在三维建模软件 3ds Max 中充分利用了 CSG 法的部分功能，用户可以用各种已提供的体素构造任意复杂的虚拟场景。

图 6.7　常用体素

CSG 法中集合运算的实现过程可以用一棵二叉树（称 CSG 树）来描述，如图 6.8 所示。二叉树的叶子结点表示体素或几何变换的参数，非终端结点表示施加于其子结点上的实体集合运算或几何变换，根结点表示集合运算的最终结果。

CSG 法中，如果体素齐全，运算丰富，则可以构造出许多种符合需要的实体，因此，CSG 法的优点是：覆盖域广泛；输入方便，可直观地构造复杂形体；数据结构简单，数据量小，用一棵二叉树即可表示；形体的有效性可由实体集合运算得以自动保证。

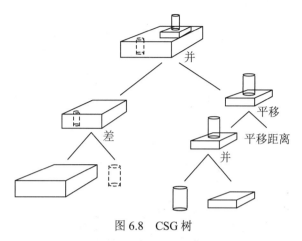

图 6.8 CSG 树

CSG 法也有其缺点。首先，CSG 法中的体素有很多是由表面方程和参数表示的。用表面方程和参数表示易于求交点，从而方便了集合运算，但运算后的中间结果很难用方程和参数表示，即增加了进一步参与集合运算的难度。不过，可以将集合运算的中间结果转化为边界表示，再进行集合运算和显示输出。其次，CSG 法中集合运算会破坏原有的点、边、面的显式拓扑关系。再次，CSG 法的体素只是有限的几种形状，对体素不能做局部变形操作，使 CSG 的表示能力受到限制。

2. 扫描表示法

扫描表示法是一种应用很广泛的三维物体表示方法，其基本原理是将空间中的一个点、一条边或一个面沿某一路径扫描，用得到的扫描轨迹来表示三维物体。扫描表示法需要定义扫描的物体及扫描运动的轨迹，主要有 3 种：平移扫描、旋转扫描和广义扫描。

平移扫描指物体沿某一直线方向平移一定距离，如一条空间凹型曲线经过平移扫描得到一个槽状造型如图 6.9（a）所示。具体表示时，平移扫描得到的曲面可离散为一系列相互拼接在一起的细长矩形平面。

旋转扫描指物体围绕某一轴线旋转一定角度，如图 6.9（b）所示。在计算机中，旋转扫描后的物体表面可每隔一定角度范围离散成小平面片，例如，圆锥体可以用母线以一个很小的角度间隔扫描完一周，其中每扫描一步生成一个三角面片，最后所有的三角面片组合成一个棱锥。每步扫描的角度越小，棱数就越多，棱锥体就越光滑，可近似为圆锥体。图 6.10 所示是由旋转扫描表示的轮胎体。

（a）平移扫描

图 6.9 扫描表示的图形

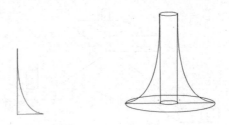

（b）旋转扫描

图 6.9　扫描表示的图形（续）

图 6.10　旋转扫描表示的轮胎体

　　广义扫描指物体沿某一空间曲线扫描一定距离，形成复杂几何体。由于空间曲线实际上可离散为直线段来表示，因而一次广义扫描可以被看作多次平移扫描以及旋转扫描的复杂组合。

6.3　多边形网格表示

　　多边形网格表示法是目前最主流的三维模型表示方法，其基本思想是通过许多简单的多边形面片来表示三维模型。本节首先介绍多边形网格表示法的几何元素，接着介绍将几何元素联系起来的几何信息和拓扑信息，之后介绍常见的数据结构，最后给出一个简单实例。

6.3.1　基本几何元素

　　构成形体的基本几何元素有点、边、面、环和体等。

　　（1）点是最基本的零维几何元素，二维空间中的点用二维坐标(x, y)来定义，主要表现为孤立点、线段的端点、线段的交点和多边形的顶点；三维空间中的点用三维坐标(x, y, z)来表示，主要表现为孤立点、线段的端点、多面体或三维空间多边形的顶点。折线是由首尾相接的一组直线段构成，可以用定义线段的顶点序列 $P_0, P_1, \cdots, P_n$ 表示。自由曲线与折线类似，也可以用顶点序列来表示，只是顶点序列要作为自由曲线的控制点或节点。

（2）边是一维几何元素，一条边由其两个端点来确定。二维空间中的边表现为直线段和多边形的边。三维空间中的边主要表现为三维空间线段、三维形体的棱边或空间多边形的边界。折线及自由曲线都是由直线段拼接而成的，但一般不直接用边来表示，而是用顶点序列来表示。

（3）面是二维几何元素，包括多边形和带孔的区域。其中后者可以用外环加内环组合表示，也可以用简单多边形拼接而成。在二维空间中，非自相交的多边形可以用其顶点序列 $P_0, P_1, \cdots, P_n$ 来表示。在三维空间中，一般要将除三角形外的复杂多边形用三角形面片来拼接，以保证一个小面片内的各顶点能处在同一平面内。对于二次曲面和三次曲面，先要按照采样间隔将曲面离散化为相互拼接的简单平面片，再进行绘制。三维空间中的面片可以计算法矢量，可用于消隐和生成光照。

（4）环是由有向边顺序组成的面的边界。环的边界不能自相交。环又分为内环和外环，内环用来表示多边形中的孔，外环表示多边形的外部边界。不包含内环的外环即可以表示普通多边形。一般规定，内环的边为顺时针排列，外环的边为逆时针排列。因此，无论内环或外环，环边的左侧总是面向环的内部。

（5）体是三维几何元素，是由封闭的表面围成的空间。体可以是简单体元，也可以是复杂形体，前者有四面体、三棱柱、圆柱、圆锥、长方体等。

6.3.2　几何信息与拓扑信息

描述图形数据要包括两部分，一部分是几何信息，用来描述物体的位置和大小，主要以顶点坐标和长、宽等参数来表示；另一部分是拓扑信息，用来描述点、棱边及面片之间的邻接关系，具体表现为棱边及面片的数据结构指向顶点的指针。

对于用空间平面片表示其外部边界的三维物体（以下简称平面物体）而言，其点、边、面片之间的相互邻接关系有 9 种，如图 6.11 所示，即点→点、点→边、点→面、边→点、边→边、边→面、面→点、面→边、面→面。这里点→点的相邻性指的是每一个顶点的数据记录都有指向其相邻顶点的索引或指针，从而能够快速地通过该顶点查找其相邻的顶点。同理，边→面指的是每条边的记录都有指向其两侧邻面的指针，从而通过边的记录快速查找到其邻面的记录。实用中，至少需要其中两种关系的组合才能完整地构建一个平面物体，即共有 $C_9^2, C_9^3, \cdots, C_9^9$ 共 8 类，共计 $C_9^2 + C_9^3 + \cdots + C_9^9 = 502$ 种。将这些数据结构类型用 $C_9^m (m=2,3,\cdots, 9)$ 表示，则当 m 小时，存储的拓扑关系较少，需要存储空间少，但查找时间长；当 m 大时，所存储的拓扑关系多，占用存储空间大，但查找速度快。

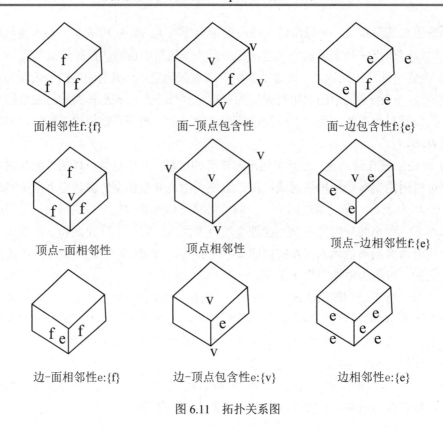

图 6.11　拓扑关系图

6.3.3　常用数据结构

要表达图形的几何信息和拓扑信息，需要采用点、线、面之间 9 种索引关系中的至少两种，可选的数据结构种类达 $C_9^2 + C_9^3 + \cdots + C_9^9 = 502$ 种。下面给出一个表示三维物体的定义的数据结构实例，该实例中用到了边对点、边对面、面对边、面对点 4 种邻接关系。

```cpp
#include<vector>
using namespace std;
class Point
{
    int id;   //顶点编号，有时可以不要该成员
    int x;    //横坐标
    int y;    //纵坐标
}
vector<Point> Points;     //存放Point对象的动态数组
class Edge
{
    int edge_id;          //边的编号，有时可以不要该成员
    int BeginPoint;       //为指向Points数组中对应边的起点的元素的索引
```

```
    int EndPoint;        //为指向Points数组中对应边的终点的元素的索引
    int LeftFacet;       //为指向Facets数组中对应此边左侧邻面的元素的索引
    int RightFacet;      //为指向Facets数组中对应此边右侧邻面的元素的索引
}
vector<Edge> Edges;      //存放Edge对象的动态数组
class Facet
{
    vector<int> vertices; //该面片边界顶点序列数组，其元素值为指向Points数组的指针
    //该面片各边的数组，其元素值为指向Edges数组的指针
    vector<int> edges;
}
vector<Facet> Facets;    //存放Facet对象的动态数组
```

（1）翼边数据结构

翼边数据结构（Winged Edges Structure）最早是由美国 Stanford 大学的 B. G. Baumgart 等人提出来的。这种数据结构以边为核心，每条边的记录中设置指向其两顶点、左右两个邻面、上下左右 4 条邻边的指针，如图 6.12 所示。而每个顶点的记录都设置指向以它作为端点的某一条边。每一个面的记录设置指向其一条边的指针。翼边数据结构便于快速而又简便地查找图形中各元素之间的拓扑关系，但它的存储信息量大，存储内容重复。

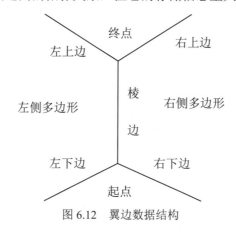

图 6.12 翼边数据结构

（2）对称数据结构

对称数据结构（Symmetrical Structure）中，显式地存放了面→边、边→面、边→点、点→边 4 种拓扑关系，每个面记录中设置了指向它所有边的指针，同样，每条边的记录中也设置了指向它两个邻面的指针和两个顶点的指针，每个点设置以它为端点的所有边的指针。

（3）半边数据结构

半边数据结构（Half Edge Structure）是 20 世纪 80 年代提出的一种多面体表示方法。该结构也是以边为核心，只是每一条边被表示成拓扑意义下的方向相反的两条"半边"。半边数据结构在拓扑上是由体、面、环、半边、顶点 5 个层次构成的层次结构，即实体由多边形（面）的组合来表示，而多边形由外环及内环组合而成，环又是半边构成的序列，每

条半边又由两个顶点构成。可以规定，所有的外环均为逆时针顺序，内环均为顺时针顺序。"半边"的使用显著增强了图形的拓扑属性和层次感，使图形表示和图元查找十分方便。

6.3.4　编程实例——简单实体构建

本实例参考了著名的 Nehe OpenGL 示例构建了四棱锥和立方体的实体模型，这两个模型的顶点位置如图 6.13 所示。可见，四棱锥 4 个侧面的顶点序列分别为 $v_0v_1v_2$、$v_0v_2v_4$、$v_0v_3v_4$、$v_0v_3v_1$，底面为 $v_1v_2v_3v_4$。传递顶点信息时使用了 glVertex3fv() 函数，以顶点首地址作为参数，比 glVertex3f() 函数直接用顶点坐标作为参数的方式更为方便、直观。在坐标系原点建好的实体可以通过几何变换放置在任意不同的位置。在本实例中，四棱锥被放置在左侧，立方体被放置在右侧。

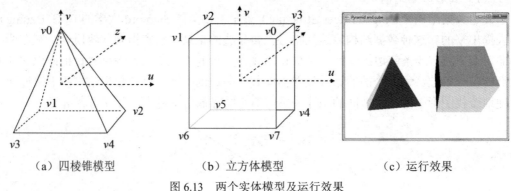

（a）四棱锥模型　　　　　　（b）立方体模型　　　　　　（c）运行效果

图 6.13　两个实体模型及运行效果

具体程序如下。

```cpp
#include <gl/glut.h>
#include<iostream>
using namespace std;
float    rtri;
float    rquad;
GLfloat points0[5][3] ={{ 0, 1,  0}, {-1, -1, 1}, { 1, -1, 1}, {1, -1, -1},
{-1, -1,-1}};
GLfloat points1[8][3]={ { 1, 1, -1 }, {-1, 1, -1}, {-1, 1, 1}, { 1, 1, 1},
    { 1, -1, 1 }, {-1, -1, 1}, {-1,-1,-1}, { 1, -1, -1}};
GLfloat Colors0[4][3]={{1,0,0},{0,1,0}, {0,0,1},{1,1,0}};   //四棱锥的颜色
//立方体的颜色
GLfloat
Colors1[6][3]={{0,1,0},{1,0.5,0},{1,0,0},{1,1,0},{0,0,1},{1,0,1}};
int vertice0[4][3]={{0,1,2},{0,2,3},{0,3,4},{0,4,1}};   //四棱锥的顶点号序列
//立方体的顶点序列
int vertice1[6][4]={{0,1,2,3},{4,5,6,7},{3,2,5,4},{7,6,1,0},{2,1,6,5},
```

```
{0,3,4,7}};
    void InitGL ( GLvoid )
    {
        glShadeModel(GL_SMOOTH);
        glClearColor(1.0f, 1.0f, 1.0f, 1.0f);
        glClearDepth(1.0f);
        glEnable(GL_DEPTH_TEST);
        glDepthFunc(GL_LEQUAL);
        glEnable ( GL_COLOR_MATERIAL );
        glHint(GL_PERSPECTIVE_CORRECTION_HINT, GL_NICEST);
    }
    void CreatePyramid()
    {
        glBegin(GL_TRIANGLES);
        for(int i=0;i<4;i++)
        {
            glColor3fv(Colors0[i]);
            for(int j=0;j<3;j++)
            {
                int VtxId=vertice0[i][j];
                glVertex3fv(points0[VtxId]);
            }
        }
        glEnd();
        glBegin( GL_QUADS);                          //构建底面
        glColor3f(1.0f, 1.0f, 1.0f );
        for(i=0;i<4;i++)
            glVertex3fv(points0[i]);
        glEnd();
    }
    void CreateCube()
    {
        glBegin(GL_QUADS);
        for(int i=0;i<6;i++)
        {
            glColor3fv(Colors1[i]);
            for(int j=0;j<4;j++)
            {
                int VtxId=vertice1[i][j];
                glVertex3fv(points1[VtxId]);
            }
```

```
    }
    glEnd();
}
void display ( void )
{
    glClear(GL_COLOR_BUFFER_BIT | GL_DEPTH_BUFFER_BIT);
    glLoadIdentity();
    glPushMatrix();
    glTranslatef(-1.5f,0.0f,-6.0f);  //平移至左侧
    glRotatef(rtri,0.0f,1.0f,0.0f);  //旋转一个角度
    CreatePyramid();                 //创建四棱锥

    glLoadIdentity();               //将矩阵归一化回原样
    glTranslatef(1.5f,0.0f,-6.0f);  //平移到右侧
    glRotatef(rquad,1.0f,0.0f,0.0f);//旋转一个角度
    CreateCube();                   //创建立方体
    glPopMatrix();

    rtri+=0.2f;                     //修改四棱锥的旋转角度
    rquad-=0.15f;                   //修改立方体的旋转角度
    glutSwapBuffers ( );
}
void reshape ( int width , int height )
{
    if (height==0)
        height=1;
    glViewport(0,0,width,height);
    glMatrixMode(GL_PROJECTION);
    glLoadIdentity();
    gluPerspective(45.0f,(GLfloat)width/(GLfloat)height,0.1f,100.0f);
    glMatrixMode(GL_MODELVIEW);
    glLoadIdentity();
}
void main ( int argc, char** argv )
{
    glutInit ( &argc, argv );
    glutInitDisplayMode ( GLUT_RGBA | GLUT_DOUBLE );
    glutInitWindowSize ( 600, 400 );
    glutCreateWindow ( "Pyramid and cube" );
    InitGL();
    glutDisplayFunc ( display );
```

```
    glutReshapeFunc ( reshape );
    glutIdleFunc ( display );
    glutMainLoop ( );
}
```

6.4 曲线/曲面造型

从卫星的轨道、导弹的弹道，到机械零件的外形、计算机辅助几何设计，直至日常生活的图案和花样设计、游戏地形、路径、3D 动画等无一不涉及曲线/曲面的应用。曲线/曲面造型是计算机图形学的一项重要内容，主要研究在计算机图形系统的环境下对曲线/曲面的表示、设计、显示和分析。它起源于汽车、飞机、船舶、叶轮等的外形放样工艺，由美国数学家 Coons、法国雷诺汽车工程师 Bezier 等于 20 世纪 60 年代奠定其理论基础。经过几十年发展，曲线/曲面造型已形成了以 Bezier、B 样条和 NURBS 为主体，以插值、逼近这两种手段为骨架的理论体系。

6.4.1 曲线/曲面基础

1.曲线/曲面表示

工业产品的形状大致上可分为两类，一类是仅由初等解析曲面，如平面、圆柱面、圆锥面、球面、椭圆面、抛物面、双曲面、圆环面等组成，大多数机械零件属于这一类，这类曲线/曲面也可以称为规则曲线/曲面。另一类是以复杂方式自由变化的曲线/曲面，经自由曲线/曲面组合而成，如飞机、汽车、船舶的外形。

曲线/曲面可以用 3 种形式进行表示，即显式、隐式和参数表示如下。

（1）显式表示

显式表示，即函数的值与自变量能够清晰分开，公式如下。

$$y = f(x) \text{ 或 } z = f(x, y) \tag{6.3}$$

显式表示的特点是一般一个自变量值与一个函数值对应，所以显式表示不能表示封闭或多值曲线，如不能用显式表示表示一个圆。

（2）隐式表示

隐式表示，即函数的值与自变量不能清晰分开，公式如下。

$$F(x, y) = 0 \text{ 或 } F(x, y, z) = 0 \tag{6.4}$$

如下式为圆的隐式方程

$$x^2 + y^2 = r^2 \tag{6.5}$$

隐式表示的优点是易于判断函数是大于、小于还是等于零，容易判断点是落在所表示曲线上还是在曲线的哪一侧，但是可能存在多值问题，即多组函数自变量对应同一函数值。

（3）参数表示

参数表示，即曲线/曲面上任一点的坐标均表示成给定参数的函数，如任一空间曲线的参数表示公式如下。

$$\begin{cases} x = x(t) \\ y = y(t) \\ z = z(t) \end{cases} \tag{6.6}$$

其中，t 为参数，参数矢量表达式为

$$C(t) = [x, y, z] = [x(t), y(t), z(t)] \tag{6.7}$$

任一空间曲面可表示为有两个参数的参数方程，如下式。

$$\begin{cases} x = x(u, v) \\ y = y(u, v) \\ z = z(u, v) \end{cases} \tag{6.8}$$

其中，u、v 为参数，参数矢量表达式为

$$S(u, v) = [x, y, z] = [x(u, v), y(u, v), z(u, v)] \tag{6.9}$$

$S(u, v)$ 为曲面上任一点矢量。

如图 6.14 所示为参数曲线和参数曲面的实例。图 6.14（a）中，曲线参数方程表达式为

$$\begin{cases} x = f(u) \\ y = g(u) \\ z = h(u) \end{cases} \tag{6.10}$$

曲线起始点参数 $u = 0$，曲线终止点参数 $u = 1$。图 6.14（b）中，曲面参数方程表达式为

$$\begin{cases} x = f(u, v) \\ y = g(u, v) \\ z = h(u, v) \end{cases} \tag{6.11}$$

其中，曲面设定 u，v 两个方向，起始角点的参数 $u = 0$，$v = 0$，其他 3 个角点的参数分别为 $(u = 0, v = 1)$、$(u = 1, v = 0)$、$(u = 1, v = 1)$，曲面沿着 v 的方向参数由 0 到 1，同样，曲面沿着 u 的方向参数也由 0 到 1。

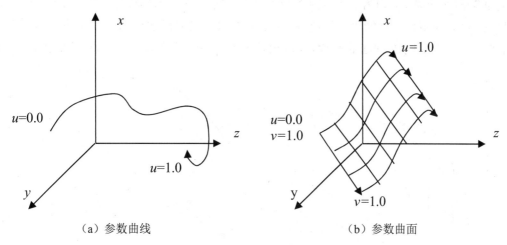

（a）参数曲线　　　　　　　　　　　　　（b）参数曲面

图 6.14　参数曲线/曲面实例

　　1963 年，美国波音（Boeing）飞机公司的 Ferguson 将曲线/曲面表示成参数矢量函数形式。参数表示形式能表示封闭曲线/曲面，也能解决多值问题；参数方程的形式不依赖于坐标系的选取，具有形状不变性；对参数表示的曲线、曲面进行平移、比例、旋转等几何变换比较容易；用参数表示的曲线/曲面的交互能力强，参数的系数几何意义明确，并提高了自由度，便于控制形状。因此，参数形式成为自由曲线/曲面数学描述的标准形式。通常将参数区间规范化为[0,1]，参数方程中的参数可以代表任何量，如时间、角度等。

2.插值与逼近

　　插值法（Interpolation）是古老而实用的数值方法。一千多年前我国对插值法就有了研究，并应用于天文实践。显而易见，人们不能每时每刻都用观测的方法来决定"日月五星"的位置，这就有了插值法。

　　如图 6.15 所示，设函数 $y = f(x)$ 在区间上有定义，且已知在点 $a \leqslant x_0 \leqslant x_1 < \cdots < x_n \leqslant b$ 上的 $y_0, y_1, \cdots, y_n$，若存在简单函数 $P(x)$，使 $P(x_i) = y_i (i = 0,1,\cdots,n)$ 成立，就称 $P(x)$ 为 $f(x)$ 的插值函数，点 $x_0, x_1, \cdots, x_n$ 称为插值结点，求插值函数的方法称为插值法。

　　从几何上看，插值法就是求曲线。给定一组有序的数据点 $P_i(i = 0,1,\cdots,n)$，构造一条曲线顺序通过这些数据点，并用它近似已知曲线，称为对这些数据点进行插值，所构造的曲线称为插值曲线，已知曲线称为被插曲线。把曲线插值推广到曲面，类似地就有插值曲面、曲面插值法等概念。插值方法有很多，如线性插值、抛物线插值等。

　　在某些情况下，测量所得或设计员给出的数据点本身就很粗糙，要求构造一条曲线严格通过给定的一组数据点就不恰当。更合理的提法应是，构造一条曲线，使之在某种意义下最为接近给定的数据点，称为对这些数据点进行逼近，所构造的曲线称为逼近曲线。

　　我们把通过计算得到的曲线/曲面上的点称为型值点，而几个控制曲线/曲面形状的关键点称为控制点（Control Point）。插值与逼近的区别可用图 6.16 来形象描述，图 6.16（a）表示曲线/曲面的插值，相当于用一组控制点来指定曲线/曲面的形状时，其形状完全通过给定的控制点，特点可概括为"点点通过"；图 6.16（b）则表示曲线/曲面的逼近，相当于用一组控制点来指定曲线/曲面的形状时，求出的形状不必通过控制点列，但整体形状受其影响。

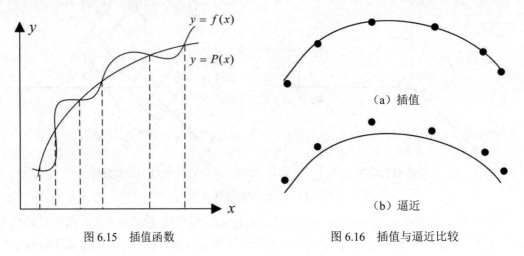

图 6.15　插值函数　　　　　　　　　图 6.16　插值与逼近比较

3.参数连续性与几何连续性

一条复杂曲线通常是由多条曲线段连接而成的，为了保证各个曲线段在连接点处是光滑的，需要满足各种连续性条件。参数曲线一般有两种意义上的连续性：参数连续性与几何连续性。

假定参数曲线段 C_i 以参数形式进行描述：

$$C_i = C_i(t)$$

（1）参数连续性

若两条相邻参数曲线段在连接处具有 n 阶连续导数且相等，则在该连接点处为参数连续，记为 C^n。

0 阶参数连续性（Zero-order Parametric Continuity），记作 C^0 连续，可以简单表示两端曲线相连，记第 i 段参数曲线 $C_i(t)$ 与第 $i+1$ 段参数曲线 $C_{i+1}(t)$ 在连接点的 C^0 连续性为

$$C_i(t) = C_{i+1}(t) \qquad (6.12)$$

1 阶参数连续性（First-order Parametric Continuity），记作 C^1 连续，表示两端曲线在连接点有相同的一阶导数（切线），记第 i 段参数曲线 $C_i(t)$ 与第 $i+1$ 段参数曲线 $C_{i+1}(t)$ 在连接点的 C^1 连续性为

$$C_i'(t) = C_{i+1}'(t) \qquad (6.13)$$

2 阶参数连续性（Second-order Parametric Continuity），记作 C^2 连续，表示两端曲线在连接点有相同的一阶导数和二阶导数，记第 i 段参数曲线 $C_i(t)$ 与第 $i+1$ 段参数曲线 $C_{i+1}(t)$ 在连接点的 C^2 连续性为

$$\begin{aligned} C_i'(t) &= C_{i+1}'(t) \\ C_i''(t) &= C_i''(t) \end{aligned} \qquad (6.14)$$

（2）几何连续性

若两条相邻参数曲线段在连接处具有 n 阶连续导数且成比例，则在该连接点处为几何连续，记为 G^n。

0 阶几何连续性（Zero-order Geometric Continuity），记作 G^0 连续，其意义和 0 阶参数连续性相同。

1 阶几何连续性（First-order Geometric Continuity），记作 G^1 连续，表示两端曲线在连接点的一阶导数（切线）方向相同，大小成比例关系，记第 i 段参数曲线 $C_i(t)$ 与第 $i+1$ 段参数曲线 $C_{i+1}(t)$ 在连接点的 G^1 连续性为

$$C_i'(t) = \alpha C_{i+1}'(t), \quad \alpha > 0 \tag{6.15}$$

2 阶几何连续性（Second-order Geometric Continuity），记作 G^2 连续，表示两端曲线在连接点的一阶导数和二阶导数方向相同，大小成比例关系，记第 i 段参数曲线 $C_i(t)$ 与第 $i+1$ 段参数曲线 $C_{i+1}(t)$ 在连接点的 G^1 连续性为

$$\begin{aligned} C_i'(t) &= \alpha C_{i+1}'(t) \\ C_i''(t) &= \beta C_{i+1}''(t) \end{aligned} \tag{6.16}$$

图 6.17 表示两端曲线无连接性、C^0 连续、C^1 连续和 C^2 连续的情况，在 C^1 连续的条件下，两端曲线在连接点的曲率正切线是相等的，在 C^2 连续的条件下，两端曲线在连接点的曲率是相等的。图 6.18 是另一个曲线连接实例，分别表示两端曲线 C^0 连续、C^1 连续和 C^2 连续。图 6.19 则反映了参数连续性与几何连续性的区别，图 6.19（a）中曲线 C_1 和 C_2 在连接点 P_1 为 C^2 连续，图 6.19（b）中曲线 C_1 和 C_2 在连接点 P_1 为 G^2 连续，可以看出 C^2 连续曲线比 G^2 连续曲线显得更加光滑，G^2 连续曲线将会向具有较大切向量的部分弯曲。

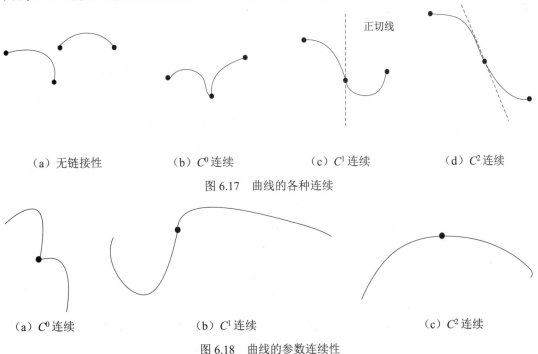

| （a）无链接性 | （b）C^0 连续 | （c）C^1 连续 | （d）C^2 连续 |

图 6.17　曲线的各种连续

| （a）C^0 连续 | （b）C^1 连续 | （c）C^2 连续 |

图 6.18　曲线的参数连续性

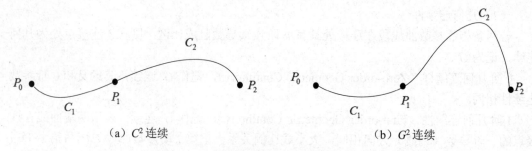

図 6.19　参数连续性和几何连续性的区别

在计算几何中，两端曲线连接要显得足够光滑，则在连接点要达到 C^2 连续。在曲线/曲面的参数表示中，通常采用控制点和基函数的形式，式（6.17）可以表示曲线的控制点和基函数的一般形式。

$$C(t) = \sum_{t=0}^{n} P_i B_i(t) \tag{6.17}$$

其中，P_i 为控制点，$B_i(t)$ 为基函数。

这里，基函数也称为调配函数，一般由多项式组成。控制点控制曲线或曲面的整体形状，而基函数决定曲线或曲面的基本性质。基函数不同，形成不同的曲线/曲面构造方法。在实际应用中，基函数一般使用三次多项式，因为三次多项式可以达到二阶导连续，而更高阶多项式则影响计算效率。

6.4.2　三次样条

三次多项式方程是能表示曲线段的端点通过特定点且在连接处保持位置和斜率连续性的最低阶次的方程，它在灵活性和计算速度上提供了一个合理的折中方案。与更高次的多项式方程相比，三次样条只需要较少的计算量和存储空间，并且比较稳定。与低次多项式相比，三次样条在模拟任意曲线形状时更加灵活。

$n+1$ 个控制点 $P_k(x_k, y_k, z_k)$ $(k = 0,1,2,\cdots,n)$，可得到通过每个点的分段三次多项式曲线。

$$\begin{cases} x(t) = a_3 t^3 + a_2 t^2 + a_1 t + a_0 \\ y(t) = b_3 t^3 + b_2 t^2 + b_1 t + b_0, \quad t \in [0,1] \\ z(t) = c_3 t^3 + c_2 t^2 + c_1 t + c_0 \end{cases} \tag{6.18}$$

式中，t 为参数，当 $t=0$ 时，对应每段曲线段的起点；当 $t=1$ 时，对应每段曲线段的终点。对于 $n+1$ 个控制点，要生成 n 条三次样条曲线段，每段都需要求出多项式中的系数，可以通过在两段相邻曲线段的"重叠点"处设置足够的边界条件来获得这些系数。

1.自然三次样条

自然三次样条是原始模线样板法的一个数学模型。在早期的船舶、汽车和飞机工业中，常常将富有弹性的细木条或有机玻璃条作为样条，利用压铁压在样条的一系列型值点上，通过调整压铁，绘制出曲线。由材料力学公式可以证明，这条曲线是一条三次样条曲线。

从物理样条的性质可以很容易看出，三次参数样条曲线在所有曲线段的公共连接处均具有位置、一阶和二阶导数参数连续性，即具有 C² 连续性。

由于有 $n+1$ 个型值点需要拟合，这样共有 n 个曲线段方程，于是有 $4n$ 个多项式系数需确定，如图 6.20 所示。对于每个内点 $P_i(i=1,2,3,\cdots,n-1)$，有 4 个边界条件：P_i 点两侧的两条曲线段在该点处有相同的一阶和二阶导数，并且两条曲线段都通过该点。这样就得到了 $4(n-1)$ 个方程。加上由 P_0 点（曲线的起点）和 P_n 点（曲线的终点）得到的两个方程，还需要两个条件才能够解方程组。解决的方法有以下几种：方法 1 是在 P_0 和 P_n 点处设其二阶导数为 0；方法 2 是增加两个隐含的型值点，分别位于型值点序列的两端，即 P_{-1} 和 P_{n+1} 点，此时所有的型值点都是内点，可以构造出所需的 $4n$ 个方程；方法 3 是给出 P_0 和 P_n 点处的一阶导数；最后一种方法是假设第一段曲线段和最后一段曲线段为抛物线，这两段曲线段的二阶导数为常数，满足 $P_0'' = P_1''$ 且 $P_{n-1}'' = P_n''$。

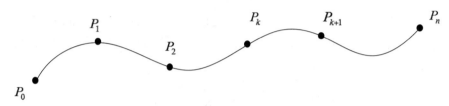

图 6.20　$n+1$ 控制点拟合的三次拟合的三次参数样条曲线

2.Hermite 插值样条

假定型值点 P_k 和 P_{k+1} 之间的曲线段为 $P(t)(t \in [0,1])$，则满足下列条件的三次参数曲线为三次 Hermite 样条曲线。

$$P(0) = P_k；\quad P(1) = P_{k+1}$$
$$P'(0) = R_k；\quad P'(1) = R_{k+1}$$

式中，R_k 和 R_{k+1} 是在型值点 P_k 和 P_{k+1} 处相应的导数值。

对于三次 Hermite 样条曲线，有

$$P(t) = \begin{bmatrix} t^3 & t^2 & t & 1 \end{bmatrix} \begin{bmatrix} a_x & a_y & a_z \\ b_x & b_y & b_z \\ c_x & c_y & c_z \\ d_x & d_y & d_z \end{bmatrix} = \begin{bmatrix} t^3 & t^2 & t & 1 \end{bmatrix} \begin{bmatrix} a \\ b \\ c \\ d \end{bmatrix} = \boldsymbol{TC} \tag{6.19}$$

对式（6.19）求导可得

$$P(t) = \begin{bmatrix} 3t^3 & 2t^2 & 1 & 0 \end{bmatrix} \begin{bmatrix} a \\ b \\ c \\ d \end{bmatrix} \tag{6.20}$$

将 Hermite 样条的边界条件代入式（6.19）和式（6.20）得到

$$\begin{bmatrix} P(0) \\ P(1) \\ P'(0) \\ P'(1) \end{bmatrix} = \begin{bmatrix} \boldsymbol{P}_k \\ \boldsymbol{P}_{k+1} \\ \boldsymbol{R}_k \\ \boldsymbol{R}_{k+1} \end{bmatrix} = \begin{bmatrix} 0 & 0 & 0 & 1 \\ 1 & 1 & 1 & 1 \\ 0 & 0 & 1 & 0 \\ 3 & 2 & 1 & 0 \end{bmatrix} C \qquad (6.21)$$

于是可以求出矩阵

$$\boldsymbol{C} = \begin{bmatrix} a \\ b \\ c \\ d \end{bmatrix} = \begin{bmatrix} 0 & 0 & 0 & 1 \\ 1 & 1 & 1 & 1 \\ 0 & 0 & 1 & 0 \\ 3 & 2 & 1 & 0 \end{bmatrix}^{-1} \begin{bmatrix} \boldsymbol{P}_k \\ \boldsymbol{P}_{k+1} \\ \boldsymbol{R}_k \\ \boldsymbol{R}_{k+1} \end{bmatrix} = \begin{bmatrix} 2 & -2 & 1 & 1 \\ -3 & 3 & -2 & -1 \\ 0 & 0 & 1 & 0 \\ 1 & 0 & 0 & 0 \end{bmatrix} \begin{bmatrix} \boldsymbol{P}_k \\ \boldsymbol{P}_{k+1} \\ \boldsymbol{R}_k \\ \boldsymbol{R}_{k+1} \end{bmatrix} = \boldsymbol{M}_h \boldsymbol{G}_h \qquad (6.22)$$

式中，$\boldsymbol{M}_h$ 是 Hermite 矩阵，为常数矩阵，是边界约束矩阵的逆矩阵；$\boldsymbol{G}_h$ 是 Hermite 样条曲线型及其切矢构成的矩阵。由此，可得到三次 Hermite 样条曲线方程为

$$P(t) = \boldsymbol{T} \boldsymbol{M}_h \boldsymbol{G}_h , \quad t \in [0,1] \qquad (6.23)$$

显然，只要给定 $\boldsymbol{G}_h$，就可以在 $0 \leqslant t \leqslant 1$ 的范围内求出 $P(t)$。在式（6.23）中，由于 $\boldsymbol{T}$ 和 $\boldsymbol{M}_h$ 是固定的，因此，通常将 $\boldsymbol{T}\boldsymbol{M}_h$ 称为 Hermite 基函数（混合函数或调和函数），其表达式为

$$\boldsymbol{T}\boldsymbol{M}_h = \begin{bmatrix} t^3 & t^2 & t & 1 \end{bmatrix} \begin{bmatrix} 2 & -2 & 1 & 1 \\ -3 & 3 & -2 & -1 \\ 0 & 0 & 1 & 0 \\ 1 & 0 & 0 & 0 \end{bmatrix}$$

则 Hermite 基函数的各分量为

$$\begin{cases} H_0(t) = 2t^3 - 3t^2 + 1 \\ H_1(t) = -2t^3 + 3t^2 \\ H_2(t) = t^3 - 2t^2 + t \\ H_3(t) = t^3 - t^2 \end{cases} \qquad (6.24)$$

图 6.21 给出了 Hermite 基函数随参数 t 变化的曲线形状。将式（6.24）代入式（6.23）得到

$$P(t) = \boldsymbol{P}_k \, H_0(t) + \boldsymbol{P}_{k+1} \, H_1(t) + \boldsymbol{R}_k \, H_2(t) + \boldsymbol{R}_{k+1} \, H_3(t)$$

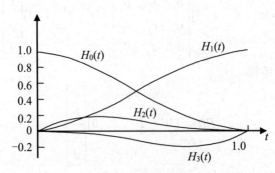

图 6.21　Hermite 基函数

可以看出，Hermite 基函数的这些分量对 P_0、P_1、P'_0 和 P'_1 分别起作用，使得在整个

参数域范围内产生曲线上每个坐标点的位置，从而构成三次 Hermite 样条曲线。三次 Hermite 样条曲线的优点是可以局部调整，因为每个曲线段仅依赖于端点约束。但是在很多应用中，不希望输入除型值点坐标位置之外的信息，于是产生了基于 Hermite 样条的变化形式：Cardinal 样条和 Kochangek-Bartels 样条，它们通过相邻型值点的坐标位置计算型值点处的导数，从而生成样条曲线。

6.4.3 Bezier 曲线/曲面

1.Bezier 曲线

Bezier 曲线是由法国雷诺汽车公司的 Bezier 在 1971 年提出的一种构造样条曲线和曲面的方法。这种方法能够较直观地表示给定的条件与曲线形状的关系，使用户可以方便地通过修改参数来改变曲线的形状及阶次，而且算法较为简单，易于被用户接受。

Bezier 曲线是通过一组多边形折线的顶点来定义的。如果折线的顶点固定不变，则由其定义的 Bezier 曲线是唯一的。在折线的各顶点中，只有第一点和最后一点在曲线上且作为曲线的起始处和终止处，其他的点用于控制曲线的形状及阶次。曲线的形状趋向于多边形折线的形状，要修改曲线，只要修改折线的各顶点即可。因此，多边形折线又称 Bezier 曲线的控制多边形，其顶点称为控制点。

（1）Bezier 曲线的定义

Bezier 曲线在本质上是由调和函数根据控制点插值生成的，其数学表示式为如下的参数方程。

$$Q(t) = \sum_{i=0}^{n} P_i B_{i,n}(t), \quad t \in [0,1] \tag{6.25}$$

这是一个 n 次多项式，具有 $n+1$ 项。其中，P_i（$i=0, 1, \cdots, n$）表示特征多边形的 $n+1$ 个顶点向量；$B_{i,n}(t)$ 为伯恩斯坦（Bernstein）基函数，它的多项式表示为

$$B_{i,n}(t) = \frac{n!}{i!(n-i)!} t^i (1-t)^{n-i}, \quad i=0, 1, \cdots, n \tag{6.26}$$

由式（6.25）和式（6.26）可以推出一次、二次和三次 Bezier 曲线的数学表示和矩阵表示式。

① 一次 Bezier 曲线（$n=1$）

一次多项式有两个控制点，其数学表示及矩阵表示为

$$
\begin{aligned}
Q(t) &= \sum_{i}^{1} P_i B_{i,1}(t) = P_0 B_{0,1}(t) + P_1 B_{1,1}(t) \\
&= (1-t)P_0 + tP_1 \qquad\qquad , \quad t \in [0,1] \\
&= \begin{bmatrix} t & 1 \end{bmatrix} \begin{bmatrix} -1 & 1 \\ 1 & 0 \end{bmatrix} \begin{bmatrix} P_0 \\ P_1 \end{bmatrix}
\end{aligned}
$$

显然，这是一条连接 P_0、P_1 的直线段。

② 二次 Bezier 曲线（$n=2$）

二次多项式有 3 个控制点，其数学表示为

$$Q(t) = \sum_{i}^{2} P_i B_{i,2}(t) = P_0 B_{0,2}(t) + P_1 B_{1,2}(t) + P_2 B_{2,2}(t)$$

$$= (1-t)^2 P_0 + 2t(1-t)P_1 + t^2 P_2$$

$$= (P_2 - 2P_1 + P_0)t^2 + 2(P_1 - P_0)t + P_0, \quad t \in [0,1]$$

由上式的结果可知，二次 Bezier 曲线为抛物线，如图 6.22（a）所示。将上式改写为矩阵形式为

$$Q(t) = [t^2 \quad t \quad 1] \begin{bmatrix} 1 & -2 & 1 \\ -2 & 2 & 0 \\ 1 & 0 & 0 \end{bmatrix} \begin{bmatrix} P_0 \\ P_1 \\ P_2 \end{bmatrix}, \quad t \in [0,1]$$

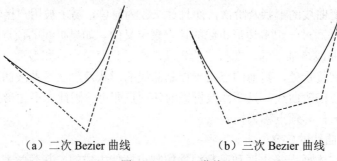

（a）二次 Bezier 曲线 　　　（b）三次 Bezier 曲线

图 6.22　Bezier 曲线

③ 三次 Bezier 曲线（$n=3$）

三次多项式有 4 个控制点，如图 6.22（b）所示，其数学表示为

$$Q(t) = \sum_{i}^{3} P_i B_{i,3}(t) = P_0 B_{0,3}(t) + P_1 B_{1,3}(t) + P_2 B_{2,3}(t) + P_3 B_{3,3}(t)$$

$$= (1-t)^3 P_0 + 3t(1-t)^2 P_1 + 3t^2(1-t)P_2 + t^3 P_3, \quad t \in [0,1]$$

其矩阵形式为

$$Q(t) = [t^3 \quad t^2 \quad t \quad 1] \begin{bmatrix} -1 & 3 & -3 & 1 \\ 3 & -6 & 3 & 0 \\ -3 & 3 & 0 & 0 \\ 1 & 0 & 0 & 0 \end{bmatrix} \begin{bmatrix} P_0 \\ P_1 \\ P_2 \\ P_3 \end{bmatrix}, \quad t \in [0,1] \tag{6.27}$$

上面公式中的 Bernstein 多项式构成了三次 Bezier 曲线的一组基，或称三次 Bezier 曲线的调和函数，即

$$\begin{cases} B_{0,3}(t) = (1-t)^3 \\ B_{1,3}(t) = 3t(1-t)^2 \\ B_{2,3}(t) = 3t^2(1-t) \\ B_{3,3}(t) = t^3 \end{cases} \tag{6.28}$$

它们是图 6.23 中所示的 4 条曲线。

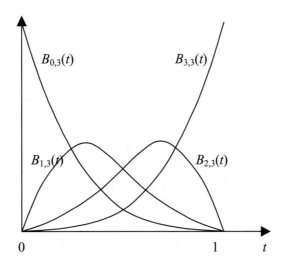

图 6.23 三次 Bezier 曲线的调和函数

（2）Bezier 曲线的性质

①端点性质

当 $t = 0$ 和 $t = 1$ 时，代入式（6.25）可以得到

$$Q(0) = \sum_{i=0}^{n} P_i B_{i,n}(0) = P_0 B_{0,n}(0) + P_1 B_{1,n}(0) + \cdots + P_n B_{n,n}(0) = P_0$$

$$Q(1) = \sum_{i=0}^{n} P_i B_{i,n}(1) = P_0 B_{0,n}(1) + P_1 B_{1,n}(1) + \cdots + P_n B_{n,n}(1) = P_n$$

这说明，Bezier 曲线通过特征多边形的起点和终点。

将 Bernstein 多项式对 t 求导，得

$$B'_{i,n}(t) = \frac{n!}{i!(n-i)!} \Big[i \cdot t^{i-1}(1-t)^{n-i} - (n-i)(1-t)^{n-i-1} t^i \Big]$$

$$= \frac{n(n-1)!}{(i-1)![(n-1)-(i-1)]!} \cdot t^{i-1} \cdot (1-t)^{(n-1)-(t-1)} -$$

$$\frac{n(n-1)!}{i![(n-1)-i]!} t^i \cdot (1-t)^{(n-1)-i}$$

$$= n[B_{i-1,n-1}(t) - B_{i,n-1}(t)]$$

$$Q'(t) = n \sum_{i=0}^{n} P_i [B_{i-1,n-1}(t) - B_{i,n-1}(t)]$$

$$= n[(P_1 - P_0)B_{0,n-1}(t) + (P_2 - P_1)B_{1,n-1}(t) +$$

$$\cdots + (P_n - P_{n-1})B_{n-1,n-1}(t)]$$

$$= n \sum_{i=1}^{n} (P_i - P_{i-1})B_{i-1,n-1}(t)$$

当 $t = 0$ 时，$B_{0,n-1}(0) = 1$，其余均为 0，故有

$$Q'(0) = n(P_1 - P_0)$$

当 $t = 1$ 时，$B_{n-1,n-1}(1) = 1$，其余均为 0，故有

$$Q'(1) = n(P_n - P_{n-1})$$

对于三次 Bezier 曲线，$n=3$，所以

$$\begin{cases} Q'(0) = 3(P_1 - P_0) \\ Q'(1) = 3(P_n - P_{n-1}) \end{cases}$$

这说明，Bezier 曲线在起点、终点与相应的控制多边形相切，且在起点和终点处的切线方向与控制多边形的第一条边和最后一条边的走向一致。

②对称性

由于 $B_{i,n}(t) = B_{n-i,n}(1-t)$，如果将控制点的顺序颠倒过来，记 $P_i^* = P_{n-i}$，则根据 Bezier 曲线的定义可推出

$$Q^*(t) = \sum_{i=0}^{n} P_i^* B_{i,n}(t) = \sum_{i=0}^{n} P_{n-i} B_{i,n}(t) = \sum_{i=n}^{0} P_k B_{n-k,n}(t)$$

$$= \sum_{i=n}^{0} P_k B_{k,n}(1-t)$$

$$= Q(1-t)$$

这说明，只要保持特征多边形的顶点位置不变，但顺序颠倒，所得新的 Bezier 曲线形状不变，只是参数变化的方向相反。

③凸包性

当 $t \in [0,1]$ 时，Bernstein 多项式之和为

$$\sum_{i=0}^{n} B_{i,n}(t) = \sum_{i=0}^{n} \frac{n!}{i!(n-i)!} t^i (1-t)^{n-i}$$

$$= [(1-t)+t] \equiv 1$$

且

$$B_{i,n}(t) = \frac{n!}{i!(n-i)!} t^i (1-t)^{n-i} \geqslant 0$$

这说明 $B_{i,n}(t)$ 构成了 Bezier 曲线的一组权函数，所以 Bezier 曲线一定落在其控制多边形的凸包之中。

④仿射不变性

仿射不变性指 Bezier 曲线的形状不随坐标变换而变化的特性。Bezier 曲线的形状只与各控制顶点的相对位置有关。因此，在对 Bezier 曲线进行几何变换时，不需要对曲线上的所有点都进行处理，只要先对各控制顶点进行几何变换，然后重新绘制曲线即可。

（3）三次 Bezier 曲线的绘制

由 4 个控制点确定的 Beizer 曲线绘制伪代码如下，完整代码请参见本书配套网站。

```
//绘制由p0，p1，p2，p3确定的Bezier曲线
//参数区间[0，1]被离散为count份
struct Point {
```

```
    int x, y;
};

void BezierCurveByBaseFunc (Point p0, Point p1,Point p2,Point p3,int count)
{
    double B0, B1, B2, B3;      //调和函数
    double u;
    double t = 0.0;
    double dt = 1.0 / count;
    MoveTo (p0.x,p0.y); //设置起点
    for (int i = 0; i < count + 1; i++)
    {
        u = 1.0 - t;
        B0 = u * u * u;
        B1 = 3 * t * u * u;
        B2 = 3 * t * t * u;
        B3 = t * t * t;
        x = p0.x * B0 + p1.x * B1 + p2.x * B2 + p3.x * B3;
        y = p0.y * B0 + p1.y * B1 + p2.y * B2 + p3.y * B3;
        LineTo(x,y); // 在上一点与(x,y)之间画线
        t += dt;
    }
}
```

2.离散生成 Bezier 曲线的 de Casteljau 算法

上面给出的 Bezier 曲线绘制算法完全是按照调和函数的方式写出的。de Casteljau 提出了一种计算 Bernstein 多项式的递归算法，它对计算高阶 Bezier 曲线更为便利，尽管执行效率比直接绘制慢，但被认为在数值上更为稳定。

对于 n 次 Bezier 曲线 $Q(t)=\sum_{i=0}^{n}P_iB_{i,n}(t)$，$t\in[0,1]$，de Casteljau 算法用下面的迭代公式计算型值点 $Q(t)$。

$$P_i^r=\begin{cases}P_i, & r=0\\(1-t)P_i^{r-1}+tP_{i+1}^{r-1}, & r=1,2,\cdots,n\end{cases},\quad i=0,1,\cdots,n-r$$

可以用数学归纳法证明，型值点 $Q(t)$ 就是 P_0^n。

对于三次 Bezier 曲线，有

$$P_0^0=P_0$$
$$P_1^0=P_1$$
$$P_2^0=P_2$$
$$P_3^0=P_3$$

$$P_0^1 = (1-t)P_0^0 + tP_1^0$$

$$P_1^1 = (1-t)P_1^0 + tP_2^0$$

$$P_2^1 = (1-t)P_2^0 + tP_3^0$$

$$P_0^2 = (1-t)P_0^1 + tP_1^1$$

$$P_1^2 = (1-t)P_1^1 + tP_2^1$$

$$P_0^3 = (1-t)P_0^2 + tP_1^2$$

这个计算过程如图 6.24 所示。其中横向箭头表示权重为 $1-t$，斜向下的箭头表示权重为 t。

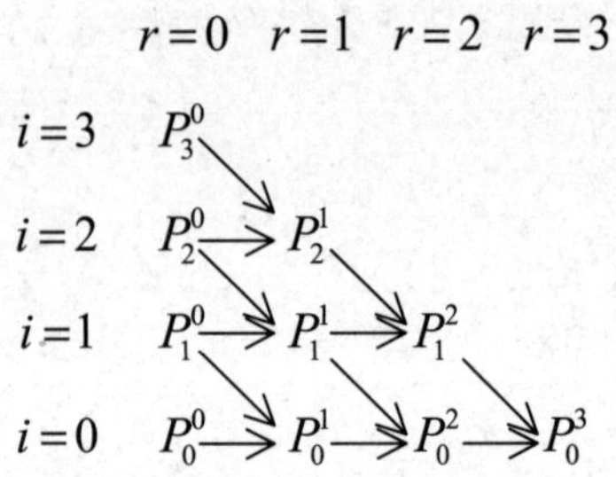

$$r=0 \quad r=1 \quad r=2 \quad r=3$$

$$\begin{array}{ll}
i=3 & P_3^0 \\
i=2 & P_2^0 \rightarrow P_2^1 \\
i=1 & P_1^0 \rightarrow P_1^1 \rightarrow P_1^2 \\
i=0 & P_0^0 \rightarrow P_0^1 \rightarrow P_0^2 \rightarrow P_0^3
\end{array}$$

图 6.24　de Casteljau 算法的计算过程

根据该算法的原理还可以手工绘制一段 Bezier 曲线，如图 6.25 所示。下面以三次 Bezier 曲线为例求取参数 t 处的型值点，步骤如下。

（1）按照特征多边形各顶点 $P_0P_1P_2P_3$ 的排列顺序，将特征多边形的 3 条边依次按比值（$t:1-t$）分为两段，取得分点 P_0^1、P_1^1、P_2^1。

（2）对边 $\overline{P_0^1P_1^1}$、$\overline{P_1^1P_2^1}$ 分别再按比值（$t:1-t$）分为两段，取得分点 P_0^2、P_1^2。

（3）对边 $\overline{P_0^2P_1^2}$ 按比值（$t:1-t$）分为两段，取得分点 P_0^3，即为 t 处的型值点。

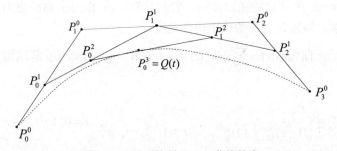

图 6.25　手工绘制 Bezier 曲线的点

据以上原理，采用非递归的方式写出核心伪代码如下，完整代码请参见本书配套网站。

```
void Casteljau(Point p0, Point p1, Point p2, Point p3,int count)
{
    double t=0;
    double dt=1.0/count;
    MoveTo(p0.x, p0.y);
```

```
for(int i=0; i < count + 1; i++)
{
    Point p01,p11,p21,p02,p12,p03;
    p01.x=(1-t)*p0.x+t*p1.x;
    p01.y=(1-t)*p0.y+t*p1.y;

    p11.x=(1-t)*p1.x+t*p2.x;
    p11.y=(1-t)*p1.y+t*p2.y;

    p21.x=(1-t)*p2.x+t*p3.x;
    p21.y=(1-t)*p2.y+t*p3.y;

    p02.x=(1-t)*p01.x+t*p11.x;
    p02.y=(1-t)*p01.y+t*p11.y;

    p12.x=(1-t)*p11.x+t*p21.x;
    p12.y=(1-t)*p11.y+t*p21.y;

    p03.x=(1-t)*p02.x+t*p12.x;
    p03.y=(1-t)*p02.y+t*p12.y;
    LineTo(p03.x, p03.y);
    t+=dt;
}
}
```

3.Bezier 曲线的连接

前面讨论的 Bezier 曲线仅指一段曲线，如三次 Bezier 曲线只是通过 4 个给定控制点的一段曲线。而在实用中，控制点数可能是任意多个，且要求的 Bezier 曲线形状很复杂。当控制点数增加时，可以通过升高阶次来解决，但高阶次 Bezier 曲线计算较为复杂。因此，一般采用分段三次 Bezier 曲线连续拼接成样条曲线，使它满足连接条件。下面以三次 Bezier 曲线为例来讨论。

假设两段三次 Bezier 曲线 S_1 和 S_2 的控制点分别为 P_0、P_1、P_2、P_3 和 Q_0、Q_1、Q_2、Q_3，讨论满足 G^1 连续的条件。

要满足这个条件，首先要满足 C^0 连续，即只要 P_3 和 Q_0 为同一点即可。另外，已知端点处的对 t 一阶导数为 $B_1'(1)=3(P_3-P_2)$ 和 $B_2'(0)=3(Q_1-Q_0)$，二者成比例即为

$$B_1'(1)=\alpha B_2'(0)$$
$$P_3-P_2=\alpha(Q_1-Q_0)$$

其中，α 为一个比例因子。

上式表明，这需要 P_2、$P_3(Q_0)$、Q_1 三点共线，如图 6.26 所示。

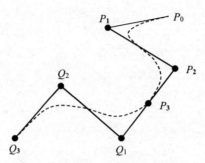

图 6.26 两段三次 Bezier 曲线的连接

4.Bezier 曲面

与 Bezier 曲线类似，Bezier 曲面片是由特征多面体的顶点决定的。

给定 $(n+1) \times (m+1)$ 个点 P_{ij}（$i = 0, 1, \cdots, n$；$j = 0, 1, \cdots, m$），则可以生成一个 $n \times m$ 次的 Bezier 曲面片，其表示形式为

$$Q(u,v) = \sum_{i=0}^{m} \sum_{j=0}^{n} P_{ij} \; B_{i,m}(u) \; B_{j,n}(v)，\quad u，v \in [0,1] \tag{6.29}$$

其中，P_{ij} 构成了 Bezier 曲面片的特征多面体。m 可以不等于 n。当 $m=n=3$ 时，特征多面体有 16 个顶点，其相应的 Bezier 曲面片称为双三次 Bezier 曲面片，如图 6.27（a）所示。

双三次 Bezier 曲面片的矩阵表示为

$$Q(u,v) = UM_b G M_b^{\mathrm{T}} V^{\mathrm{T}} \tag{6.30}$$

其中

$$U = [u^3 \quad u^2 \quad u \quad 1] \qquad V = [v^3 \quad v^2 \quad v \quad 1]$$

$$M_b = \begin{bmatrix} -1 & 3 & -3 & 1 \\ 3 & -6 & 3 & 0 \\ -3 & 3 & 0 & 0 \\ 1 & 0 & 0 & 0 \end{bmatrix} \qquad G = \begin{bmatrix} P_{11} & P_{12} & P_{13} & P_{14} \\ P_{21} & P_{22} & P_{23} & P_{24} \\ P_{31} & P_{32} & P_{33} & P_{34} \\ P_{41} & P_{42} & P_{43} & P_{44} \end{bmatrix}$$

G 中各顶点 P_{ij} 的排列顺序如图 6.27（b）所示。

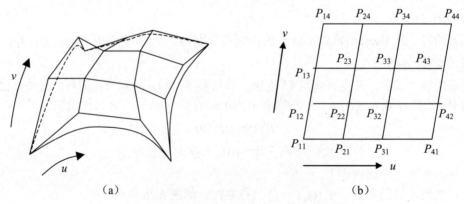

（a） （b）

图 6.27 Bezier 曲面片与特征多面体各顶点

双三次 Bezier 曲线具有如下性质。

（1）端点位置

控制网格的 4 个角点 P_{11}，P_{14}，P_{41}，P_{44} 是曲面 $Q(u,v)$ 的 4 个端点，如图 6.27（b）所示。由式（6.30）可得

$$Q(0,0) = P_{11}, \quad Q(0,1) = P_{14}$$

$$Q(1,0) = P_{41}, \quad Q(1,1) = P_{44}$$

（2）边界线的位置

$Q(u,v)$ 的 4 条边界线 $Q(0,v)$、$Q(u,0)$、$Q(1,v)$、$Q(u,1)$ 是 Bezier 曲线，它们分别以 $P_{11}P_{12}P_{13}P_{14}$、$P_{11}P_{21}P_{31}P_{41}$、$P_{41}P_{42}P_{43}P_{44}$、$P_{14}P_{24}P_{34}P_{44}$ 为控制多边形。

（3）端点的切平面

端点 P_{11} 的 u 向切矢和 v 向切矢量分别为 $n(P_{21} - P_{11})$ 和 $m(P_{12} - P_{11})$，所以曲面在 P_{11} 点处的切平面与 P_{11}、P_{21}、P_{12} 三点所在平面重合。同理，其余 3 个角点处的切平面也与各角点附近的三点构成的平面重合。

（4）端点的法向

由端点处的切平面可知，$\overrightarrow{P_{11}P_{21}} \times \overrightarrow{P_{11}P_{12}}$ 是 $Q(u,v)$ 在点 P_{11} 处的法向，其余各端点处的法向也类似。

（5）凸包性

曲面 $Q(u,v)$ 位于其所有控制顶点所在的凸包体内。

（6）仿射不变性

仿射不变性指 Bezier 曲线的形状不随坐标变换而变化的特性。Bezier 曲线的形状只与各控制顶点的相对位置有关。因此，在对 Bezier 曲线进行几何变换时，不需要对曲线上的所有点都进行处理，只要先对各控制顶点进行几何变换，然后重新绘制曲线即可。

（7）局部性

修改一个控制顶点时，在曲面上与它较近的位置受影响较大。要改变曲面某部分的形状，只要修改相应的控制顶点即可。

6.4.4　B 样条曲线/曲面

1. B 样条曲线

Bezier 曲线虽然有许多优点，但也有几点不足：①Bezier 曲线的阶次是由特征多边形的顶点个数决定的，n 个控制点产生 $n-1$ 次的 Bezier 曲线；②由于 Bernstein 调和函数在 [0, 1] 区间内均大于等于 0，这使 Bezier 曲线不能做局部修改，即在 [0, 1] 区间内修改任何一个控制点的位置会对整个 Bezier 曲线的形状造成影响；③虽然可以通过在点集中插入一些点来满足多段 Bezier 曲线的光滑条件，但这种方法显示很不方便。

为了克服上述缺点，1972 年，de Boor 和 Cox 分别提出了 B 样条的计算方法。1974 年，

美国通用汽车公司的 Gorden 和 Riesenfeld 将 B 样条理论用于形状描述，提出了 B 样条曲线和曲面。B 样条曲线除保持了 Bezier 曲线的直观性和凸包性等优点之外，还可以进行局部修改，曲线形状更趋近于特征多边形。B 样条曲线可以连续光滑拼接，曲线的阶次与顶点数无关。由于这些原因，B 样条曲线和曲面得到越来越广泛的应用。

（1）B 样条曲线的定义

若给定 $m+n+1$ 个顶点（m 为最大段号，n 为阶次），则第 i（$i=0,1,\cdots,m$）段、n 次等距分割的 B 样条曲线函数为

$$Q_{i,n}(t)=\sum_{l=0}^{n}P_{i+l}F_{l,n}(t)\ ,\quad l=0,\ 1,\cdots,n\ ,\quad t\in[0,1] \tag{6.31}$$

其中，基底函数

$$F_{l,n}(t)=\frac{1}{n!}\sum_{j=0}^{n-l}(-1)^{j}C_{n+1}^{j}(t+n-l-j)^{n}$$

而 $C_n^j=\dfrac{n!}{j!(n-j)!}$，$P_{i+l}$ 为定义第 i 段曲线的特征多边形的 $n+1$ 个顶点。

（2）二次 B 样条曲线及其性质

二次 B 样条曲线中，$n=2$，$l=0,1,2$。当 $i=0$ 时，由式（6.31）可以得出

$$\begin{aligned}
Q(t)&=\sum_{l=0}^{2}P_iF_{1,2}(t)\\
&=P_0F_{0,2}(t)+P_1F_{1,2}(t)+P_2F_{2,2}(t)\\
&=\frac{1}{2}\big[(t+2)^2-3(t+1)^2+3t^2\big]P_0+\frac{1}{2}\big[(t+1)^2-3t^2\big]P_1+\frac{1}{2}t^2P_2\\
&=\frac{1}{2}(t^2-2t+1)P_0+\frac{1}{2}(-2t^2+2t+1)P_1+\frac{1}{2}t^2P_2
\end{aligned} \tag{6.32}$$

其中

$$\begin{cases}F_{0,2}(t)=\dfrac{1}{2}(t^2-2t+1)\\[2mm]F_{1,2}(t)=\dfrac{1}{2}(-2t^2+2t+1)\\[2mm]F_{2,2}(t)=\dfrac{1}{2}t^2\end{cases}$$

为二次 B 样条曲线的 3 个调和函数。表示为矩阵形式

$$Q(t)=\frac{1}{2}[t^2\quad t\quad 1]\begin{bmatrix}1&-2&1\\-2&2&0\\1&1&0\end{bmatrix}\begin{bmatrix}P_0\\P_1\\P_2\end{bmatrix},\quad t\in[0,1]$$

下面考察二次 B 样条曲线的性质。

①端点位置矢量

将 $t=0$ 和 $t=1$ 代入式（6.32）得

$$Q(0) = \frac{1}{2}(P_0 + P_1)$$

$$Q(1) = \frac{1}{2}(P_1 + P_2)$$

这表明二次 B 样条曲线的起点在 $\overrightarrow{P_0 P_1}$ 的中点，终点在向量 $\overrightarrow{P_1 P_2}$ 的中点。

②端点处切线矢量

由式（6.32）求导可得

$$Q'(t) = (t-1)P_0 + (-2t+1)P_1 + tP_2$$

将 $t = 0$ 和 $t = 1$ 代入得

$$Q'(0) = P_1 - P_0$$

$$Q'(1) = P_2 - P_1$$

这表明二次 B 样条曲线在起点处的切矢量为 $\overrightarrow{P_0 P_1}$，在终点处的切矢量为 $\overrightarrow{P_1 P_2}$。

③二次 B 样条曲线及其连续性

设由 P_0、P_1、P_2 和 P_1、P_2、P_3 构成的两个特征多边形生成两条 B 样条曲线 S_1 和 S_2，则由上面关于端点位置矢量的讨论知道，S_1 的终点和 S_2 的起点都在 $\overrightarrow{P_1 P_2}$ 的中点，即满足 C^0 连续；而由上面有关切线矢量的讨论知道，S_1 和 S_2 在它们的连接处的切线矢量均为 $\overrightarrow{P_1 P_2}$，即满足 C^1。可见二次 B 样条曲线能够自动保持光滑连接，每在控制点序列中添加一个点都会生成一段 B 样条曲线，且与原有的曲线保持 C^1 连续性，如图 6.28 所示。

（a）二次 B 样条曲线及其控制多边形　　　（b）两条二次 B 样条曲线的拼接

图 6.28　二次 B 样条曲线及其连续性

④凸包性

由图 6.28 可以看出，第 i 段二次 B 样条曲线必然落在第 i 段特征多边形构成的凸包体内。

⑤局部性

每一段二次 B 样条曲线受三个控制点的影响，修改一个控制点的位置也只影响三段 B 样条曲线的形状。

（3）三次 B 样条曲线及其性质

三次 B 样条曲线中，$n = 3$，$l = 1, 2, 3, 4$，由式（6.31）可以得出

$$Q(t) = \sum_{i=0}^{3} P_i F_{i,3}$$

$$= P_0 F_{0,3}(t) + P_1 F_{1,3}(t) + P_2 F_{2,3}(t) + P_3 F_{3,3}(t)$$

$$= \frac{1}{6}(-t^3 + 3t^2 - 3t + 1)P_0 + \frac{1}{6}(3t^3 - 6t^2 + 4)P_1 +$$

$$\frac{1}{6}(-3t^3 + 3t^2 + 3t + 1)P_2 + \frac{1}{6}t^3 P_3$$

(6.33)

其中

$$\begin{cases} F_{0,3}(t) = \frac{1}{6}(-t^3 + 3t^2 - 3t + 1) \\ F_{1,3}(t) = \frac{1}{6}(3t^3 - 6t^2 + 4) \\ F_{2,3}(t) = \frac{1}{6}(-3t^3 + 2t^2 + 3t + 1) \\ F_{3,3}(t) = \frac{1}{6}t^3 \end{cases}$$

构成了三次 B 样条曲线的 4 个调和函数。用矩阵形式表示为

$$Q(t) = \frac{1}{6}\begin{bmatrix} t^3 & t^2 & t & 1 \end{bmatrix} \begin{bmatrix} -1 & 3 & -3 & 1 \\ 3 & -6 & 3 & 0 \\ -3 & 0 & 3 & 0 \\ 1 & 4 & 1 & 0 \end{bmatrix} \begin{bmatrix} P_0 \\ P_1 \\ P_2 \\ P_3 \end{bmatrix}, \quad t \in [0,1]$$

下面考察三次 B 样条曲线的性质。

①端点位置矢量

分别将 t=0 和 t=1 代入上面的方程，可以得到

$$Q(0) = \frac{1}{3}\left(\frac{P_0 + P_2}{2}\right) + \frac{2}{3}P_1 = \frac{1}{3}\left(P_1^* + 2P_1\right) = P_1 + \frac{1}{3}\left(P_1^* - P_1\right)$$

$$Q(1) = \frac{1}{3}\left(\frac{P_1 + P_3}{2}\right) + \frac{2}{3}P_2 = \frac{1}{3}\left(P_2^* + 2P_2\right) = P_2 + \frac{1}{3}\left(P_2^* - P_2\right)$$

其中

$$\begin{cases} P_1^* = \frac{P_0 + P_2}{2} \\ P_2^* = \frac{P_1 + P_3}{2} \end{cases}$$

以上表明，三次 B 样条曲线的起点在 $\overrightarrow{P_1 P_1^*}$ 的 $\frac{1}{3}$ 处，终点在 $\overrightarrow{P_2 P_2^*}$ 的 $\frac{1}{3}$ 处，如图 6.29 所示。

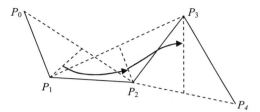

图 6.29　B 样条曲线示例

②端点处切线矢量

对式（6.33）求导得

$$Q'(t) = \frac{1}{6}(-3t^2 + 6t - 3)P_0 + \frac{1}{6}(9t^2 - 12t)P_1 +$$
$$\frac{1}{6}(-9t^2 + 6t + 3) + \frac{1}{6}(3t^2)P_3 \qquad （6.34）$$

将 t=0 和 t=1 代入得

$$Q'(0) = \frac{1}{2}(P_2 - P_0)$$

$$Q'(1) = \frac{1}{2}(P_3 - P_1)$$

以上表明，三次 B 样条曲线在起点处的切线矢量平行于 $\overrightarrow{P_0P_2}$，长度为 $\overrightarrow{P_0P_2}$ 的一半，终点处的切线矢量平行于 $\overrightarrow{P_1P_3}$，长度为 $\overrightarrow{P_1P_3}$ 的一半。

③端点处的二阶导数

对式（6.34）继续求导得

$$Q''(t) = \frac{1}{6}[(-6t + 6)P_0 + (18t - 12)P_1 + (-18t + 6)P_2 + 6tP_3]$$

将 t=0 和 t=1 分别代入得

$$Q''(0) = P_0 - 2P_1 + P_2 = 2(P_1^* - P_1)$$
$$Q''(1) = P_1 - 2P_2 + P_3 = 2(P_2^* - P_2)$$

其中

$$\begin{cases} P_1^* = \dfrac{P_0 + P_2}{2} \\ P_2^* = \dfrac{P_1 + P_3}{2} \end{cases}$$

以上表明，三次 B 样条曲线在起点处的二阶导数矢量为 $P_1P_1^*$ 的两倍，终点处的二阶导数矢量为 $P_2P_2^*$ 的两倍。

④其他性质

与二次 B 样条曲线类似，三次 B 样条曲线也具有凸包性、自然连续性、可扩展性、局部修改不变性等特点。有关 B 样条曲线的绘制程序，读者可参考有关 Bezier 曲线的程序自行编出。

（4）三次 B 样条曲线的边界条件

假设给定一组控制点 P_i，要求用三次 B 样条曲线拟合，要使曲线能够通过第一个控制点 P_0 并切于 $\overrightarrow{P_0P_1}$，通过最末的控制点 P_n 并切于 $\overline{P_{n-1}P_n}$。解决的办法是在 P_0 之前和 P_n 之后各补充一个点 P_{-1} 和 P_{n+1}，且保证 $P_{-1}P_0 = P_0P_1$ 和 $P_nP_{n+1} = P_{n-1}P_n$。

这是因为，对于第 $i=-1$ 段曲线，当 $t=0$ 时，有

$$Q_{-1,3}(0) = \frac{1}{6}(P_{-1} + 4P_0 + P_1) = P_0$$

$$Q'_{-1,3}(0) = \frac{1}{2}(P_1 - P_{-1}) = P_1 - P_0$$

显然与已知条件符合。

（5）反求 B 样条曲线的控制点

反求三次 B 样条曲线的控制点是指已知曲线上的一组型值点 $Q_i(i=1,2,\cdots,n)$，要用一条三次 B 样条曲线依次通过这些点。显然，首要的问题就是找出一组与点列 Q_i 对应的控制点序列 $P_i(i=0,1,2,\cdots,n,n+1)$。

我们假定每个型值点 Q_i 都是一段 B 样条曲线的起点 $Q_{i,3}(0)$，而 $Q_{i,3}(0)$ 与各控制点的关系是

$$Q_{i,3}(0) = \frac{1}{6}(P_i + 4P_{i+1} + P_{i+2}), \qquad i=1,\cdots,n$$

显然，这是一组联立方程，左边为已知点，右边为待求控制点，共有 n 个方程。但未知数 P_i 为 $n+2$ 个，因此，仍需补充两个条件才有解。例如，补充的两个边界条件分别为

$$P_0 = P_1 = Q_1$$
$$P_{n+1} = P_n = Q_n$$

这样，只剩 $P_i(i=2,3,\cdots,n-1)$ 共 $n-2$ 个未知数，写出求解控制点 P_i 的线性方程组（$n-2$ 个方程）为

$$\begin{bmatrix} 4 & 1 & & & & \\ 1 & 4 & 1 & & & \\ & 1 & 4 & 1 & & \\ & & \ddots & \ddots & \ddots & \\ & & & 1 & 4 & 1 \\ & & & & 1 & 4 \end{bmatrix}\begin{bmatrix} P_2 \\ P_3 \\ P_4 \\ \vdots \\ P_{n-2} \\ P_{n-1} \end{bmatrix} = \begin{bmatrix} 6Q_2 - Q_1 \\ 6Q_3 \\ 6Q_4 \\ \vdots \\ 6Q_{n-2} \\ 6Q_{n-1} - Q_n \end{bmatrix}$$

求解此线性方程组即可求出所有的控制点 P_i。

（6）B 样条曲线与 Bezier 曲线的相互转换

对于同一段曲线而言，既可以是 n 次的 Bezier 曲线，也可以是 n 次的 B 样条曲线。因此，当知道一段曲线作为 Bezier 曲线的控制顶点时，可以求出它作为 B 样条曲线的控制顶点，反之亦然。下面以三次 Bezier 曲线和三次 B 样条曲线的相互转化为例来说明。

设一段曲线作为三次 Bezier 曲线的控制顶点为 P_0、P_1、P_2、P_3，作为 B 样条曲线的控制顶点为 R_0、R_1、R_2、R_3。

三次 Bezier 曲线的矩阵形式为

$$Q(t) = \begin{bmatrix} t^3 & t^2 & t & 1 \end{bmatrix} \begin{bmatrix} -1 & 3 & -3 & 1 \\ 3 & -6 & 3 & 0 \\ -3 & 3 & 0 & 0 \\ 1 & 0 & 0 & 0 \end{bmatrix} \begin{bmatrix} P_0 \\ P_1 \\ P_2 \\ P_3 \end{bmatrix}$$

可简写为

$$Q(t) = TMG$$

三次 B 样条曲线的矩阵形式为

$$Q'(t) = \frac{1}{6} \begin{bmatrix} t^3 & t^2 & t & 1 \end{bmatrix} \begin{bmatrix} -1 & 3 & -3 & 1 \\ 3 & -6 & 3 & 0 \\ -3 & 0 & 3 & 0 \\ 1 & 4 & 1 & 0 \end{bmatrix} \begin{bmatrix} R_0 \\ R_1 \\ R_2 \\ R_3 \end{bmatrix}$$

可简写为

$$Q'(t) = TM'G'$$

因二者表示同一条曲线，则有

$$Q(t) = Q'(t)$$
$$\Rightarrow TMG = TM'G'$$
$$\Rightarrow MG = M'G'$$

则得到下面的关系

$$G = M^{-1}M'G'，即$$

$$\begin{bmatrix} P_0 \\ P_1 \\ P_2 \\ P_3 \end{bmatrix} = \frac{1}{6} \begin{bmatrix} 1 & 4 & 1 & 0 \\ 0 & 4 & 2 & 0 \\ 0 & 2 & 4 & 0 \\ 0 & 1 & 4 & 1 \end{bmatrix} \begin{bmatrix} R_0 \\ R_1 \\ R_2 \\ R_3 \end{bmatrix}$$

$$G' = (M')^{-1}MG，即$$

$$\begin{bmatrix} R_0 \\ R_1 \\ R_2 \\ R_3 \end{bmatrix} = \begin{bmatrix} 6 & -7 & 2 & 0 \\ 0 & 2 & -1 & 0 \\ 0 & -1 & 2 & 0 \\ 0 & 2 & -7 & 6 \end{bmatrix} \begin{bmatrix} P_0 \\ P_1 \\ P_2 \\ P_3 \end{bmatrix}$$

2. B 样条曲面

我们知道，Bezier 曲面是 Bezier 曲线的扩展。同样，B 样条曲面也是 B 样条曲线的扩展，它也是由空间中的特征多面体中的各顶点决定的。

给定 $(n+1) \times (m+1)$ 个点 P_{ij} ($i = 0, 1, \cdots, n$；$j = 0, 1, \cdots, m$)，则可以生成一个 $n \times m$ 次的 B 样条曲面片，其表示形式为

$$Q(u,v) = \sum_{i=0}^{m} \sum_{j=0}^{n} P_{ij} \ F_{i,m}(u) \ F_{j,n}(v)，\quad u, v \in [0,1] \tag{6.35}$$

其中，P_{ij} 构成了 B 样条曲面片的特征多面体。m 可以不等于 n。当 $m=n=3$ 时，特征多面体有 16 个顶点，其相应的 B 样条曲面片称为双三次 B 样条曲面片，如图 6.30 所示。

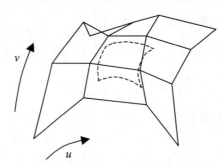

图 6.30　双三次 B 样条曲面片

双三次 B 样条曲面片的矩阵表示为

$$Q(u,v) = UM_BGM_B^{\mathrm{T}}V^{\mathrm{T}} \tag{6.36}$$

其中

$$U = [u^3 \quad u^2 \quad u \quad 1] \qquad V = [v^3 \quad v^2 \quad v \quad 1]$$

$$M_B = \frac{1}{6}\begin{bmatrix} -1 & 3 & -3 & 1 \\ 3 & -6 & 3 & 0 \\ -3 & 0 & 3 & 0 \\ 1 & 4 & 1 & 0 \end{bmatrix} \qquad G = \begin{bmatrix} P_{11} & P_{12} & P_{13} & P_{14} \\ P_{21} & P_{22} & P_{23} & P_{24} \\ P_{31} & P_{32} & P_{33} & P_{34} \\ P_{41} & P_{42} & P_{43} & P_{44} \end{bmatrix}$$

G 中各顶点 P_{ij} 的排列顺序同图 6.27（b）。

当用相同的特征多面体来构造 Bezier 曲面和 B 样条曲面时，B 样条曲面的面积较小，二者的对比如图 6.31 所示。

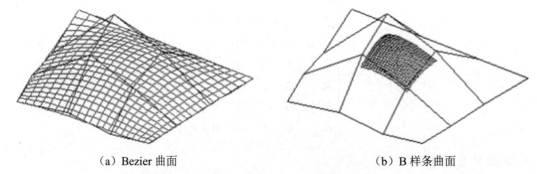

（a）Bezier 曲面　　　　　　　　　　　　　（b）B 样条曲面

图 6.31　相同特征多面体的 Bezier 曲面与 B 样条曲面

B 样条曲线的许多性质都可以推广到 B 样条曲面片，如可扩展性、自然连续性、凸包性、几何和透视不变性等。

从单张曲面片来看，Bezier 曲面片具有更好的直观性，但多张 Bezier 曲面片之间的光滑连接需要更多的条件，即便提供的条件已能实现曲面片的光滑连接，但仍不能随意修改控制顶点。多张 B 样条曲面之间则能够自然的光滑连接，满足 C^0、G^1、G^2 的连续性，且控制顶点的作用具有的局部性更好，可以在随意修改控制顶点的位置时仍能保持曲面片的光滑连接。因此，一般情况下，使用 B 样条曲面比 Bezier 曲面更方便。

6.4.5 NURBS 曲线/曲面

B 样条方法在表示和设计自由型曲线与曲面时显示了强大的威力，然而在表示和设计由二次曲面或平面构成的初等曲面时却遇到了麻烦。这是因为 B 样条曲线（面），包括其特例的 Bezier 曲线（面），不能精确表示抛物线（面）外的二次曲线（面），只能给出近似表示。近似表示将带来处理上的麻烦，使本来简单的问题复杂化，还带来原来不存在的设计误差问题。例如，若要用 Bezier 曲线较精确地表示一个半圆，则需要用到 5 次 Bezier 曲线，还必须专门计算其控制顶点。这样，为了精确表示二次曲线与曲面，就不得不采用另一套数学描述方法，如用隐式方程表示。这样不仅重新带来隐式方程所存在的问题，还将导致一个几何设计系统采用两种不同的数学方法，这是计算机处理系统最忌讳的。解决这个问题的途径就是改造现有的 B 样条方法，在保留它描述自由型曲线与曲面强大能力的同时，扩充其统一表示二次曲线与曲面的能力。这个方法就是有理样条（Rational Spline）方法。由于在形状描述实践中，有理样条经常以非均匀类型出现，二均匀、非均匀、准均匀、分段 Bezier 三种类型又可看成非均匀类型的特例，因此人们习惯称之为非均匀有理 B 样条（Non-Uniform Rational B-Spline，NURBS）方法。有理函数是两个多项式之比，因此，有理样条是两个样条参数多项式之比。综上所述，NURBS 方法是既能描述自由型曲线与曲面，又能精确表示二次曲线与曲面的有理参数多项式方法。

有理参数多项式有以下两个重要的优点。（1）有理参数多项式具有几何和透视投影变换不变性，如果要产生一条经过透视投影变换的空间曲线，对于用无理多项式表示的曲线，第一步需生成曲线的离散点，第二步对这些离散点作透视投影变换，得到要求的曲线。对于用有理多项式表示的曲线，第一步对定义曲线的控制点作透视投影变换，第二步是用变换后的控制点生成要求的曲线。显然，后者比前者的工作量小许多。（2）用有理参数多项式可精确地表示圆锥曲线、二次曲面，进而可统一几何造型算法。

1. NURBS 曲线/曲面的定义

NURBS 曲线是一个分段的有理参数多项式函数，表达式为

$$P(t) = \frac{\sum_{k=0}^{n} w_k P_k B_{k,m}(t)}{\sum_{k=0}^{n} w_k B_{k,m}(t)} \tag{6.37}$$

式中，P_k 为控制顶点，参数 w_k 是控制点的权因子，对于一个特定的控制点 P_k，其权因子 w_k 越大，曲线越靠近该控制点。当所有的权因子都为 1 时，得到非有理 B 样条曲线，因为此时式（6.37）中的分母为 1（基函数之和）。$B_{k,m}(t)$ 是定义在结点矢量 $\boldsymbol{T} = (t_0, t_1, \cdots, t_{n+m})$ 上的 B 样条基函数。

下面用 NURBS 曲线来表示二次曲线。假定用定义在 3 个控制顶点和开放均匀的结点

矢量上的二次（三阶）B 样条函数来拟合，于是，$T=(0,0,0,1,1,1)$，取权函数

$$w_0 = w_2 = 1 , \quad w_1 = \frac{r}{1-r} \quad (0 \leqslant r < 1)$$

则有理 B 样条的表达式为

$$P(t) = \frac{P_0 B_{0,3(t)} + \dfrac{r}{1-r} P_1 B_{1,3(t)} + P_2 B_{2,3(t)}}{B_{0,3(t)} + \dfrac{r}{1-r} B_{1,3(t)} + B_{2,3(t)}} \tag{6.38}$$

取不同的 r 值可得到各种二次曲线。当 $r>1/2$，$w_1 >1$ 时，得到双曲线；当 $r=1/2$，$w_1 =1$ 时，得到抛物线；当 $r<1/2$，$w_1 <1$ 时，得到椭圆弧；当 $r=0$，$w_1=0$ 时，得到直线段，如图 6.32 所示。

当选控制点为 $P_0 = (0,1)$，$P_1 = (1,1)$，$P_2 = (1,0)$，$w_1 = \cos\alpha$ 时，式（6.38）可产生第一象限的 1/4 单位圆弧，如图 6.33 所示。若要产生单位圆的其他部分，只需要改变控制点的位置即可。

类似地，NURBS 曲面可以由下面的有理参数多项式函数来表示。

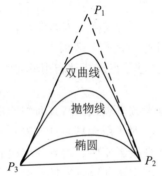

图 6.32　由不同有理样条权因子
生成的二次曲线段

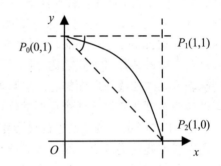

图 6.33　有理样条权因子生成的第一象限上的圆弧

$$P(u,v) = \frac{\displaystyle\sum_{k_1=0}^{n_1}\sum_{k_2=0}^{n_2} w_{k_1,k_2} P_{k_1,k_2} B_{k_1,m_1}(u) B_{k_2,m_2}(v)}{\displaystyle\sum_{k_1=0}^{n_1}\sum_{k_2=0}^{n_2} w_{k_1,k_2} B_{k_1,m_1}(u) B_{k_2,m_2}(v)} \tag{6.39}$$

式中，P_{k_1,k_2} 点为控制顶点，所有的 $(n_1+1)\times(n_2+1)$ 个控制顶点组成控制网格。$B_{k_1,m_1}(u)$ 和 $B_{k_2,m_2}(v)$ 是定义在 u、v 参数轴上的结点矢量 $U = (u_0,u_1,\cdots,u_{n_1+m_1})$ 和 $V = (v_0,v_1,\cdots,v_{n_2+m_2})$ 的 B 样条基函数。

除了式（6.37）和式（6.38）的有理参数多项式函数表示外，NURBS 曲线还可以用有理基函数和齐次坐标表示。3 种表示形式是等价的，却有不同的意义。有理参数多项式表示是有理表示的由来，表明 NURBS 曲线是 Bezier 曲线和非有理 B 样条曲线的推广。在有理基函数表示形式中，可以较清楚地了解 NURBS 曲线的性质。NURBS 曲线的齐次坐标表示表明，NURBS 曲线是在高一维空间里它的控制顶点的齐次坐标或带权控制顶点所定义

的非有理 B 样条曲线在 $w=1$ 的超平面上的中心投影, 赋予 NURBS 曲线明确的几何意义。

2.有理基函数的性质

NURBS 曲线用有理基函数表示为

$$P(t) = \sum_{k=0}^{n} P_k R_{k,m}(t)$$

$$R_{k,m}(t) = \frac{w_k B_{k,m}(t)}{\sum_{j=0}^{n} w_j B_{j,m}(t)} \qquad (6.40)$$

式中, $R_{k,m}(t)$ 称为有理基函数, 具有如下性质。

（1）普遍适用性

如果令全部权因子均为 1, 则 $R_{k,m}(t)$ 退化为 $B_{k,m}(t)$; 如果结点矢量仅由两端的 m 重结点构成, 则 $R_{k,m}(t)$ 退化为 Bernstein 基函数。由此可知, 有理基函数将 Bezier 样条、B 样条和有理样条有效地统一起来, 具有普遍适用性。

（2）局部性

$R_{k,m}(t)$ 在 $[t_k, \ t_{k+m}]$ 子区间中取正值, 在其他地方为 0, 即有 $R_{k,m}(t) \geqslant 0$ $(t \in [t_k, t_{k+m}])$, 且有 $R_{k,m}(t) = 0 (t \notin [t_k, t_{k+m}])$。

（3）凸包性

NURBS 曲线/曲面落在控制点特征多边形构成的凸包体内。

（4）可微性

在结点区间内, 当分母不为 0 时, $R_{k,m}(t)$ 是无限次连续可微的。在结点处, 若结点的重复出现次数为 j, 则 $R_{k,m}(t)$ 为 $m-j$ 阶可微。

（5）权因子

如果某个权因子 $w_k = 0$, 则 $R_{k,m}(t) = 0$, 相应的控制顶点对曲线根本没有影响。若 $w_k = +\infty$, 则 $R_{k,m}(t) = 1$。说明权因子越大, 曲线越靠近相应的控制顶点。

3.NURBS 曲线/曲面的特点

NURBS 曲线具有与 B 样条曲线相同的局部调整性、凸包性、几何不变性、变差减少性、造型灵活等特点。类似地, NURBS 曲面也具有局部调整性、凸包性、几何不变性等性质, 但不具有变差减少性。此外, NURBS 曲线/曲面还具有以下优点。

（1）既为自由型曲线/曲面也为初等曲线/曲面的精确表示与设计提供了一个公共的数学形式, 一个统一的数据库就能够存储这两类形状信息。

（2）为了修改曲线/曲面的形状, 既可以借助调整控制顶点, 又可以利用权因子, 因而具有较大的灵活性。

（3）计算稳定且速度快。

（4）NURBS 有明确的几何解释, 这对于有良好的几何知识尤其是画法几何知识的设计人员特别有用。

（5）NURBS 具有强有力的几何配套计算工具，包括结点插入与删除、结点细分、升阶、结点分割等，能用于设计、分析与处理等各个环节。

（6）NURBS 具有几何和透视投影变换不变性。

（7）NURBS 是非有理 B 样条形式以及有理与非有理 Bezier 形式的有意义的推广。

鉴于 NURBS 在形状定义方面的强大功能与潜力，不等到该方法完全成熟，美国国家标准局在 1983 年制定的 IGES 规范第 2 版中就将 NURBS 列为优化类型。1991 年，国际标准化组织正式颁布工业产品几何定义的 STEP 标准，以此作为产品数据交换的国际标准，其中自由型曲线与曲面唯一地用 NURBS 表示。

尽管如此，NURBS 存在如下缺点。

（1）需要额外地存储以定义传统的曲线/曲面。例如，为用一个外切正方形作为控制多边形定义的一个整圆，至少需要 7 个控制点 (x_k, y_k, z_k)、7 个权因子和 10 个结点，而传统的表示只给出圆心 (x_r, y_r, z_r)、半径 R 和垂直于圆所在平面的法矢量 (n_x, n_y, n_z)。这意味着，在三维空间用 NURBS 方法定义一个整圆要求 38 个数据，而传统的方法只要求 7 个数据。

（2）权因子的不合适应用可能导致很坏的参数化，甚至毁掉随后的曲面结构。

（3）某些技术用传统形式比用 NURBS 工作得更好。例如，曲线与曲面求交时，NURBS 方法特别难于处理刚好接触的情况。

（4）某些基本算法，如求反曲线/曲面上点的参数值，存在数值不稳定的问题。

NURBS 方式建立在非有理 Bezier 方法与非有理 B 样条方法基础上，然而把 NURBS 方法看成非有理 Bezier 方法与非有理 B 样条方法的直接推广就过于简单了，也是不恰当的。在 NURBS 里将会遇到非有理方法中未出现的一系列新问题，计算将变得复杂。我国的施法中教授与朱新雄教授认为，对 NURBS 要慎用，他们把 NURBS 比作一匹烈性骏马，当还未摸透它的脾气时，就驾驭不了它，甚至还会把人摔得鼻青脸肿。当摸透权重因子的脾气后，就会变滥用为巧用，变慎重为自如，就能充分发挥 NURBS 的潜能。有关 NURBS 的描述，读者可以参阅相关参考文献，这里不再详述。

6.4.6　编程实例——OpenGL 曲线/曲面生成

在 OpenGL 中，可以根据本章所学的有关 Bezier 曲线和曲面的原理直接编写程序。但 OpenGL 还提供了一种叫作 Evaluator（通常被翻译为"求值器"）的功能函数用于简化平滑曲线和曲面的生成，它是基于 Bernstein 多项式来以 Bezier 曲线和曲面的方式来计算平滑曲面。Evaluator 除被用于计算曲线/曲面外，还可以用于计算平滑过渡的法向、颜色和纹理值。

Evaluator 的使用流程是先用 glMap*()定义一个由控制多边形表示的 Bezier 曲线函数，或一个由控制多面体表示的 Bezier 曲面函数，并用 glEnable()激活该曲线或曲面函数，然后使用 glEvalCoord1()或 glEvalCoord2()代替 glVertex*()来实现批量网格点计算。

1. 绘制 Bezier 曲线

对绘制 Bezier 曲线，要使用一维求值器，其中 glMap1*()函数的定义如下。

```
void glMap1{fd}(GLenum target, TYPE u1, TYPE u2, GLint stride,GLint order,
const TYPE* points);
```

各参数含义如下。

（1）花括号中的 f 或 d 分别表示单精度浮点版本和双精度浮点版本，既可以用 glMap1f()例程，也可以用 glMap1d()。参数 target 必须是 OpenGL 中已定义好的枚举变量，对绘制曲面而言，必须是 GL_MAP1_VERTEX_3 或 GL_MAP1_VERTEX_4（用齐次坐标系表示时的枚举）。对颜色、法向和纹理而言，它的参数分别是 GL_MAP1_COLOR_4，GL_MAP1_NORMAL、GL_MAP1_TEXTURE_COORD_{}，这里"{}"可以是 1、2、3、4 中任意一个值。

（2）参数 u1 和 u2 表示 u 方向的变化范围。stride 表示在控制点数组中取值的跨越步长，对于三维的点，不管其坐标值是单精度，还是双精度，stride 的值都为 3。

（3）参数 order 表示 Bernstein 函数的阶次+1，对三次双项式，order 的值为 4。

（4）参数 points 用于传递控制点数组的起始地址，具体参考下面的示例程序。

一维求值器（如 glEvalCoord1()）的定义为

```
void glEvalCoord1{fd}(TYPE u);
```

其中，u 为当前参数 u 的离散取值。该函数针对单精度和双精度浮点数，存在两个版本，即 glEvalCoord1f()和 glEvalCoord1d()。

下面给出示例程序，运行效果如图 6.34（a）所示。

```
#include <GL/glut.h>
GLfloat ctrlpoints[4][3] =
{{ -4.0, -4.0, 0.0}, { -2.0, 3.0, 0.0},
{2.0, 4.5, 0.0}, {3.0, -3.0, 0.0}};
void init(void)
{
    glClearColor(1.0, 1.0, 1.0, 0.0);
    glShadeModel(GL_FLAT);
    //下行用于定义曲线函数
    glMap1f(GL_MAP1_VERTEX_3, 0.0, 1.0, 3, 4, &ctrlpoints[0][0]);
    glEnable(GL_MAP1_VERTEX_3); //将当前曲线函数激活
}
void display(void)
{
    int i;
    glClear(GL_COLOR_BUFFER_BIT);
    //下面用求值器按20等分计算Bezier曲线上的点
```

```
    glColor3f(0.0, 0.0, 0.0);
    glLineWidth(2);
    glBegin(GL_LINE_STRIP);
    for (i = 0; i <= 20; i++)
        glEvalCoord1f((GLfloat) i/20.0); //相当于调用了glVertex*()
    glEnd();
    //下面绘制控制多边形
    glLineWidth(1);
    glColor3f(0.0, 0.0, 1.0);
    glBegin(GL_LINE_STRIP);
    for (i = 0; i < 4; i++)
        glVertex3fv(&ctrlpoints[i][0]);
    glEnd();
    glFlush();
}
void reshape(int w, int h)
{
    glViewport(0, 0, (GLsizei) w, (GLsizei) h);
    glMatrixMode(GL_PROJECTION);
    glLoadIdentity();
    if (w <= h)
        glOrtho(-5.0, 5.0, -5.0*(GLfloat)h/(GLfloat)w,
            5.0*(GLfloat)h/(GLfloat)w, -5.0, 5.0);
    else
        glOrtho(-5.0*(GLfloat)w/(GLfloat)h, 5.0*(GLfloat)w/(GLfloat)h,
            -5.0, 5.0, -5.0, 5.0);
    glMatrixMode(GL_MODELVIEW);
    glLoadIdentity();
}
int main(int argc, char** argv)
{
    glutInit(&argc, argv);
    glutInitDisplayMode (GLUT_SINGLE | GLUT_RGB);
    glutInitWindowSize (500, 500);
    glutInitWindowPosition (100, 100);
    glutCreateWindow (argv[0]);
    init ();
    glutDisplayFunc(display);
    glutReshapeFunc(reshape);
    glutMainLoop();
    return 0;
}
```

2.绘制 Bezier 曲面

使用 glMap2*()和 glEvalCoord2*()来定义二维求值器。

（1）函数 glMap2*()的定义

```
void glMap2{fd}(GLenum target, TYPE u1, TYPE u2, GLint ustride, GLint uorder,
TYPE v1, TYPE v2, GLint vstride, GLint vorder, TYPE points);
```

其中，参数 target 也是 OpenGL 枚举，对构造曲面，要选 GL_MAP2_VERTEX_3 或 GL_MAP2_VERTEX_4。u1、u2 和 v1、v2 分别是 u、v 两个方向上的取值范围。参数 ustride 和 vstride 分别表示 u 方向和 v 方向在顶点数组中的跨越步长，对三次曲面而言，它们的值分别为 3 和 12。参数 uorder 和 vorder 分别表示 u 方向和 v 方向的阶次，对三次曲面而言，这两个值都是 4。参数 points 也是顶点数组的首地址。

（2）函数 glEvalCoord2*()的定义

```
void glEvalCoord2{fd}(TYPE u, TYPE v);
```

该函数只有 u 和 v 这两个参数，分别表示当前两个方向参数 u 和 v 的离散取值。

下面给出一段示例程序，运行效果如图 6.34（b）所示。

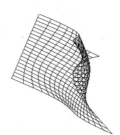

（a）Bezier 曲线　　　　　　　　　　（b）Bezier 曲面

图 6.34 示例程序绘制效果

```
#include <GL/glut.h>
GLfloat ctrlpoints[4][4][3] = {
{{-3, 0, 4.0}, {-2, 0, 2.0}, {-1, 0, 0.0}, {0, 0, 2.0}},
{{-3, 1, 1.0}, {-2, 1, 3.0}, {-1, 1, 6.0}, {0, 1, -1.0}},
{{-3, 2, 4.0}, {-2, 2, 0.0}, {-1, 2, 3.0}, {0, 2, 4.0}},
{{-3, 3, 0.0}, {-2, 3, 0.0}, {-1, 3, 0.0}, {0, 3, 0.0}}
};
void display(void)
{
    int i, j;
    glClear(GL_COLOR_BUFFER_BIT | GL_DEPTH_BUFFER_BIT);
    glColor3f(0.0, 0.0, 0.0);
    glPushMatrix ();
    glRotatef(85.0, 1.0, 1.0, 1.0);
```

```
    for (j = 0; j <= 20; j++)
    {
        glBegin(GL_LINE_STRIP);
        for (i = 0; i <= 20; i++)
            glEvalCoord2f((GLfloat)i/20.0, (GLfloat)j/20.0); //调用求值器
        glEnd();
        glBegin(GL_LINE_STRIP);
        for (i = 0; i <= 20; i++)
            glEvalCoord2f((GLfloat)j/20.0, (GLfloat)i/20.0); //调用求值器
        glEnd();
    }
    glPopMatrix ();
    glFlush();
}
void init(void)
{
    glClearColor (1.0, 1.0, 1.0, 0.0);
    //下行的代码用控制点定义Bezier曲面函数
    glMap2f(GL_MAP2_VERTEX_3, 0, 1, 3, 4, 0, 1, 12, 4, &ctrlpoints[0][0][0]);
    glEnable(GL_MAP2_VERTEX_3);                    //激活该曲面函数
    glOrtho(-5.0, 5.0, -5.0, 5.0, -5.0, 5.0);      //构造平行投影矩阵
}
int main(int argc, char** argv)
{
glutInit(&argc, argv);
glutInitDisplayMode (GLUT_SINGLE | GLUT_RGB | GLUT_DEPTH);
glutInitWindowSize (500, 500);
glutInitWindowPosition (100, 100);
glutCreateWindow (argv[0]);
init ();
glutDisplayFunc(display);
glutMainLoop();
return 0;
}
```

习 题 6

1. 什么是实体？有效的实体具有哪些性质？
2. 在多边形网格表示法中，常用的图形几何元素有哪些？

3．什么是扫描表示、构造实体几何表示？

4．解释插值、逼近。

5．参数表示法描述曲线或曲面有何优点？为何在表示时通常采用次数为 3？

6．Bezier 曲线及 B 样条曲线的特性有哪些？

7．如何实现 Bezier 曲线和 B 样条曲线之间的相互转化？

8．如何构造一条 Bezier 曲线，使它通过已知型值点(1,1)、(2,3)、(7,6)、(9,2)序列？

第 7 章　真实感图形技术

真实感图形绘制是计算机图形学研究的重要内容之一。它在人们日常的工作、学习和生活中已经有了非常广泛的应用，而且人们对于计算机在视觉感受方面的要求越来越高，这就需要研究更多更逼真的真实感图像生成算法。本章将对消隐、光照与着色、纹理映射等进行详细介绍，最后对图形绘制流水线进行进一步分析。在图形绘制流水线中，本章主要内容属于光栅阶段。

7.1　真实感图形分析与图形绘制策略

本节先对真实感图形的特点及影响因素进行简单介绍，接着对图形绘制的策略进行分析介绍。

7.1.1　真实感图形

真实感图形是综合利用数学、物理学、计算机科学以及其他科学技术在计算机图形设备上生成的、像彩色照片那样逼真的图形。在 20 世纪 80 年代，计算机真实感图形还主要局限在高等学校、科研院所的实验室里，90 年代以来，通过高科技电影、电视广告、电子游戏等媒体，真实感图形已经越来越深入到人们的日常生活中，人们完全可以在办公室或家庭计算机上生成自己喜爱的真实感图形，如图 7.1 所示为真实感图形应用实例。

1. 真实感图形的特点

所谓真实感图形，主要指在屏幕上显示的图形效果能迷惑观察者，使其认为这是极其逼真的图景。要生成一幅具有高度真实感的图形，应当考虑照射物体的光源类型、物体表面的性质以及光源与物体的相对位置、物体以外的环境等。

一般来说，真实感的图形应具有以下特点。

（1）能反映物体表面颜色和亮度的细微变化。

（2）能表现物体表面的质感。

（3）能通过光照下的物体阴影极大地改善场景的深度感与层次感。

（4）能模拟透明物体的透明效果和镜面物体的镜像效果。

（a）野外场景模拟

（b）小区规划设计

（c）室内装修展示

（d）机械设备仿真

图 7.1　真实感图形应用实例

2. 影响真实感图形因素

从图形显示角度来说，图形的真实感效果主要取决于物体的外观效果，而决定一个物体外观的因素主要有以下几点。

（1）物体本身的几何形状。自然界中物体的形状是很复杂的，有些可以表示成多面体，有些可以表示成曲面体，而有些很难用简单的数学函数来表示（如云、水、雾、火等）。

（2）物体表面的特性。这包括材料的粗糙度、感光度、表面颜色和纹理等。对于透明体，还包括物体的透光性。例如，纸和布的不同在于它们是不同类型的材料，而同样是布，又可通过布的质地、颜色和花纹来区分。

（3）照射物体的光源。从光源发出的光有亮有暗，光的颜色有深有浅，我们可以用光的波长（即颜色）和光的强度（即亮度）来描述。光源还有点光源、线光源、面光源和体光源之分。

（4）物体与光源的相对位置。

（5）物体周围的环境。它们通过对光的反射和折射，形成环境光，在物体表面上产生一定的照度，它们还会在物体上形成阴影。

真实感图形技术的关键在于充分考察上述影响物体外观的因素，建立合适的光照明模型，并通过显示算法将物体在显示器上显示出来。目前，计算机图形学中用于提高图形真实感的技术主要有多边形着色、纹理映射技术、透明与阴影处理、光线跟踪技术等。

7.1.2　图形绘制的两种基本策略

根据 1.1.2 绘制介绍可知，图形绘制就是根据给定虚拟相机和数字几何模型，在指定的成像平面利用几何方法来计算成像结果。如果把虚拟相机绘制成像这个过程简单视为一个绘制黑箱，则它的输入是数字几何模型；它的输出是组成图像的像素阵列，如图 7.2 所示。

图 7.2　图形绘制黑箱

在这个绘制黑箱内部，需要完成很多几何计算任务。虽然可以使用各种不同的策略将这些任务组织起来，但是不管采用哪种策略，有两件事情必须要完成：第一，每个几何对象都要通过图形绘制黑箱；第二，像素阵列中每个要显示的像素都要通过绘制黑箱进行颜色赋值。

如果把这个绘制黑箱视为能执行所有绘制过程的单个程序，则该程序的输入是用于定义几何对象的一组顶点，输出的是像素阵列。因为该程序必须给每个像素赋一个颜色值，并且必须处理每个几何对象，所以这个程序至少有两个循环，它们分别用来对像素和几何对象进行迭代处理。

如果希望编写这样的程序，那么必须首先解决下面的问题：我们应该使用哪个变量控制外层的循环？对该问题的不同回答决定了整个绘制过程的实现流程。该问题有两个基本的答案，在实现过程中采用的这两种策略通常称为基于对象空间（Object-oriented）的绘制和基于图像空间（Image-oriented）的绘制。

1. 基于对象空间的绘制

在基于对象空间的方法中，程序的外层循环控制几何对象的遍历。我们认为基于这种方法的程序的循环控制结构为：

```
for (each object) {
    render(object);
}
```

这种循环控制结构适合采用流水线方式来实现。几何对象的顶点由程序定义后流经一系列的模块，这些模块依次对这些顶点执行几何变换、裁剪、光栅化、着色以及可见性判定等多个阶段，如图 7.3 所示。因此，大部分基于对象空间方法的图形绘制系统都采用绘制流水线的结构，其处理步骤对应的每一个任务都包含相应的硬件或软件模块，数据（顶点）自前向后流经整个图形绘制系统。

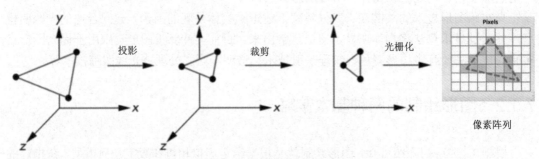

图 7.3　基于对象空间的绘制

在过去，这种基于对象空间方法的主要限制在于需要大容量的内存以及单独处理每个对象所需的大量时间开销。任何经过几何处理步骤处理后的几何图元都可能会对像素阵列中的像素产生影响，因此整个像素阵列都必须具有显示屏幕大小的空间分辨率，并且在任何时候都可以访问其存储的数据。目前已有的各种基于流水线绘制结构的几何处理器每秒钟能够处理数以千万的多边形。实际上，由于对每个图元执行相同的操作，可以构建各种专用功能的芯片和硬件来实现这些操作，这使得基于对象空间的图形系统所用的硬件处理速度很快，且成本也相对低廉。

如今，基于对象空间方法的图形绘制系统的主要局限性是它们无法处理大部分的全局计算。因为图形绘制系统按任意的顺序独立地处理每一个几何图元，所以像反射这种复杂的光照效果，由于涉及多个几何对象的相互作用，除了使用近似的方法，无法进行精确处理。

由于采用流水线方式的基于对象空间方法具有线性和流水线特征，同时图形硬件的发展也一直针对它进行，因此这种方式更多地被主流图形绘制系统所采用。

2. 基于图像空间的绘制

对于基于图像空间方法的程序，它的最外层循环控制像素的遍历，或者控制每一行像素，即扫描线，这些像素构成了最终图像。基于这种方法的程序的外循环控制结构的伪代码为

```
for (each pixel) {
    assign a color(pixel);
}
```

光线跟踪就是基于图像空间方法的一个很好实例，其基本思想是对于光源发出的所有光线，对最终绘制的图像有贡献的只是那些进入虚拟照相机镜头并到达投影中心的光线。

图 7.4（a）显示了一个点光源与一些理想镜面反射面之间可能的几种相互作用方式。进入虚拟照相机镜头的光线，有的直接来自于光源；有的来自于光源与虚拟照相机（即视点）可见的对象表面之间相互作用形成的光线；有的来自经过一个或多个对象表面的折射形成的折射光线。

离开光源的大部分光线并没有进入虚拟照相机的镜头，这些对最终绘制的图像没有任何贡献，因此，试图跟踪光源发出的所有光线来进行绘制是一个很耗时的方法。然而，如果按相反的方向来看光线，并且只考虑那些来自于投影中心的光线，显然，这些投射光线对绘制的图像一定有贡献，由此可得光线跟踪的初始模型如图 7.4（b）所示。图中，对于每一个像素，我们可以逆流而上按相反的方向来确定哪些几何对象对该像素的颜色有贡献。

这种方法的优点是，在任何时候只需要使用有限的显示内存，而且可以按屏幕刷新的速度和顺序来生成像素。因为对于相邻像素（或相邻扫描线）的大部分计算操作，其处理结果不会有太大的差异，所以可以在算法中充分利用这种连贯性，具体的做法是开发增量式计算公式来处理算法的实现过程。该方法的主要缺陷是，如果不事先根据几何数据建立相应的数据结构，那么无法确定哪些图元影响哪些像素，这样的数据结构可能非常复杂，

而且意味着在绘制过程中需要随时访问所有的几何数据。这对于大规模场景数据库所带来的问题是，即使采用很好的数据表示方法，也无法避免出现内存不足等问题。然而，因为基于图像空间的方法需要为每个像素访问所有的几何对象，所以这种方法非常适合于处理全局效果，如阴影和反射等。7.6 节将对光线跟踪方法进行介绍。

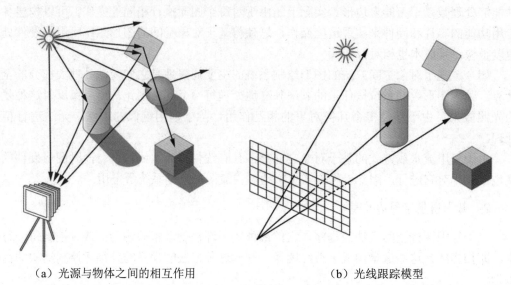

（a）光源与物体之间的相互作用　　　　　　　　（b）光线跟踪模型

图 7.4　基于图像空间的绘制

7.2　消　隐　算　法

消隐问题自 20 世纪 60 年代被提出到目前为止，已有数十种算法，但是由于物体的形状、大小、相对位置等因素千变万化，至今它仍吸引人们做出不懈的努力去探索更好的算法。这方面的研究是向着算法正确、节省内存空间、加快运算速度等目标而进行。

7.2.1　消隐概述

用计算机生成的图形有 3 种表示方式：第 1 种是线框图，图上的线条为形体的棱边；第 2 种是消隐图，图上只保留形体上看得见的部分，被遮挡住的部分用虚线表示或不显示；第 3 种是真实感图形，能够表现形体的光照效果，如图 7.5 所示。要生成具有真实感的图形，一个首要的问题就是在给定视点和视线方向后，决定场景中哪些物体的表面是可见的，哪些是被遮挡不可见的。这一问题称为物体的消隐或隐藏线面的消除。

1. 消隐的定义与分析

当对物体进行投影时，物体后面部分的轮廓线和表面被前面部分遮挡而不可见，将这种不可见的轮廓线和表面分别称为隐藏线和隐藏面。绘制线框图时应消除隐藏线,绘制真实感图形时应消除隐藏面,否则会造成线条密集、层次紊乱,使得形体的形状结构难以辨识。更重要的是,未经消除隐藏线和隐藏面的立体图往往存在二义性,如图 7.6(a)所示的立方体,由于没有消除隐藏线,既可以将它理解为图 7.6(b)所示的物体,也可以理解为图 7.6(c)所示的物体。因此,只有消除隐藏线或隐藏面的图形才有实用价值。这种消除隐藏线或隐藏面的过程称为消隐处理,简称消隐。经过消隐得到的图形称为消隐图。

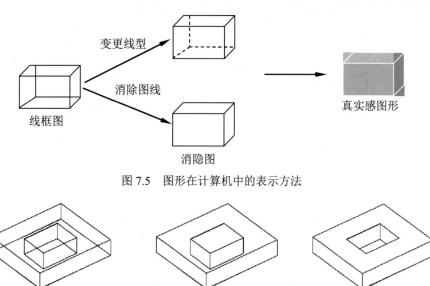

图 7.5　图形在计算机中的表示方法

（a）原始图　　　　　　　（b）一种理解　　　　　　　（c）另一种理解

图 7.6　投影图的二义性

消隐处理从原理上讲并不复杂。为了消除被遮挡的线段,只需将物体上的所有线段与遮挡面进行遮挡测试,观察线段是否被全部遮挡、部分遮挡或者不被遮挡,然后画出线段的可见部分。

消隐不仅与消隐对象有关,还与观察者的位置有关。如图 7.7 所示,由于视点的位置不同,物体的可见部分也不同:当视点在 V_1 位置时,A、B 两面可见,C、D 两面不可见;当视点移到 V_2 位置时,D 面由不可见变为可见,而 B 面则由可见变为不可见。

因此,消隐处理根据给定的观察者的空间位置来决定哪些线段、棱边、表面或物体是可见的,哪些是不可见的。

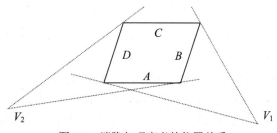

图 7.7　消隐与观察者的位置关系

消隐的本质是排序，通过排序来判别消隐对象的体、面、边和点与观察点几何距离的远近。通常在 x、y、z 三个坐标方向上都要进行排序。一般说来，先对哪个坐标排序不影响消隐算法的效率，但大多数消隐算法都是先在 z 方向排序，确定体、面、边、点相对于观察点的距离，因为物体距离观察点越远，越有可能被离观察点近的物体所遮挡，如图 7.8（a）所示。但并不是所有离观察点远的物体都会被离观察点近的物体所遮挡，例如，不在同一观察线方向的两个物体不会有遮挡关系，如图 7.8（b）所示。所以，在 z 方向排序后，还要在 x、y 方向进一步排序，以确定这种遮挡关系。

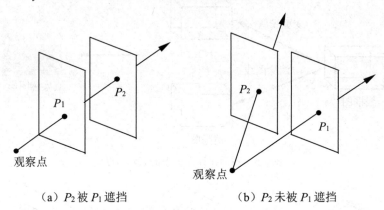

（a）P_2 被 P_1 遮挡   （b）P_2 未被 P_1 遮挡

图 7.8 P_1 和 P_2 相对位置关系

消隐算法在很大程度上取决于排序的效率。为了提高排序效率，通常利用相邻对象间的连贯性。连贯性是指从一个事物到另一个事物，其属性值（如颜色值、空间位置）通常是平缓过渡的性质。例如，在介绍扫描线多边形填充算法时，其 x、y 值的计算就用到了边的连贯性和扫描线的连贯性，从而提高了区域填充的效率。常见的连贯性有如下几种。

（1）物体连贯性：如果 A 物体与 B 物体完全相互分离，则消隐时只需比较 A、B 两物体之间的遮挡关系，不需要对它们的表面多边形逐一进行测试。

（2）面（边）连贯性：一个面（边）内的各种属性值一般是缓慢变化的，可以采用增量形式对其进行计算。

（3）扫描线连贯性：在相邻两条扫描线上，可见面的分布情况相似。

（4）深度连贯性：同一面上的相邻部分其深度是相似的，不同表面的深度可能不同。这样在判断物体表面间的遮挡关系时，只要计算其上一点的深度值，比较该深度值便能得出结果。

2. 消隐算法分类

根据消隐空间的不同，可将消隐算法分为对象空间消隐算法和图像空间消隐算法。

（1）对象空间消隐算法

对象空间是需要消隐的物体所在的三维空间。对象空间的消隐以场景中的物体为处理单元。方法是将三维物体直接放置在三维坐标系中，通过将物体的每一个面与其他面进行比较，求出所有点、边、面之间的遮挡关系，从而确定物体的哪些线（面）是可见的。其算法描述如下。

```
for（空间中的每一个物体）
{
    将该物体与空间中的其他物体进行比较，确定其表面的可见部分；
    显示该物体表面的可见部分；
}
```

此类算法通常用于线框图的消隐。如果空间中有 k 个物体，则一般情况下，每个物体都要与其自身和其他 $k-1$ 个物体逐个进行比较，以决定物体的前后位置关系。因此，算法的复杂度正比于 k^2。

（2）图像空间消隐算法

图像空间是物体显示时所在的屏幕坐标空间。图像空间的消隐方法是先将三维物体投影到二维平面上，然后以窗口内的每个像素为处理单元，确定在每一个像素处，场景中的 k 个物体哪一个距离观察点最近，从而用它的颜色来显示该像素。其算法描述如下。

```
for（窗口中的每一个像素）
{
    确定距视点最近的物体，以该物体表面的颜色来显示像素；
}
```

如果空间中有 k 个物体，屏幕分辨率为 $m \times n$，则每一个像素都要与 k 个物体一一进行比较，因此算法复杂度正比于 $m \times n \times k$。

当物体本身非常复杂时，判断点的前后位置关系所需时间很长，用基于图像空间的消隐算法可获得较好的效果；当图像分辨率较高、物体较简单时，用基于对象空间的消隐算法可以获得更好的效果。

3. 后向面消除

对多边形网格模型来说，可以采用后向面消除技术来将大多数不可见的多边形面片进行消除。以多边形网格模型为例，它一般都是平面立体，即由若干个平面围成的物体。假设这些平面方程为：

$$a_i x + b_i y + c_i z + d_i = 0, \quad i=1, 2, 3, \cdots, n$$

根据平面的方向性，表面 F 的法线对于物体的表面来说就有外法线和内法线之别。规定形体表面的（外）法线方向为由形体内部指向外部，或由形体表面指向外部空间。在图 7.9 中，表面 F_1 的外法线为 N_1，表面 F_2 的外法线为 N_2。设视线方向为 V，可以看出，由于 F_1 和 F_2 面与 V 垂直，N_1 的方向是指向观察者，而 N_2 的方向则是远离观察者的，或者说 F_1 表面是朝向观察者，而 F_2 表面是背向观察者。此时，称表面 F_1 为前向面，表面 F_2 为后向面。

根据平面立体的特性不难看出，平面立体的所有后向面必定不可见，因此可以消除。

对于单个凸多面体，消除了后向面就消除了隐藏面。在采用其他消隐算法之前，常用这种方法消除画面中的后向面，所以这一算法也称为后向面消除法。统计表明，采用该算法后约有半数的隐藏面被剔除。这种方法等价于计算每一多边形的表面法线，如果表面法线方向与视线方向夹角为锐角（两者的点积为正），表示该面为后向面，不可见，需要隐藏。对多个凸多面体和凹多面体来说，同样所有的后向面是不可见的，由于相互遮挡的原因，有的前向面可见，而有的前向面则不一定可见，如图 7.10 所示，因此，还需要通过其他消隐算法来完成最终消隐。

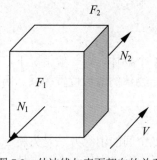

图 7.9　外法线与表面朝向的关系

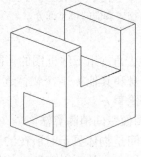

图 7.10　凹多面体

7.2.2　深度缓冲器算法

深度缓冲器算法又称 Z 缓存（Z-Buffer）算法，它是一种最简单的隐藏面消除算法，属于典型的图像空间消隐算法。

Z 缓存算法需要两个缓存：Z 缓存和帧缓存。Z 缓存是帧缓存的推广，在帧缓存中存储的是像素的颜色值 $FB(x, y)$，而 Z 缓存中存储的是对应像素中可见点的深度值 $ZB(x, y)$。

1. 算法基本思想

Z 缓存算法的基本思想是：将投影平面每个像素所对应的所有面片（平面或曲面）的深度进行比较，然后取距视点最近面片的属性值作为该像素的属性值。

算法通常沿着观察坐标系的 Z 轴来计算各物体表面距观察平面的深度，它对场景中的各个物体表面单独进行处理，且在各面片上逐点进行。物体的描述转化为投影坐标系之后，多边形面上的每个点(x, y, z)均对应于观察平面上的正投影点(x, y)。因而，对于观察平面上的每个像素点(x, y)，其深度的比较可通过它们 z 值的比较来实现。对于 OpenGL 所采用的左手坐标系，z 值小的点是可见的。如图 7.11 所示，在观察平面上，面 S_2 相对其他面 z 值更小，因此它在位置(x, y)可见。

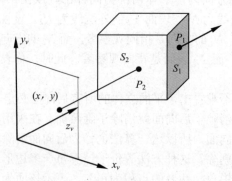

图 7.11　Z 缓冲器算法基本思想

2. 算法描述

初始时，深度缓存所有单元均置为最大 z 值，帧缓存各单元均置为背景色，然后逐个处理多边形表中的各面片。每扫描一行，计算该行各像素点(x, y)所对应的深度值 $z(x, y)$，并将结果与深度缓存中该像素单元所存储的深度值 $ZB(x, y)$进行比较。

若 $z<ZB(x, y)$，则 $ZB(x, y)=z$，同时将该像素的属性值 $I(x, y)$写入帧缓存，即 $FB(x, y)=I(x, y)$，否则不变。也可用背面剔除法进行预处理，即背面不参加处理，以提高消隐的效率。

Z 缓存算法步骤描述如下。

```
{
    for(x=0; x<=xmax; x++)      /* 绘图窗口为：[0,xmax]*[0,ymax] */
        for(y=0; y<=ymax; y++
            {
                FB(x,y)单元置为背景色;
                ZB(x,y)单元置为最大值;
            }
    for(每一个多边形)
            扫描转换该多边形;
            for(多边形所覆盖的每个像素(x,y))
            {
                计算该多边形在该像素的深度值z(x,y);
                if(z(x,y)<ZB(x,y))
                {
                    ZB(x,y)= z(x,y);//用多边形在(x,y)处的深度值替换FB(x,y)的值
                    FB(x, y)=I(x,y);//颜色值替换
                }
            }
}
```

3. 深度值的计算

Z 缓存算法的关键是要尽快判断出哪些点落在一个多边形内，并尽快完成多边形中各点深度值的计算。针对图形表面的不同类型，可以有多种计算方法。计算中通常需要应用多边形中点与点间的连贯性，包括水平连贯性和垂直连贯性。

若已知多边形的方程，则可用增量法计算扫描线每一个像素的深度。设平面方程为

$$Ax + By + Cz + D = 0$$

则多边形面上的点(x, y)所对应的深度值为

$$z = \frac{-(Ax + By + D)}{C}, \qquad C \neq 0 \tag{7.1}$$

由于所有扫描线上相邻点间的水平间距为 1 个像素单位，扫描线行与行之间的垂直间距也为 1。因此可以利用这种连贯性来简化计算过程，如图 7.12 所示。

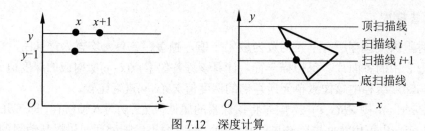

图 7.12 深度计算

若已计算出 (x, y) 点的深度值为 z_i，沿 x 方向相邻连贯点 $(x+1, y)$ 的深度值 z_{i+1} 可由下式计算。

$$z_{i+1} = \frac{-[A(x+1) + By + D]}{C} = z_i - \frac{A}{C} \qquad (7.2)$$

沿着 y 方向的计算应先计算出 y 坐标的范围，然后从上至下逐个处理各个面片。由最上方的顶扫描线出发，沿多边形左边界递归计算边界上各点的坐标。

$$x_{i+1} = x_i - \frac{1}{m} \qquad (7.3)$$

这里，m 为该边的斜率，沿该边的深度也可以递归计算出来，即

$$z_{i+1} = \frac{-[A(x_i - \frac{1}{m}) + B(y_i - 1) + D]}{C} = z_i + \frac{\frac{A}{m} + B}{C} \qquad (7.4)$$

如果该边是一条垂直边界，则计算公式简化为

$$z_{i+1} = z_i + \frac{B}{C} \qquad (7.5)$$

对于每条扫描线，首先根据式（7.3）计算出与其相交的多边形最左边的交点所对应的深度值，然后，该扫描线上所有的后续点由式（7.1）计算出来。

所有的多边形处理完毕，即得消隐后的图形。

4. 算法特点

Z 缓存算法的最大优点在于简单，它可以轻而易举地处理隐藏面以及显示复杂曲面之间的交线。画面可任意复杂，因为图像空间的大小是固定的，所以计算量最多随画面复杂度线性增长。

它的主要缺点是，深度数组和属性数组需要占用很大的内存。以深度数组为例，对于 800×600 的显示分辨率，需要 48 万个单元的缓存存放深度值，如每个单元需要 4 个字节，则需要 1.92 兆字节。

一个减少存储需求的方案是，每次只对场景的一部分进行处理，这样只需要一个较小的深度数组。处理完一部分之后，该数组再用于下一部分场景的处理。

随着目前计算机硬件的高速发展，Z 缓冲区算法已被硬件化，成为最常用的一种消隐方法。对其进行优化，可得到扫描线深度缓存算法。

7.2.3　画家算法

假设一个画家要作一幅画，画中远处有山，近处有房子，房子的前面有树。画家在纸上先画远处的山，再画房子，最后画树，通过这样的作画顺序正确地处理画中物体的相互遮挡关系。1972 年，M. E. Newell 等人受画家由远及近作画的启发，提出了基于优先级队列的对象空间的消隐算法，也称为深度排序算法。

1. 算法基本思想

画家算法的基本思想和画家作画过程类似，具体如下。

（1）先把屏幕设置成背景色。

（2）把物体各个面按其距离观察点的远近进行排序，距观察点远者放在表头，距观察点近者放在表尾，如此构建一个按深度远近排序的表，该表称为深度优先级表。

（3）按照从表头到表尾（由远到近）的顺序逐个绘制物体。由于距观察者近的物体在表尾，最后画出，它覆盖了远处的物体，最终在屏幕上产生了正确的遮挡关系。

2. 深度优先级表的建立方法

假设视点在 z 轴正向无穷远处，视线方向沿着 z 轴负向看过去。如果 z 值大，离观察点近；而 z 值小，离观察点远。同时，对每个多边形来说，其所包含的每个顶点各有一个 z 坐标，取出其 z 坐标最小的记为 z_{min}，取出其 z 坐标最大的记为 z_{max}，这样每一多边形都有自己的 z_{min} 和 z_{max}，如图 7.13 中的 $z_{min}(Q)$ 和 $z_{max}(Q)$。

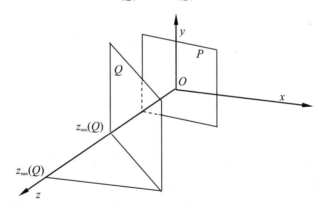

图 7.13　多边形的深度定义

首先将场景中的多边形序列按其顶点的最小值 z_{min} 进行预排序。设 z_{min} 最小的多边形为 P，它暂时成为优先级别最低的一个多边形。把多边形序列中其他多边形记为 Q，现在先来确定 P 和其他多边形 Q 的关系。因 $z_{min}(P) < z_{min}(Q)$，若 $z_{max}(P) < z_{min}(Q)$，则 P 不会遮挡 Q。若 $z_{max}(P) > z_{min}(Q)$，则必须作进一步的检查。这种检查分为以下 5 种情况考虑，如图 7.14 所示。

（1）P 和 Q 在 xy 平面上投影的包围盒在 x 方向上不相交，如图 7.14（a）所示。

（2）P 和 Q 在 xy 平面上投影的包围盒在 y 方向上不相交，如图 7.14（b）所示。

（3）P 和 Q 在 xy 平面上投影不相交，如图 7.14（c）所示。

（4）P 的各顶点均在 Q 的远离视点一侧，如图 7.14（d）所示。

（5）Q 的各顶点均在 P 的靠近视点的一侧，如图 7.14（e）所示。

以上 5 项只要 1 项成立，P 就不遮挡 Q。如果所有测试失败，就必须对两个多边形在 xy 平面上的投影作求交运算，计算时不必具体求出重叠部分，在交点处进行深度比较，只要能判断出前后顺序即可。若遇到多边形相交或循环覆盖、遮挡的情况时，还必须在相交处分割多边形，然后进行判断，如图 7.15 所示。

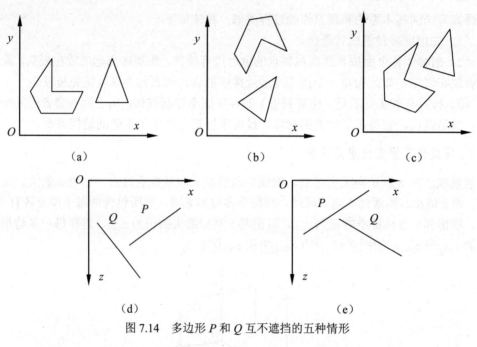

图 7.14　多边形 P 和 Q 互不遮挡的五种情形

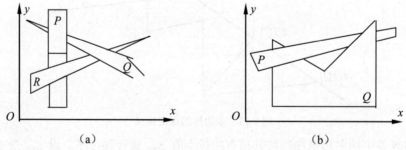

图 7.15　多边形 P 和 Q 的相互遮挡情形

3. 算法特点

画家算法具有以下特点。

（1）画家算法在对象空间中排序以确定显示优先级。

（2）画家算法利用几何关系来判断可见性，而不是像在 Z 缓存算法中那样，逐个像素地进行比较。因此，它利用了多边形深度的相关性，可见性判别是根据整个多边形来进行的。

（3）画家算法比较适于固定视点的消隐。在一些视点频繁变化的场合中，如空间飞行器的飞行模拟，当飞行器在空中飞行的时，飞行场景中的物体是不变的，改变的只是视点，此时该算法的效率就不能满足实时性要求了，这时可采用与视点位置无关的深度排序方法，如 BSP 树算法。

7.3　颜色模型

颜色属于物理学和生理心理学的范畴，它是光（电磁能）经过与周围环境相互作用后到达人眼，并经过一系列物理和化学变化转化为人眼所能感知的电脉冲的结果。因此，颜色的形成是一个复杂的物理和心理相互作用的过程，这涉及光的传播特性、人眼结构及人脑心理感知等内容。

7.3.1　物体的颜色

颜色是一种波动的光能形式，从光学角度看，光在本质上是电磁波。将不同波长的光波组合在一起就能产生我们视为颜色的效果。英国科学家牛顿（Newton）于 1666 年用三棱镜实验证明了白光是所有可见光的组合。他发现，把太阳光经过三棱镜折射，然后投射到白色屏幕上，会显出一条像彩虹一样美丽的色光带谱，依次是红、橙、黄、绿、青、蓝、紫 7 种单色光，如图 7.16 所示，这种现象称为色散。这条依次按波长顺序排列的彩色光带，就称为光谱（Spectrum）。

物体的颜色不仅取决于物体本身，还与光源、周围环境的颜色有关，如红光照在物体上能使其带有红色成分，红色物体能使其附近物体泛红等。不仅如此，物体颜色还与人们的感觉心理系统有关。

颜色是外来的光刺激作用于人的视觉器官而产生的主观感觉，因而物体的颜色不仅取决于物体本身，还与光源、周围环境的颜色以及观察者的视觉系统有关。

从心理学和视觉的角度出发，颜色有如下 3 个特性：色调（Hue）、饱和度（Saturation）和亮度（Lightness）。所谓色调，是一种颜色区别于其他颜色的因素，也就是我们平常所说的红、绿、蓝、紫等。饱和度是指颜色的纯度，如鲜红色的饱和度高，而粉红色的饱和度低。

从物理光学的角度出发，颜色可以用主波长（Dominant Wavelength）、纯度（Purity）和明度（Luminance）来定义。主波长是所见彩色光中占支配地位的光波长度。纯度是光谱纯度的量度，即纯色光中混有白色光的多少。而明度反映了光的明亮程度，即光的强度。

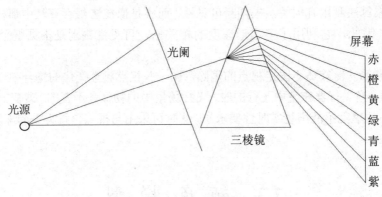

图 7.16 色散现象

由于颜色是因外来光刺激而使人产生的某种感觉，我们有必要了解一些光的知识。从根本上讲，光是人的视觉系统能够感知到的电磁波，它的波长为 380~780nm，正是这些电波使人产生了红、橙、黄、绿、青、蓝、紫等颜色的感觉。光可以由光谱能量 $p(\lambda)$ 来表示，其中 λ 是波长。当一束光的各种波长的能量大致相等时，我们称其为白光；否则，称其为彩色光；若一束光中只包含一种波长的能量，其他波长都为 0 时，称其为单色光。

事实上，我们可以用主波长、纯度和明度来简洁地描述任何光谱分布的视觉效果。但是由实验结果得知，光谱与颜色的对应关系是多对一的，也就是说，具有不同光谱分布的光产生的颜色感觉有可能是一样的。我们称两种光的光谱分布不同而颜色相同的现象为"异谱同色"。由于这种现象的存在，我们必须采用其他定义颜色的方法，使光本身与颜色一一对应。

7.3.2 颜色空间

1. 三色理论

1802 年，Young 提出一种假设，即某一种波长的光可以通过 3 种不同波长的光混合而复现出来，且红（R）、绿（G）、蓝（B）3 种单色光可以作为基本的颜色——原色，把这 3 种光按照不同的比例混合就能准确地复现其他任何波长的光，而它们等量混合就可以产生白光。在此基础上，1862 年，Helmholtz 进一步提出颜色视觉机制学说，即三色学说。到现在，用 3 种原色能够产生各种颜色的三色原理已经成为颜色科学中最重要的原理和学说。

2. CIE XYZ 颜色模型

通常，我们用三维空间中的一点来表示一种颜色，用这种方式描述的所有色彩的集合称为颜色空间（Color Space），由于任何一个颜色空间都是可见光的一个子集，任何一个颜色空间都无法包含所有的可见光。一般，对于不同的应用领域，我们使用不同的颜色空间。

国际照明委员会（CIE）于 1931 年规定了 3 种色光的波长：红色光（R）的波长为 700nm；

绿色光（G）的波长为 546.1nm；蓝色光（B）的波长为 435.8nm。自然界中各种颜色都能由这 3 种原色光按一定比例混合而成。

三原色法简单有效，然而实际上自然发生的原色无法配出所有可见颜色，为了找到一个好的折中方案，CIE 于 1931 年定义了 3 种虚构的（不能实现的）原色，即 X、Y 和 Z。它们是对 3 种真实存在的原色进行仿射变换的结果，为的是使每一种单一波长的光的颜色（即光谱色）都可以在没有负权值的前提下表示为 CIE 原色的线性组合。

7.3.3　常用颜色模型

所谓颜色模型就是指某个三维颜色空间中的一个可见光子集，它包含某个颜色域的所有颜色。例如，RGB 颜色模型就是三维直角坐标颜色系统的一个单位正方体。颜色模型的用途是在某个颜色域内方便地指定颜色，由于每一个颜色域都是可见光的子集，因此任何一个颜色模型都无法包含所有的可见光。大多数的彩色图形显示设备使用红、绿、蓝三原色，真实感图形学中主要的颜色模型也是 RGB 模型。但是 RGB 模型在印刷行业中用起来不太方便，印刷行业常采用 CMY 颜色模型。因此，本节介绍 RGB 和 CMY 两种常见颜色模型，另外还有 HSV、HLS 等颜色模型，有兴趣的读者可参考相关资料了解。

1. RGB 颜色模型

RGB 颜色模型通常用于彩色阴极射线等彩色光栅图形显示设备中，是我们使用最多、最熟悉的颜色模型。它采用三维直角坐标系。红、绿、蓝原色是加性原色，各个原色混合在一起可以产生复合色，如图 7.17（a）所示。RGB 颜色模型通常采用图 7.17（b）所示的单位立方体来表示。在正方体的主对角线上，各原色的强度相等，产生由暗到明的白色，也就是不同的灰度值。(0,0,0)为黑色，(1,1,1)为白色。正方体的其他 6 个角点分别为红、黄、绿、青、蓝和品红。需要注意的一点是，RGB 颜色模型所覆盖的颜色域取决于显示设备荧光点的颜色特性，是与硬件相关的。

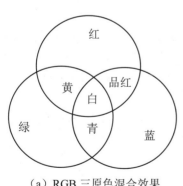

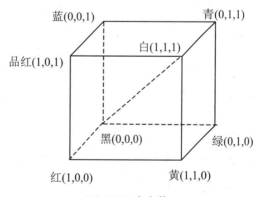

（a）RGB 三原色混合效果　　　　　（b）RGB 立方体

图 7.17　RGB 颜色模型

2. CMY 颜色模型

了解 CMY 颜色模型对于我们认识某些印刷硬拷贝设备的颜色处理很有帮助，因为在印刷行业中，基本上都是使用这种颜色模型。下面简单地介绍一下颜色是如何画到纸张上的。当我们在纸面上涂青色颜料时，该纸面就不反射红光，青色颜料从白光中滤去红光，也就是说，青色是白色减去红色。品红色吸收绿光，黄色吸收蓝。现在假如在纸面上涂了黄色和品红色，那么纸面上将呈现红色，因为白光被吸收了蓝光和绿光，只能反射红光。如果在纸面上涂了黄色、品红色和青色，那么红、绿、蓝光都被吸收，表面将呈黑色。

以红、绿、蓝的补色青（Cyan）、品红（Magenta）、黄（Yellow）为原色构成的是 CMY 颜色模型，常用于从白光中滤去某种颜色，又被称为减性原色系统，如图 7.18（a）所示。CMY 颜色模型通常采用图 7.18（b）所示的单位立方体来表示。CMY 坐标系的子空间与 RGB 颜色模型所对应的子空间几乎完全相同，差别仅仅在于前者的原点为白，而后者的原点为黑。前者是通过在白色中减去某种颜色来定义一种颜色，而后者是通过从黑色中加入颜色来定义一种颜色。

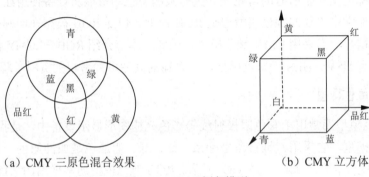

（a）CMY 三原色混合效果　　　　　　　（b）CMY 立方体

图 7.18　CMY 颜色模型

7.3.4　OpenGL 中的颜色模型

1. 计算机颜色

OpenGL 也采用了 RGB 颜色模式，并且增添了 Alpha 分量（A）用来表示透明度，因此称为 RGBA 颜色模式。RGBA 模式中的 R、G、B、A 数值对应于每一个像素点，每个像素都存储了一定数量的颜色数据。这个数量是由帧缓冲区的位平面（Bitplane）数量决定的。在每个像素中，1 个位平面表示 1 位数据。如果有 8 个颜色位平面，每个像素便用 8 位来表示颜色，因此它可以存储 2^8（即 256）种不同的颜色。

屏幕窗口坐标以像素为单位，形成图形的像素都有自己的颜色，而这种颜色是通过用一系列 OpenGL 函数来设置的。

2. RGBA 模式下设定颜色

在 RGBA 模式下，每个像素的颜色与其他像素的颜色独立。硬件为 R、G、B 和 A 成分保留一定数量的位平面，但每种成分的位平面数量并不一定相同。R、G、B 的值一般以整数而不是浮点数的形式存储，并且根据可用的位数进行缩放，以便于存储和提取。

RGBA 模式下，可以用函数 g1Color*()来设置当前待绘制几何对象的颜色，其原型如下。

```
void glColor3{b s i f d ub us ui} (TYPE  r,TYPE  g,TYPE  b);
void glColor4{b s i f d ub us ui} (TYPE  r,TYPE  g,TYPE  b,TYPE  a);
void glColor3{b s i f d ub us ui} v(TYPE  *v);
void glColor4{b s i f d ub us ui} v(TYPE  *v);
```

该函数最多可有 3 个后缀，以区分它所接受的不同参数。第 1 个后缀是 3 或 4，表示是否应该在红、绿、蓝值之外提供一个 Alpha 值。如果没有提供 Alpha 值，它会自动设置为 1.0。第 2 个后缀表示参数的数据类型，如 byte、short、int、float、double、unsignedbyte、unsignedshort 或 unsignedint。第 3 个后缀是可选的 v，其表示参数是否为一个特定数据类型的数组指针。r、g、b 分别表示红、绿、蓝 3 种颜色组合，参数 a 表示融合度的数值。

7.4　光照明模型

当光照射到物体表面时，光线可能被吸收、反射和透射，被物体吸收的部分转化为热；反射、透射的光进入人的视觉系统时，在该物体的可见面上将会产生自然光照现象，甚至产生物体的立体感。在计算机图形学中，为表达自然光照现象，需要根据光学物理的有关定律建立一个数学模型去计算景物表面上任意一点投向观察者眼中的光亮度的大小。这个数学模型就称为光照明模型（Illumination Model）。

光照明模型包含许多因素，如物体的类型、物体相对于光源与其他物体的位置以及场景中所设置的光源属性、物体的透明度、物体的表面光亮程度，甚至物体的各种表面纹理等。不同形状、颜色、位置的光源可以为一个场景带来不同的光照效果。一旦确定物体表面的光学属性参数、场景中各面的相对位置关系、光源的颜色和位置、观察平面的位置等信息，就可以根据光照明模型计算出物体表面上某点在观察方向上所透射的光强度值。

计算机图形学中的光照明模型可以由描述物体表面光强度的物理公式推导出来，但这使得计算过程相当复杂。为了减少相关计算，常常采用简化的光照计算的经验模型。光照明模型根据是否考虑光线在物体之间的相互反射和透射，可分为局部光照明模型和整体光照明模型两种。本节先介绍局部光照明模型，再介绍整体光照明模型。

7.4.1　局部光照明模型

光照到物体表面时，物体对光会发生反射（Reflection）、透射（Transmission）、吸收（Absorption）、衍射（Diffraction）、折射（Refraction）和干涉（Interference）。通常观

察不透明、不发光物体时，人眼观察到的是从物体表面得到的反射光，它是由场景中的光源和其他物体表面的反射光共同作用产生的。如果一个物体能从周围物体获得光照，那么即使它不处于光源的直接照射下，其表面也可能是可见的。

点光源是最简单的光源，它的光线由光源向四周发散，在实际生活中很难找到真正的点光源。当一种光源距离场景足够远（如太阳），或者一个光源的大小比场景的大小要小得多（如蜡烛）时，可被近似地看成点光源模型。在本节中，若无特别说明，所有光源均假定为一个带有坐标位置和光强度的点光源。

当光线照射到不透明物体表面时，部分被反射，部分被吸收。物体表面的材质类型决定了反射光线的强弱。表面光滑的材质将反射较多的入射光，而较暗的表面则吸收较多的入射光。对于一个透明的表面，部分入射光会被反射，另一部分被折射，如图 7.19 所示。

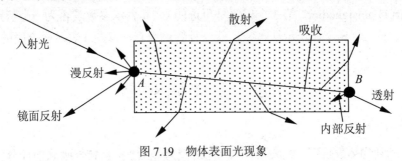

图 7.19　物体表面光现象

粗糙的物体表面往往将反射光向各个方向散射，这种光线散射的现象称为漫反射（Diffuse Reflection）。非常粗糙的材质表面产生的主要是漫反射，因此从各个视角观察到的光亮度的变化非常小。通常所说的物体颜色实际上就是入射光线被漫反射后表现出来的颜色。

相反，表面非常光滑的物体表面会产生强光反射，称为镜面反射（Specular Reflection）。

局部光照明模型又称简单光照明模型，它模拟物体表面对直接光照的反射作用，包括镜面反射和漫反射，而物体间的光反射作用没有被充分考虑，仅仅用一个与周围物体、视点、光源位置都无关的环境光（Ambient Light）常量来近似表示，可以用如下等式表示。

$$物体表面反射光 = 环境光 + 漫反射光 + 镜面反射光$$

下面分别从光反射作用的各个组成部分来介绍局部光照明模型，并给出一个完整的局部光照明模型，即 Phong 模型。

1. 环境光

环境光是指光源间接对物体的影响，是在物体和环境之间多次反射，最终达到平衡时的一种光。我们近似地认为同一环境下环境光的光强分布是均匀的，它在任何一个方向上的分布都相同。例如，透过厚厚云层的阳光就可以称为环境光。在简单光照明模型中，我们用一个常数来模拟环境光，用式子表示为

$$I_e = I_a K_a$$

其中，I_a 为环境光的光强；K_a 为物体对环境光的反射系数，与环境的明暗度有关。

2. 漫反射光

漫反射光是全局漫反射光照效果的一种近似。漫反射光是由物体表面的粗糙不平引起的，它均匀地向各方向传播，与视点无关。记入射光强为 I_p，物体表面上点 P 的法向为 N，从点 P 指向光源的向量为 L，两者间的夹角为 θ，如图 7.20 所示。由 Lambert 余弦定律得，漫反射光强为

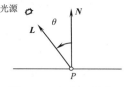

图 7.20　夹角 θ 示意

$$I_d = I_p K_d \cos(\theta), \quad \theta \in \left(0, \frac{\pi}{2}\right)$$

其中，K_d 是与物体有关的漫反射系数，$0 < K_d < 1$。当 L、N 为单位向量时，上式也可用如下形式表达。

$$I_d = I_p K_d (L \cdot N)$$

在有多个光源的情况下，可以有如下的表示。

$$I_d = K_d \sum_{i}^{m} I_{p,\,i} (L_i \cdot N)$$

其中，$I_{p,\,i}$ 表示第 i 个点光源的光强；L_i 是物体表面上的照射点 P 指向第 i 个点光源的单位向量；m 是光源的个数，这里假定这 m 个光源均位于光照表面的正面。

在实际中，从周围环境投射来的环境光也会有相当的影响。将环境光和朗伯漫反射的光强合并，得到如下一个比较完整的漫反射表达式。

$$I = I_e + I_d$$

漫反射光的颜色由入射光的颜色和物体表面的颜色共同设定，在 RGB 颜色模型下，漫反射系数 K_d 有 3 个分量：K_{dr}、K_{dg}、K_{db}，分别代表 RGB 三原色的漫反射系数，用于反映物体的颜色，通过调整它们，可以设定物体的颜色。同样的，也可以把入射光强 I 设为 3 个分量：I_r、I_g、I_b，通过这些分量的值来调整光源的颜色。

3. 镜面反射光

对于理想镜面，反射光集中在一个方向，并遵守反射定律，如图 7.21（a）所示。对一般的光滑表面，反射光则集中在一个范围内，且由反射定律决定的反射方向光强最大。因此，对于同一点来说，从不同位置所观察到的镜面反射光强是不同的。镜面反射光强可表示为

$$I_s = I_p K_s \cos^n(\alpha), \qquad \alpha \in \left(0, \frac{\pi}{2}\right)$$

其中，K_S 是物体表面的镜面反射系数，它与入射光和波长有关；α 为视线方向 V 与反射方向 R 的夹角；n 为反射指数，反映物体表面的光泽程度，一般为 1～2000，数值越大，物体表面越光滑。镜面反射光将会在反射方向附近形成很亮的光斑，称为高光现象。$\cos^n(\alpha)$ 近似地描述了镜面反射光的空间分布。

同样的，将 V 和 R 都格式化为单位向量，则镜面反射光强可表示为

$$I_s = I_p K_s (R \cdot V)^n$$

其中，$R = (2\cos\theta)N - L = 2N(N \cdot L) - L$，$(R \cdot V)$ 表示 R 和 V 的点积，如图 7.21（b）所示。

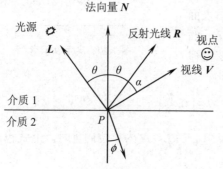

（a）光的反射和折射 （b）半角矢量 H 与矢量 L 和 V 的角平分线方向相同

图 7.21 光的反射

对多个光源的情形，镜面反射光强可表示为

$$I_s = K_s \sum_{i=1}^{m} [I_{p,i}(R_i \cdot V)^n]$$

其中，m 是光源的个数；R_i 是相对于第 i 个光源的镜面反射方向；$I_{p,i}$ 是第 i 个光源的光强。

镜面反射光产生的高光区域只反映光源的颜色，如在红光的照射下，一个物体的高光域是红光。镜面反射系数 K_s 是一个与物体的颜色无关的参数。因此，在简单光照明模型中，只能通过设置物体的漫反射系数来控制物体的颜色。

4．Phong 光照明模型

综合上面介绍的光反射作用的各个部分，一个较完整的光照明模型可表述如下：由物体表面上一点 P 反射到视点的光强 I 为环境光的反射光强 I_e、理想漫反射光强 I_d 和镜面反射光强 I_s 的总和，即

$$I = I_a k_a + I_p K_d (L \cdot N) + I_p K_s (R \cdot V)^n \qquad (7.6)$$

其中，R，V，N 为单位矢量；I_p 为点光源发出的入射光强；I_a 为环境光的漫反射光强；K_a 为环境光的漫反射系数；K_d 为漫反射系数（$0 \le K_d \le 1$），取决于表面的材料；K_s 为镜面反射系数（$0 \le K_s \le 1$）；n 幂次用以模拟反射光的空间分布，表面越光滑，n 越大。

式 7.5 由 Phong 在 1973 年提出，在计算机图形学中称为 Phong 光模型。在用 Phong 模型进行真实感图形计算时，对物体表面上的每个点 P，均需计算光线的反射方向 R，再由 V 计算 $(R \cdot V)$。为减少计算量，我们可以作如下假设

（1）光源在无穷远处，即光线方向 L 为常数。

（2）视点在无穷远处，即视线方向 V 为常数。

（3）用 $(H \cdot V)$ 近似 $(R \cdot V)$。

这里，H 为 L 和 V 的角平分向量，$H = \dfrac{L+V}{|L+V|}$，如图 7.21（b）所示。在这种简化下，

由于对所有的点总共只需计算一次 **H** 的值，节省了计算时间。于是，Phong 光照明模型最终有如下的形式

$$I = I_a k_a + I_p K_d (\boldsymbol{L} \cdot \boldsymbol{N}) + I_p K_s (\boldsymbol{H} \cdot \boldsymbol{N})^n$$

Phong 光照明模型是真实感图形学中提出的第一个有影响的光照明模型，生成图像的真实度已经达到可以接受的程度。但是在实际的应用中，由于它是一个经验模型，还具有以下问题：用 Phong 模型显示出的物体像塑料，没有质感；环境光是常量，没有考虑物体之间相互的反射光；镜面反射的颜色是光源的颜色，与物体的材料无关；镜面反射的计算在入射角很大时会产生失真等。

7.4.2　整体光照明模型

1. 概述

物体的简单光照明模型，只考虑光源和被照表面的朝向，以确定到达观察者眼中反射光的光强，而将周围环境对物体表面光强的影响简单地概括为环境光，忽略了物体间光线的相互影响。实际上，这是一种局部光照明模型。然而，从整体上考虑，场景中其他物体反射或透射来的光以及其他光源的入射光都不能忽略。因为光源照射到某一物体后的反射光，以及经由透明物体的折射光，对另一个物体而言则成光源。为增强图像的真实感，就必须考虑这些反射光与透射光的影响。

为了精确模拟光照效果，应考虑 4 种情况：镜面反射到镜面反射、镜面反射到漫反射、漫反射到镜面反射以及漫反射到漫反射。对于透射，也可分为漫透射与规则透射（镜面透射）。为了使问题简化，可分两步进行。

首先，只考虑光线在物体表面的镜面反射和规则透射，这样得到的图像可表现出在光亮平滑的物体表面上呈现出其他物体的映像，以及通过透明物体看到其后的环境映像。

其次，考虑光照从漫反射到漫反射，这样得到的画面较为柔和，并能模拟彩色渗透现象。这种考虑了整个环境的总体光照效果和各种景物之间的互相映照或透射的情形，称为整体光照明模型。

为了加深对整体光照明模型的理解，考虑图 7.22 所示情形。假定球、三角块和立方体均不透明，且其表面具有高度的镜面反射能力。当位于 O 的观察者注视球面上点 1 时，他看到的不仅是球面，还有三角块上点 2 在球面上的映像，三角块由于被立方体遮挡，原来不可见，但经过球面的反射，变成可见面。在球面上点 3 处映现出三角块上点 5 的过程更为曲折。点 5 的像从立方体的背面点 4 处反射到球面上点 3，再进入观察者的眼睛。观察者在球面上点 1 处也可看到点 5，这是由于光线从三角块到球面的一次反射形成的，因此在球面上可以看到三角块的多重影像。在点 1 处由于只经过一次反射，所见到的三角块映像是反的。而在点 3 附近的映像则是正常的，但由于光线从三角块到球面时经过两次反射，光线减弱。立方体的背面并不受到光源的直接照射，但由于泛光以及从场景中其他景物投射过来的反射光的作用，观察者仍可在球面上看到它的反射像。

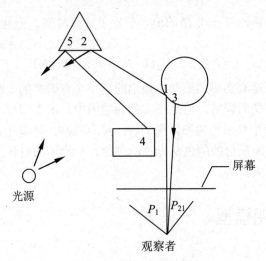

图 7.22　整体光照明模型

2. Whitted 光照明模型

1980 年，Whitted 提出了一个光透射模型——Whitted 模型，并第一次给出光线跟踪算法的范例，实现了 Whitted 模型，如图 7.23 所示。

在简单光照明模型的基础上，加上透射光一项，就得到 Whitted 光透射模型。

$$I = I_a k_a + I_p K_d(\boldsymbol{L} \cdot \boldsymbol{N}) + I_p K_s(\boldsymbol{H} \cdot \boldsymbol{N})^n + I_t K_t'$$

其中，I_t 为折射方向的入射光强度；K_t' 为透射系数，为 0～1 的一个常数，其大小取决于物体的材料。

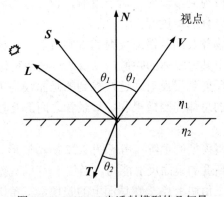

图 7.23　Whitted 光透射模型的几何量

如果该透明体又是一个镜面反射体，应再加上反射光一项，以模拟镜面反射效果。于是得到 Whitted 整体光照明模型。

$$I = I_a k_a + I_p K_d(\boldsymbol{L} \cdot \boldsymbol{N}) + I_p K_s(\boldsymbol{H} \cdot \boldsymbol{N})^n + I_t K_t' + I_s K_s'$$

这里，I_s 为镜面反射方向的入射光强度；K_s' 为镜面反射系数，为 0～1 的一个常数，其大小同样取决于物体的材料。

需要说明的是，折射方向和镜面反射方向都是相对于视线而言的，它们实际上是视线在折射方向和反射方向的入射光的方向，但方向与光传播的方向相反。如图 7.23 所示，$\boldsymbol{S}$

是视线 V 的镜面反射方向，T 是 V 的折射方向。在简单光照明模型的情况下，折射光强和镜面反射光强可以认为是折射方向上和反射方向上的环境光的光强。

用 Whitted 模型计算光照效果，剩下的关键问题就是计算反射与折射方向。即已知视线方向 V，求其反射方向 S 与折射方向 T；然后可以求出反射与折射方向上与另一物体的交点。关于上面的问题可以用几何光学的原理来解决。

给定视线方向 V 与法向方向 N，视线方向 V 的反射方向 S 可以由公式 $S = 2N(N \cdot V) - V$ 计算。

那么，在给定视线方向 V 与法向方向 N 以后，如何求 V 的折射方向 T 呢？首先令 V、N、T 均为单位向量，η_1 是视点所在空间的介质折射率，η_2 为物体的折射率。根据折射定律，入射角 θ_1 和折射角 θ_2 有如下的关系：

$$\frac{\sin\theta_1}{\sin\theta_2} = \frac{\eta_2}{\eta_1} = \eta$$

而且 V、N、T 共面。

Whitted 的折射方向计算公式为

$$T = k_f(N - V') - N$$

其中，$k_f = \dfrac{1}{\sqrt{\eta^2|V'|^2 - |N - V'|^2}}$，$V' = \dfrac{V}{N \cdot V}$，计算所得的 T 为非单位向量。

Heckbert 给出了一个更为简单的计算公式：

$$T = -\frac{1}{\eta}V - \left(\cos\theta_2 - \frac{1}{\eta}\cos\theta_1\right)N$$

其中，$\cos\theta_2 = \sqrt{1 - \dfrac{1}{\eta^2}(1 - \cos^2\theta_1)}$，$\cos\theta_1 = N \cdot V$，计算所得的 T 为单位向量。

7.5　着　色

7.5.1　多边形着色

在计算机三维图形的真实感绘制过程中，依照前面所介绍的方法，得到了物体在光照条件下表面各个点的强度值。之后，还需要将这些强度值转换为可为计算机图形系统或图形软件所支持的明暗模式，从而进行明暗处理，这一过程称为着色。本节讨论 3 种不同的着色方法：均匀着色（也称 Flat 着色）、平滑着色（也称 Gouraud 着色）和 Phong 着色。

在 OpenGL 中可以用 glShadeModel() 函数指定所需的着色模型，该函数的原型如下。

```
void glShadeModel(GLenum mode);
```

其中，mode 参数可以是 GL_SMOOTH 或 GL_FLAT，对应上述的平滑着色和均匀着色，GL_SMOOTH 为默认值。

1. 均匀着色

均匀着色即采用恒定光强对多边形着色，又称恒定光强的明暗处理或 Flat 着色，这种方法主要适用于平面体真实感图形的处理。它只是采用一种颜色来对多边形进行绘制，在多边形上任意取一点，利用简单光照明则模型计算出该点的颜色，作为多边形的颜色。如果三维场景的光照条件满足以下要求，恒定光强的多边形绘制方式也可以得到一个比较真实的场景。

（1）光源处于无穷远处，几乎所有的入射光线都是平行的。这时对物体上的同一个多边形平面各点处的入射光线和法向量是恒定不变的，入射光线和法向量的夹角用 θ 表示，也就是多边形上各点的 $\cos\theta$ 是一个确定的值，并且衰减函数也是一个常数。

（2）观察点距离物体表面足够远，视线矢量与反射光矢量的夹角（即 α 角）为一恒定值，也即 $\cos\alpha$ 为一个恒定值。

（3）多边形是景物表面的精确的表示，而不是一个含有曲线面景物的近似表示。

当不满足上述的 3 个条件时，仍然可以采用小多边形面片，根据平面明暗来合理地处理近似物体表面光照效果，也就是需要计算每个小面片中心的光强度值作为该面片的值。

恒定光强的多边形绘制只用一种光强值绘制整个多边形，这样，对于同一多边形内部各点的颜色和亮度都是相同的，并且即使是不同的多边形，只要它们的法向量相同，其颜色和亮度就无法区分。除此之外，在不同法向的多边形邻接处，不仅有光强突变，而且还会产生马赫带效应，所谓马赫带效应是一种视觉特性，当观察画面上具有常数光强的区域时，在其边界处眼睛所感受到的明亮度常常会超出实际值，如图 7.24 所示，这将影响曲面的显示效果。

图 7.24 均匀着色示意

2. 平滑着色

平滑着色也称 Gouraud 着色，是由 Gouraud 于 1971 年提出的。它先计算物体表面多边形各顶点的光强，然后用双线性插值，求出多边形内部区域中各点的光强。由于顶点被相邻多边形所共享，因此相邻多边形在边界附近的颜色的过渡会比较光滑，每个多边形的强度值沿着公共边与相邻多边形的值相接，因而可以消除恒定光强绘制中存在的光强不连续的现象。

Gouraud 着色的基本算法步骤如下：计算多边形顶点的平均法向；用 Phong 光照明模

型计算顶点的平均光强;插值计算离散边上和多边形内域中各点的光强。下面分别介绍算法中的每一个步骤。

(1) 计算顶点法向

尽管平面多面体本身是由曲面离散近似得到的,但如果用曲面几何信息计算法向,与光强插值的初衷不符,因而必须仅用多边形间的几何与拓扑信息来计算顶点的法向。在这里,用与顶点相邻的所有多边形的法向的平均值近似作为该顶点的近似法向量,如图 7.25 (a) 所示。假设顶点 A 相邻的多边形有 k 个,法向分别为 $N_1, N_2, \cdots, N_k$,则取顶点 A 的法向为

$$N_a = \frac{1}{k}(N_1 + N_2 + \cdots + N_k)$$

而且我们发现,在一般情况下,用相邻多边形的平均法向作为顶点的法向,与该多边形物体近似的曲面的切平面比较接近,这也是采用上面方法计算法向的一个重要原因。

(2) 计算顶点平均光强

在求出顶点 A 的法向 N_a 后,可以用简单光照明模型计算在顶点处的光亮度,参见式 (7.5)。

(3) 光强插值

用多边形顶点的光强进行双线性插值,可以求出多边形上各点和内部点的光强。在这个算法步骤中,我们把线性插值与扫描线算法相互结合,同时还用增量算法实现各点光强的计算。算法首先由顶点的光强插值计算各边的光强,然后由各边的光强插值计算多边形内部点的光强,如图 7.25 (b) 所示。

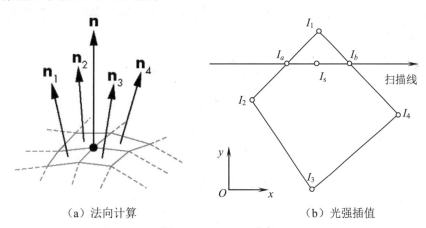

(a) 法向计算   (b) 光强插值

图 7.25   Gouraud 着色

双线性光强插值的公式如下:

$$I_a = \frac{1}{y_1 - y_2}[I_1(y_s - y_2) + I_2(y_1 - y_s)]$$

$$I_b = \frac{1}{y_1 - y_4}[I_1(y_s - y_4) + I_4(y_1 - y_s)] \qquad (7.7)$$

$$I_s = \frac{1}{x_b - x_a}[I_a(x_b - x_s) + I_b(x_s - x_a)]$$

如果采用增量算法，当扫描线 y_s 由 j 变成 $j+1$ 时，新扫描线上的点 $(x_a, j+1)$ 和 $(x_b, j+1)$ 的光强，可以由前一条扫描线与边的交点 (x_a, j) 和 (x_b, j) 的光强作一次加法得到。

$$I_{a,j+1} = I_{a,j} + \Delta I_a$$
$$I_{b,j+1} = I_{b,j} + \Delta I_b$$

其中

$$\Delta I_a = (I_1 - I_2)/(y_1 - y_2)$$
$$\Delta I_b = (I_1 - I_4)/(y_1 - y_4)$$

而在一条扫描线内部，横坐标 x_s 由 x_a 到 x_b 递增，当 x_s 由 i 增为 $i+1$ 时，多边形内的点 $(i+1, y_s)$ 的光强可以由同一扫描行左侧的点 (i, y_s) 的光强作一次加法得到，即：

$$I_{i+1,s} = I_{i,s} + \Delta I_s$$
$$\Delta I_s = \frac{1}{x_b - x_a}(I_b - I_a)$$

Gouraud 着色的典型特点是对光强进行双线性插值着色，其优点是算法简单，计算量小，解决了两多边形之间明暗度不连续以及多边形片内光强单一的问题，把它应用于简单的漫反射光照明模型时效果最好。然而，这种方法也有一些不足之处。

（1）明暗插值法只能保证在多边形边界两侧光强的连续性，不能保证其变化的连续性，在表面上会出现过亮或过暗的条纹，存在明显的马赫带效应痕迹。

（2）处理如图 7.26 所示的情况时，由于将相邻多边形的法矢量的平均值作为顶点处的法矢量，因此顶点法矢量是平行的，各个顶点的亮度以及整个面的亮度都会相同，使得表面上出现平坦区域。

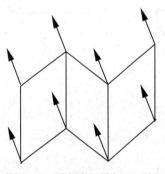

图 7.26　顶点法矢量相互平行

（3）这种方法只考虑了漫反射，而对镜面反射，效果就不尽人意，高光域只能在顶点周围形成，不能在多边形的域内形成。

3. Phong 着色

在 Gouraud 着色中，由于采用光强插值，其镜面反射效果不太理想，而且相邻多边形边界处的马赫带效应不能完全消除，因此，Phong 提出了一种双线性法向插值着色（也称 Phong 着色），可以部分解决上述问题。它将镜面反射引进着色中，解决了高光问题。与

Gouraud 着色相比，该方法有如下特点。

（1）保留双线性插值，对多边形边上的点和内域各点，采用增量法。

（2）对顶点的法向量进行插值，而顶点的法向量，用相邻的多边形的法向作平均，如图 7.27 所示。

（3）由插值得到的法向，计算每个像素的光亮度。

（4）假定光源与视点均在无穷远处，光强只是法向量的函数。

双线性法向插值的式子与光强插值的式子类似，只是把其中的光强项用法向量项来代替，在这里我们参考图 7.25（b）和式（7.6），把 I 换为 N，如图 7.27 所示，就有如下的插值公式。

$$N_a = \frac{1}{y_1 - y_2}\left[N_1(y_s - y_2) + N_2(y_1 - y_s)\right]$$

$$N_b = \frac{1}{y_1 - y_4}\left[N_1(y_s - y_4) + N_4(y_1 - y_s)\right]$$

$$N_s = \frac{1}{x_b - x_a}\left[N_b(x_b - x_s) + N_a(x_s - x_a)\right]$$

同时，增量插值计算的公式也与光强插值公式相似，只要用法向代替光强即可，公式如下。

$$N_{i+1,s} = N_{i,s} + \Delta N_s$$

$$\Delta N_s = \frac{1}{x_b - x_a}(N_b - N_a)$$

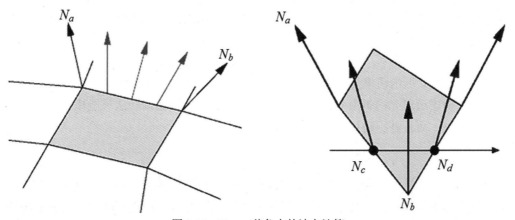

图 7.27　Phong 着色中的法向计算

双线性光强插值可以有效地显示漫反射曲面，计算量小；而双线性法向插值与双线性光强插值相比，可以产生正确的高光区域，但本质上仍属于线性插值模式，有时也会出现马赫带效应，而且计算量要大得多。当然，这两种着色算法本身也都存在着一些缺陷，具体表现为：用这类算法得到的物体边缘轮廓是折线段而非光滑曲线；由于透视的原因，使等间距扫描线产生不均匀的效果；插值结果取决于插值方向，不同的插值方向会得到不同的插值结果等。要得到更加精细、逼真的光照效果，就要用更加精确、更为复杂的方法，如光线跟踪算法。

7.5.2 透明与阴影

1. 透明处理

自然界中许多物体是透明的，如玻璃、明胶板、水等。从光学角度来看，透明是由于透射光而产生的光学效果。对于透明或半透明的物体，在光线与物体表面相交时，一般会产生反射与折射，经折射后的光线将穿过物体而在物体的另一个面射出，形成透射光。如果视点在折射光线的方向上，就可以看到透射光。由于透明物体可以透射光，可透过这种材料看到后面的物体，因此产生透明效果。由于光的折射通常会改变光的方向，要在真实感图形学中模拟折射，需要较大的计算量。

在 Whitted 和 Hall 提出光透射模型之前，为了能够看到一个透明物体后面的物体，常见的透明效果模拟方法是颜色调和法，该方法不考虑透明体对光的折射以及透明物体本身的厚度，光通过物体表面是不会改变方向的，故可以模拟平面玻璃，前面介绍的隐藏面消除算法都可以用于实现模拟这种情况。具体的过程如图 7.28 所示。

设 t 是物体的透明度，$t \in [0,1]$。$t=0$ 表示物体是不透明体；$t=1$ 表示物体是完全透明体。观察者可以看到物体的背景和其他物体，这些物体的前后位置可以通过隐藏面消除算法计算出来。实际上，观察者最终所看到的颜色是物体表面的颜色和透过物体的背景颜色的叠加。如图 7.28 所示，设过像素点(x, y)的视线与物体相交处的颜色（或光强）为 I_a，视线穿过物体与另一物体相交处的颜色（或光强）为 I_b，则像素点(x, y)的颜色（或光强）可由如下颜色调和公式计算。

$$I = tI_b + (1-t)I_a$$

其中，I_a 和 I_b 可由简单光照明模型计算。

由于未考虑透射光的折射和透明物体的厚度，因此，颜色调和法只能模拟玻璃的透明或半透明效果，而且并不适用于曲面物体。

2. 阴影

阴影是现实生活中一种很常见的光照现象，图 7.29 所示为常见的一个例子。阴影是由于光源被物体遮挡而在该物体后面产生的较暗的区域。在真实感图形学中，通过阴影可以提供物体位置和方向信息，从而可以反映出物体之间的相互关系，增加图形图像的立体效果和真实感。当知道了物体的阴影区域以后，就可以把它结合到简单光照明模型中去，对于物体表面的多边形，如果在阴影区域内部，那么该多边形的光强就只有环境光，后面的那几项光强都为零，否则就用正常的模型计算光强。通过这种方法，就可以把阴影引入简单光照明模型中，使产生的真实感图形更有层次感。

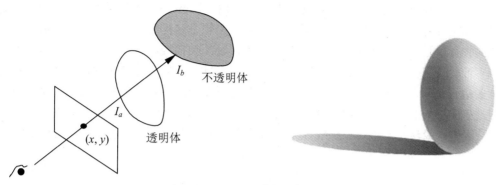

图 7.28　颜色调和模拟透明效果　　　　　图 7.29　阴影示意

由于阴影的区域和形态与光源及物体的形状有很大的关系，在此只考虑由点光源产生的阴影，即阴影的本影部分。从原理上讲，计算阴影的本影部分是十分清楚简洁的。从阴影的产生原因上看，有阴影区域的物体表面都无法看见光源，因此，只要把点光源作为观察点，那么在前面介绍的任何一种隐藏面消除算法都可以用来生成阴影区域。下面就来简单地介绍几种阴影生成算法。

（1）阴影多边形算法

1978 年，Atherton 等人提出了阴影多边形算法，在这个算法中第一次提出用隐藏面消除技术来生成阴影。把光源设为视点，这样物体的不可见面就是阴影区域，利用隐藏面消除算法就可以把可见面与不可见面区别开来。相对光源可见的多边形被称为阴影多边形，而不可见面就是非阴影多边形，这样非阴影多边形就处在物体多边形的阴影区域中。该算法的步骤十分简单，它首先用传统的隐藏面消除技术，相对于光源，把物体上的多边形区分为阴影多边形、非阴影多边形和逆光多边形，这是区分多边形阶段；然后就是显示阶段，需要计算物体表面各个多边形的光强，对于非阴影多边形和逆光多边形，用某种方法来减少正常计算出来的光强值，使其有阴影的效果。利用这个算法可以合理地确定物体表面的阴影区域，对于本影信息的获取是非常有效的。

（2）阴影域多面体算法

在对象空间中，按照阴影的定义，若光源照射到的物体表面是不透明的，那么在该表面后面就会形成一个三维的多面体阴影区域，该区域被称为阴影域（Shadow Volume）。实际上，阴影域是一个以被光照面为顶面、表面的边界与光源所张的平面系列为侧面的一个半开三维区域，任何包含于阴影域内的物体表面必然是阴影区域。在透视变换生成图像的过程中，屏幕视域空间常常是一个四棱锥，用这个四棱锥对物体的阴影域进行裁剪，那么裁剪后得到的三维阴影域就会变成封闭多面体，我们称其为阴影域多面体。通过这种方法得到物体的阴影域多面体后，就可以利用它们来确定场景中的阴影区域，对于场景中的物体，只要与这些阴影域多面体进行三维布尔交运算，计算出的交集就可以被定义为物体表面的阴影区域。

该算法中涉及大量的复杂的三维布尔运算，对于场景中每一个光源可见面的阴影域多面体都要进行求交运算，算法的计算复杂度是相当可观的。因而这个算法的关键是如何有效地判定一个物体表面是否包含在阴影域多面体之内。Crow 于 1977 年提出了一个基于扫描线隐藏面消除算法来生成阴影的方法。他的算法思想是这样的：显示时，阴影域多面体和普通的物体多边形一起参加扫描和排序，对于每一条扫描线，可以计算出扫描水平面和阴影域多面体及普通的物体多边形的交线，其中阴影域多面体的交线是封闭多边形，而普通物体多边形是一条直线，利用该直线和封闭多边形在光源视线下的相互遮挡关系，可以很方便地确定在该扫描线上物体表面是否是阴影区域。这个阴影生成算法只要在传统的扫描线隐藏面消除算法基础上对扫描线内循环部分稍加改进即可实现，获得了广泛的应用。

7.6　光线跟踪算法

光线跟踪算法是真实感图形学中的主要算法之一，它不仅克服了基于插值的着色不能用来表示物体表面细节，也不宜模拟光线折射、反射和阴影等的不足，而且具有原理简单、实现方便和能够生成各种逼真的视觉效果等突出的优点。在真实感图形学对光线跟踪算法的研究中，早在 1968 年，Apple A 研究隐藏面消除算法时，就给出了光线跟踪算法的描述。1979 年，Kay 和 Greenberg 的研究考虑了光的折射。1980 年，Whitted 提出了第一个整体光照 Whitted 模型，并给出一般性光线跟踪算法的范例，综合考虑了光的反射、折射、透射、阴影等。

光线跟踪的基本原理为：由光源发出的光到达物体表面后，产生反射和折射，简单光照明模型和光透射模型模拟了这两种现象。在简单光照明模型中，反射被分为理想漫反射和镜面反射，在简单光透射模型中把透射光分为理想漫透射光和规则透射光。由光源发出的光称为直接光，物体对直接光的反射或折射称为直接反射和直接折射；相对的，把物体表面间对光的反射和折射称为间接光、间接反射和间接折射。这些是光线在物体之间的传播方式，是光线跟踪算法的基础。

最基本的光线跟踪算法是跟踪镜面反射和折射。从光源发出的光遇到物体的表面，发生反射和折射，光就改变方向，沿着反射方向和折射方向继续前进，直到遇到新的物体。但是光源发出光线，经反射与折射，只有很少部分可以进入人的眼睛。因此，实际光线跟踪算法的跟踪方向与光传播的方向是相反的，是视线跟踪。由视点与像素(x, y)发出一根射线，与第一个物体相交后，在其反射与折射方向上进行跟踪，如图 7.30 所示。

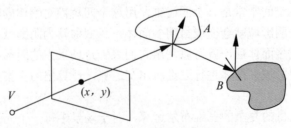

图 7.30　基本光线跟踪光路示意

在光线跟踪算法中，有如下 4 种光线：视线，指由视点与像素(x, y)发出的射线；阴影测试线，是物体表面上点与光源的连线；反射光线；折射光线。

当光线 V 与物体表面交于点 P 时，光在点 P 对光线 V 方向的贡献分为 3 部分，把这 3 部分光强相加，就是该条光线 V 在 P 点处总的光强。

（1）由光源产生的直接的光线照射光强，是交点处的局部光强，可以由下式计算。

$$I = I_a k_a + \sum_i I_{p,i} \Big[K_{ds}(\boldsymbol{L}_i \cdot \boldsymbol{N}) + K_s(\boldsymbol{H}_{s,i} \cdot \boldsymbol{N})^{n_i} \Big] + \sum_j I_{p,j} \Big[K_{dt}(-\boldsymbol{N} \cdot \boldsymbol{L}_j) + K_t(\boldsymbol{N} \cdot \boldsymbol{H}_{t,j})^{n_j} \Big]$$

（2）反射方向上由其他物体引起的间接光照光强由 $I_s K_s'$ 计算，I_s 通过对反射光线的递归跟踪得到。

（3）折射方向上由其他物体引起的间接光照光强由 $I_t K_t'$ 计算，I_t 通过对折射光线的递归跟踪得到。

在有了上面介绍的这些基础之后，我们来讨论光线跟踪算法本身。首先介绍光线跟踪算法的基本过程。对一个由两个透明球和一个非透明物体组成的场景进行光线跟踪，如图7.31 所示，通过这个例子，可以把光线跟踪的基本过程解释清楚。

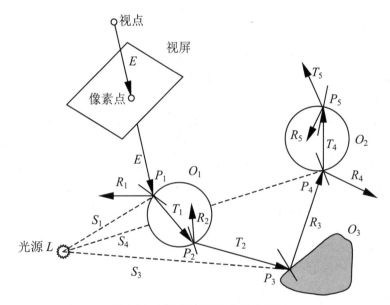

图 7.31　光线跟踪算法的基本过程

在图 7.31 中，有一个点光源 L、两个透明的球体 O_1 与 O_2、一个不透明的物体 O_3。首先，从视点出发经过视屏中一个像素点的视线 E 传播到达球体 O_1，与其的交点为 P_1。从P_1 向光源 L 作一条阴影测试线 S_1，我们发现其间没有遮挡的物体，那么就用局部光照明模型计算光源对 P_1 在其视线 E 的方向上的光强，作为该点的局部光强。同时我们还要跟踪该点处反射光线 P_1 和折射光线 T_1，它们也对 P_1 点的光强有贡献。在反射光线 P_1 方向上，没有再与其他物体相交，那么就设该方向的光强为零，并结束该光线方向的跟踪。然后来对折射光线 T_1 方向进行跟踪，来计算该光线的光强贡献。折射光线 T_1 在物体 O_1 内部传播，与 O_1 相交于点 P_2，由于该点在物体内部，我们假设它的局部光强为零，同时，产生了反

射光线 P_2 和折射光线 T_2，在反射光线 P_2 方向，可以继续递归跟踪计算它的光强。继续对折射光线 T_2 进行跟踪：T_2 与物体 O_3 交于点 P_3，作 P_3 与光源 L 的阴影测试线 S_3，没有物体遮挡，那么计算该处的局部光强，由于该物体是非透明的，因此我们可以继续跟踪反射光线 P_3 方向的光强，结合局部光强，来得到 P_3 处的光强。反射光线 P_3 的跟踪与前面的过程类似，算法可以递归进行下去。重复上面的过程，直到光线满足跟踪终止条件。这样就可以得到视屏上的一个像素点的光强，也就是它相应的颜色值。

上面的例子就是光线跟踪算法的基本过程，可以看出，光线跟踪算法实际上是光照明物理过程的近似逆过程，这一过程可以跟踪物体间的镜面反射光线和规则透射，模拟了理想表面的光的传播。

虽然在理想情况下，光线可以在物体之间进行无限的反射和折射，但是在实际的算法进行过程中，我们不可能进行无穷的光线跟踪，因而需要给出一些跟踪的终止条件。在算法应用的意义上，可以有以下几种终止条件。

（1）该光线未碰到任何物体。

（2）该光线碰到了背景。

（3）光线在经过许多次反射和折射后，就会产生衰减，光线对于视点的光强贡献很小（小于某个设定值）。

（4）光线反射或折射次数，即跟踪深度，大于一定值。

最后用伪码的形式给出光线跟踪算法的源代码。光线跟踪的方向与光传播的方向相反，从视点出发，对于视屏上的每一个像素点，从视点作一条到该像素点的射线，调用该算法函数就可以确定该像素点的颜色。光线跟踪算法的函数名为 RayTracing()，光线的起点为 start，方向为 direction，衰减权值为 weight，初始值为 1，算法最后返回光线方向上的颜色值 color。对于每一个像素点，第一次调用 RayTracing()时，可以设起点 start 为视点，而 direction 为视点到该像素点的射线方向。

```
RayTracing (start, direction, weight, color)
{
    if ( weight < MinWeight )
        color = black;
    else
    {
        计算光线与所有物体的交点中离start最近的点;
        if ( 没有交点 )
          color = black;
        else
        {
          local = 在交点处用局部光照明模型计算出的光强;
            计算反射方向R;
            RayTracing ( 最近的交点, R, weight*Wr, Ir );
            计算折射方向 T;
            RayTracing ( 最近的交点, T, weight*Wt, It );
```

```
        color = Local + KsIr+ KtIt;
      }
    }
}
```

光线跟踪技术为整体光照明模型提供了一种简单有效的绘制手段。它可模拟自然界中光线的传播，可实现场景中交相辉映的景物、阴影、透明等高度真实感图像的显示。但它的实现需要用到大量的求交运算，因此提高求交计算的效率是算法的一个重要问题。光线跟踪在本质上是一个递归算法，每个像素的光强必须综合各层递归计算的结果才能获得。

7.7　纹理映射技术

用前面几节介绍的方法生成的物体图像，往往由于其表面过于光滑和单调，看起来反而不真实，这是因为现实世界中物体的表面通常有它的细节，即各种纹理，它们可以是光滑表面的花纹、图案，也可以是粗糙的表面，可以用纹理映射的方法给计算机生成的图像加上纹理。本节将介绍纹理的类型、纹理的定义方法以及纹理映射的一些原理。

7.7.1　概述

从根本上说，纹理（Texture）是物体表面的细小结构，表面纹理通常分为颜色纹理和几何纹理。颜色纹理，是指光滑表面的花纹、图案，如刨光的木材表面的木纹、建筑物墙壁上的装饰图案、大理石表面等。它们是通过颜色色彩或明暗度变化体现出来的表面细节。几何纹理，是粗糙的表面，如橘子皮表面的褶皱表皮、篮球表面等，它们是由不规则的细小凹凸造成的，是基于物体表面的微观几何形状的表面纹理。

纹理映射（Texture Mapping）是把指定的纹理映射到三维物体表面的技术。图 7.32 是纹理映射场景的一个部分，其中图 7.32（a）是由离散数据生成的地表的网状形状，图 7.32（b）为进行纹理映射后的地表形状。

（a）地形的网状结构　　　　　　　　（b）地形的纹理映射形状

图 7.32　纹理映射场景

纹理映射需要考虑以下 3 个问题。

（1）对于简单光照明模型，需要了解当物体上的什么属性被改变时可以产生纹理的效果。简单光照明模型的式子如下。

$$I = I_a k_a + I_p K_d (\boldsymbol{L} \cdot \boldsymbol{N}) + I_p K_s (\boldsymbol{R} \cdot \boldsymbol{V})^n$$

经分析并结合前面所讲内容可知，在该模型中，可以通过改变漫反射系数或者物体表面的法向量来改变物体的颜色，由此得到纹理的效果。

（2）在真实感图形学中，可以用如下两种方法来定义纹理。

① 图像纹理：将二维纹理图案映射到三维物体表面，绘制物体表面上一点时，采用相应的纹理图案中相应点的颜色值。

② 函数纹理：用数学函数定义简单的二维纹理图案，如方格地毯。或用数学函数定义随机高度场，生成表面粗糙纹理，即几何纹理。

（3）在定义了纹理以后，还要处理如何对纹理进行映射的问题。对于二维图像纹理，就是如何建立纹理与三维物体之间的对应关系；而对于几何纹理，就是如何扰动法向量。

纹理一般定义在单位正方形区域（$0 \leqslant u \leqslant 1$，$0 \leqslant v \leqslant 1$）之上，称为纹理空间。理论上，定义在此空间上的任何函数可以作为纹理函数，而在实际上，往往采用一些特殊的函数来模拟生活中常见的纹理。对于纹理空间的定义方法有许多种，下面是常用的几种。

① 用参数曲面的参数域作为纹理空间（二维）。

② 用辅助平面、圆柱、球定义纹理空间（二维）。

③ 用三维直角坐标作为纹理空间（三维）。

纹理映射就是将在纹理空间中 uv 平面上预先定义的二维纹理（图像、图形、函数等）映射到景物空间的三维物体表面，再进一步映射到图像空间的二维图像平面上，一般将两个映射合并为一个映射。因此纹理映射本质上是从一个坐标系到另一个坐标系的变换。

7.7.2 颜色纹理映射

颜色纹理映射要达到的目的是使绘制出来的物体表面具有花纹图案效果。它的基本思想如下。

首先，定义纹理函数。给出期望在物体表面出现的花纹图案样式，可以用纹理函数来表示。纹理函数的定义域称为纹理定义域，纹理函数值一般可以理解为亮度值，可以转换为RGB 表示的颜色值。

其次，建立映射关系。即建立物体表面的定义域与纹理函数的定义域之间的映射关系（即映射函数）。这种映射关系一旦建立，物体表面任何一点的花纹图案属性都可以通过纹理定义域中相应点的纹理函数值获得。

最后，根据纹理进行映射。通过上述定义的映射关系可以获得该可见点对应花纹图案属性的相应纹理函数值，使用该纹理函数值来绘制物体，就可以使物体表面具有花纹图案效果，从而完成纹理映射。

例如，在不考虑光照计算的情况下，可以简单地将表示亮度的纹理函数值作为物体可见点的亮度，即颜色。在考虑光照计算的情况下，可以将表示亮度的纹理函数值（转化为颜色值后有 3 个分量）作为光照明模型中该点处物体的漫反射系数，然后再通过光照明模型计算出该可见点的亮度。

下面以二维纹理映射为例，对颜色纹理映射的上述 3 个主要步骤的实施进行进一步的讨论。

在纹理映射技术中，最常见的纹理是二维纹理。映射将这种纹理变换到三维物体的表面，形成最终的图像。我们给出一个二维纹理的函数表示：

$$g(u,v) = \begin{cases} 0 & [u\times8]+[v\times8] \text{ 为奇数} \\ 1 & [u\times8]+[v\times8] \text{ 为偶数} \end{cases}$$

二维纹理还可以用图像来表示，用一个 $M\times N$ 的二维数组存放一幅数字化的图像，用插值法构造纹理函数，然后把该二维图像映射到三维的物体表面上，如图 7.33 所示。

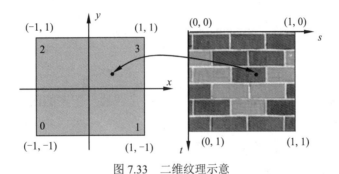

图 7.33 二维纹理示意

为了实现这个映射，就要建立对象空间坐标(x, y, z)和纹理空间坐标(u, v)之间的对应关系，这相当于对物体表面进行参数化，反求出物体表面的参数后，就可以根据(u, v)得到该处的纹理值，并用此值取代光照明模型中的相应项。

两个经常使用的映射方法是圆柱面映射和球面映射。对于圆柱面纹理映射，由圆柱面的参数方程定义，可以得到纹理映射函数。如果参数方程如下

$$\begin{cases} x = \cos(2\pi u) & 0 \leqslant u \leqslant 1 \\ y = \sin(2\pi u) & 0 \leqslant v \leqslant 1 \\ z = v \end{cases}$$

那么，对给定圆柱面上一点(x, y, z)，可以用下式反求参数

$$(u,v) = \begin{cases} (y,z) & \text{如果}x=0 \\ (x,z) & \text{如果}y=0 \\ \left(\dfrac{\sqrt{x^2+y^2}-|y|}{x}, z \right) & \text{其他} \end{cases}$$

根据计算得到的(u, v)值，就可以求出对应该处的纹理值。在简单光照明模型中，可用该值代替漫反射系数 K_d，计算柱面上一点(x, y, z)的亮度值，即可实现圆柱面的映射。

同样的，对于球面纹理映射，由球面参数方程

$$\begin{cases} x = \cos(2\pi u)\cos(2\pi v) & 0 \leqslant u \leqslant 1 \\ y = \sin(2\pi u)\cos(2\pi v) & 0 \leqslant v \leqslant 1 \\ z = \sin(2\pi v) \end{cases}$$

对给定球面上一点 (x, y, z)，可以用下式反求参数

$$(u, v) = \begin{cases} (0,0) & \text{如果 } (x, y) = (0, 0) \\ \left(\dfrac{1 - \sqrt{1 - (x^2 + y^2)}}{x^2 + y^2} x, \ \dfrac{1 - \sqrt{1 - (x^2 + y^2)}}{x^2 + y^2} y \right) & \text{其他} \end{cases}$$

现欲将该图案映射到球面片上，其中图 7.34（a）所示图案为相交直线组成的二维网格，图 7.34（b）为位于第一象限之内的球面片，图 7.34（c）所示为映射结果，试求解其映射函数和逆映射函数。

解： 球面片的参数表示为

$$\begin{cases} x = \sin\theta\sin\varphi & 0 \leqslant \theta \leqslant \dfrac{\pi}{2} \\ y = \cos\varphi \\ z = \cos\theta\sin\varphi & \dfrac{\pi}{4} \leqslant \varphi \leqslant \dfrac{\pi}{2} \end{cases}$$

取线性映射函数 $\theta = Au + B$，$\varphi = Cw + D$ 并假定四边形图案的四角点映射到四边形球面片的四角上，于是有

（1）$u=0$，$w=0$ 映射到 $\theta = 0$，$\varphi = \dfrac{\pi}{2}$ 上。

（2）$u=1$，$w=0$ 映射到 $\theta = \dfrac{\pi}{2}$，$\varphi = \dfrac{\pi}{2}$ 上。

（3）$u=0$，$w=1$ 映射到 $\theta = 0$，$\varphi = \dfrac{\pi}{4}$ 上。

（4）$u=1$，$w=1$ 映射到 $\theta = \dfrac{\pi}{2}$，$\varphi = \dfrac{\pi}{4}$ 上。

将它们代入映射函数可解得：$A = \dfrac{\pi}{2}$，$B = 0$，$C = -\dfrac{\pi}{4}$，$D = \dfrac{\pi}{2}$。

因此，由 uv 空间到 $\theta\varphi$ 空间的线性映射函数为：$\theta = \dfrac{\pi}{2}u$，$\varphi = \dfrac{\pi}{2} - \dfrac{\pi}{4}w$。

由 $\theta\varphi$ 空间至 uv 空间的逆映射为：$u = \dfrac{\theta}{\dfrac{\pi}{2}}$，$w = \dfrac{\dfrac{\pi}{2} - \varphi}{\dfrac{\pi}{4}}$。

将 uv 空间中的一条直线 $u = \dfrac{1}{4}$，$0 \leqslant w \leqslant 1$ 映射到 $\theta\varphi$ 空间，然后代入球面片的参数方程换算到 xyz 坐标系，运算结果如表 7.1 所示，映射的完整结果如图 7.34（c）所示。

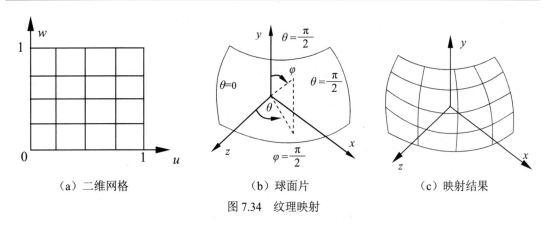

（a）二维网格　　　　　（b）球面片　　　　　（c）映射结果

图 7.34　纹理映射

表 7.1　映射的完整结果

参　　　数	u	w	θ	φ	x	y	z
	1/4	0	π/8	1/4	0.38	0	0.92
		1/4		7π/16	0.38	0.20	0.91
值		1/2		3π/8	0.35	0.38	0.85
		3/4		5π/16	0.32	0.56	0.77
		1		π/4	0.27	0.71	0.65

　　显示在表面上的花纹图案除了考虑由纹理空间到物体（对象）空间的坐标变换外，还涉及由对象空间到图像空间的映射，此外还需进行适当的视图变换。

　　假设图像空间对应一个光栅设备，可应用一些细分算法实现由对象空间到图像空间的映射，其基本思想是不断地分割曲面片和花纹图案，直至一个子曲面片仅包含一个像素中心时，取其相应的花纹图案子片上的平均光强值作为该像素的光强值。细分算法的实质是首先分割对象空间中的曲面片，然后将结果分别变换到图像空间和纹理空间，并且不需要考虑由图像空间到对象空间的逆变换，也不需要考虑在图像空间中各子曲面片的 z 值。

7.7.3　几何纹理映射

　　前面介绍的颜色纹理映射技术主要用来在光滑表面上绘制指定的花纹图案。如果试图采用颜色纹理映射的技术，即对现实生活中的某个表面粗糙、存在细小凹凸的物体拍摄一幅数字图像，然后将它映射到指定的光滑物体表面上，期望由此绘制出来的图像可以产生被映射表面的粗糙、凹凸不平效果，最后会发现结果并不能令人满意，物体表面只是被绘制上了粗糙的花纹图案，但看起来感觉仍然是光滑的。

　　事实上，粗糙表面不同于光滑表面之处在于粗糙表面的法矢量具有一个比较小的随机分量，这使得其上的光线反射方向也具有一定的随机分量。Blinn 注意到这个问题，于是想了一种办法来扰动表面法矢量，导致表面光亮度突变，从而产生表面凹凸不平的真实感效果。

Blinn 对表面法矢量进行扰动的方法是，在表面任一点处沿其法向附加一微小增量，从而生成一张新的表面，计算新生成的表面 i 点的法矢量以取代原表面上相应点的法矢量。

设表面的参数方程为 $P=P(u,v)$，表面上任何一点的单位法矢量为 $N(u,v)$，纹理函数为 $F(u,v)$，给出表面上每一点沿着其法向的位移量，则新生成的表面为

$$P'(u,v)=P(u,v)\times N(u,v)$$

其中，$N(u,v)=\dfrac{P_u\times P_v}{|P_u\times P_v|}$。

新表面的法向量可以由 $P'(u,v)$ 的两个偏导数叉乘得到。

$$N'(u,v)=P'u\times P'v$$

Blinn 将计算出来的新表面 $P'(u,v)$ 上 (u,v) 处的法矢量作为表面 $P(u,v)$ 上 (u,v) 处的法矢量，单位化后用于表面 $P(u,v)$ 的光照计算，因为这时表面 $P(u,v)$ 的法向量已经被扰动过，因此绘制出来的表面 $P(u,v)$ 一般会呈现凹凸不平的真实感效果，如图 7.34 所示。

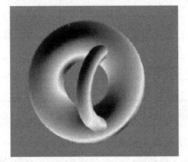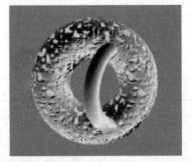

图 7.35　几何纹理映射

可以看出，几何纹理映射和颜色纹理映射除了对纹理属性值的使用方式不同外，其他的概念（如纹理函数的定义、映射函数的定义、纹理映射的实施技术）都是相通的。例如，在这里，纹理函数也可理解为定义在[0,1]×[0,1]上。可以是以函数表达式的形式给出，也可以是以 $m\times n$ 数字图像的形式给出，这时可以认为给出了纹理函数在[0,1]×[0,1]内的 $m\times n$ 个点的均匀采样，[0,1]×[0,1]内非采样点的纹理函数值可以由双线性插值的方法得到。

当纹理函数以数字图像的形式给出时，可以认为图像中较暗的颜色表示较小的位移量，而较亮的颜色表示较大的位移量。应用纹理属性值 $F(u,v)$ 计算物体表面上点的扰动后的法矢量 $N'(u,v)$ 时要用到 $F(u,v)$ 的两个偏导数 F_u 和 F_v，这时可采用有限差分法来确定。

7.7.4　环境映射

环境映射技术首先由 Blinn 和 Newell 在 1976 年提出。这种技术的提出是为了模拟光线追踪的效果，确切地讲是模拟景物镜面反射效果，现在看来，虽然环境映射技术与光线追踪技术相比能力有限，但是相比而言需要非常少的计算花费，因此环境映射技术还是一种很有用的技术，在计算机图形学中广为应用。

环境映射技术从本质上讲是一种颜色映射技术，适用于其他的物体和光源离当前被绘

制的物体比较远的场景绘制。它使用的纹理图像是当前被绘制物体周边的景物图像，这可以通过对真实场景拍照或由真实感图形绘制系统绘制而成。为实现物体和纹理图像之间的对应关系，环境映射采取两个阶段的纹理映射，首先将纹理图像映射到一个简单的三维面上，如平面、球面、圆柱面、立方体表面，这个三维面称为中介面，然后将结果映射到最终的三维物体表面。在具体实现上可以采取逆向纹理映射技术，从视点向像素所对应投影面上的点发出一根光线，该光线与被绘制物体表面交于一点并反射出去，反射出去的光线将与一个假想的中介面相交，如果该中介面是一个很大的球面，并且球面的放置使得被绘制物体在球心处，由于之前已经将纹理图像映射到这个球面的内表面，由此可以获得像素所对应物体表面上点的纹理属性值。

一般地，环境映射技术难以获得物体表面各入射点处精确的环境映照，环境映射对远距离物体镜面反射的模拟比较有效。

7.8　OpenGL 真实感图形

利用 OpenGL 提供的函数可以方便地实现图形绘制过程中的消隐处理和物体表面亮度的光照计算，还可以实现纹理映射，生成具有真实感的图形。

7.8.1　OpenGL 光照函数

在 OpenGL 简化光照明模型中将光照分为 3 个独立部分：环境光、漫反射光和镜面反射光。光源的使用包括定义光源和启用光源两个过程。光源有很多特性，如颜色、位置、方向等。不同特性的光源作用在物体上的效果也不一样。定义一个光源的过程就是设定光源的各种特性。

1. 建立光源

OpenGL 中将光源的位置分为两类：一类是离场景无限远处的方向光源，认为方向光源发出的光投射到物体表面是平行的，如现实生活中的太阳光；另一类是物体附近的光源，其具体位置决定了它对场景的光照效果，尤其是决定了光线的投射方向，如台灯。光源位置采用齐次坐标的方式定义。

定义一个光源由函数 glLight()实现，该函数的作用是设置光源的各种参数，函数原型如下。

```
void glLight{if} (GLenum light, GLenum pname, TYPE param);
```

其中，参数 light 指定进行参数设置的光源，其取值可以是符号常量 GL_LIGHTi 来赋值以示区别。OpenGL 可以支持至少 8 个光源，值可以是 GL_LIGHT0，GL_LIGHT1,…,GL_LIGHT7。

参数 pname 指定对光源设置何种属性，其取值如表 7.2 所示。

参数 param 根据光源 light 的 pname 属性来为该特性设置不同的取值。在非矢量版本中，它是一个数值；而在矢量版本中，它是一个指针，指向一个保存了属性值的数组。

表 7.2   pname 取值及对应功能和默认值

pname	功　能	默　认　值
GL_AMBIENT	设置环境光分量强度	(0.0,0.0,0.0,1.0)
GL_DIFFUSE	设置漫反射光分量强度	(1.0,1.0,1.0,1.0)
GL_SPECULAR	设置镜面光分量强度	(1.0,1.0,1.0,1.0)
GL_POSITION	设置光源位置	(0.0,0.0,0.0,0.0)
GL_SPOT_DIRECTION	设置光源聚光方向	(0.0,0.0,-1.0)
GL_SPOT_EXPONENT	设置光源聚光衰减因子	0.0
GL_SPOT_CUTOFF	设置光源聚光截止角	180.0
GL_CONSTANT_ATTENUATION	设置光的常数衰减因子	1.0
GL_LINER_ATTENUATION	设置光的线性衰减因子	0.0
GL_QUADRATIC_ATTENUATION	设置光的二次衰减因子	0.0

（1）点光源的颜色

点光源的颜色由环境光、漫反射光和镜面光分量组合而成，在 OpenGL 中分别使用 GL_AMBIENT、GL_DIFFUSE 和 GL_SPECULAR 指定。其中，漫反射光成分对物体的影响最大。

（2）点光源的位置和类型

点光源的位置使用属性 GL_POSITION 指定，该属性的值是一个由 4 个值组成的矢量 (x,y,z,w)。其中，如果 w 值为 0，表示指定的是一个离场景无穷远的光源，(x,y,z) 指定了光源的方向，这种光源被称为方向光源，发出的是平行光；如果 w 值为 1，表示指定的是一个离场景较近的光源，(x,y,z) 指定了光源的位置，这种光源被称为定位光源。

光源位置的设置包含在场景的描述中，并和对象位置一起用 OpenGL 几何变换及观察变换矩阵变换到观察坐标系中。因此，如果希望光源相对于场景中的对象保持位置不变，则需要在程序中设定几何和观察变换之后再设置光源位置。但如果希望光源随着视点一起移动，则需在几何和观察变换之前进行光源位置的设定，也可使光源相对于固定场景进行平移或旋转。

当光源位置设置数组中的 w 分量（即第 4 个分量）为 0 时，该光源被认为是一个方向光源。这时进行漫反射和镜面反射计算只用到其方向，与其实际位置无关，且不进行衰减处理。若 w 不为 0，进行漫反射和镜面反射计算则是基于其在观察坐标系中的实际位置，且需进行衰减处理。

2. 聚光灯

当点光源定义为定位光源时，默认情况下，光源向所有的方向发光。但若将发射光限定在圆锥体内,可以使定位光源变成聚光灯。GL_SPOT_CUTOFF 属性用于定义聚光截止角,即光锥体轴线与母线之间的夹角,它的值只有锥体顶角值的 1/2。聚光截止角的默认值为 180.0,意味着沿所有方向发射光线。除默认值外,聚光截止角的取值范围为[0.0,90.0]。GL_SPOT_DIRECTION 属性指定聚光灯光锥轴线的方向,其默认值是(0.0,0.0,-1.0),即光线指向 z 轴负向。而 GL_SPOT_EXPONENT 属性可以指定聚光灯光锥体内的光线聚集程度,其默认值为 0。在光锥的轴线处光强最大,从轴线向母线移动时,光强会不断衰减,衰减的系数是轴线与照射到顶点的光线之间夹角余弦值的聚光指数次方。

```
GLfloat light_ambient[] = {0.0,0.0,0.0,1.0};
GLfloat light_diffuse[] = {1.0,1.0,1.0,1.0};
GLfloat light_specular[] ={1.0,1.0,1.0,1.0};
GLfloat light_position[] ={1.0,1.0,1.0,1.0};
glLightfv (GL_LIGHT0,GL_AMBIENT,light_ambient);
glLightfv (GL_LIGHT0,GL_DIFFUSE,light_diffuse);
glLightfv (GL_LIGHT0,GL_SPECULAR,light_specular);
glLightfv (GL_LIGHT0,GL_POSITION,light_position);
glLightfv (GL_LIGHT0,GL_CONSTANT_ATTENUATION,2.0);
glLightfv (GL_LIGHT0,GL_LINER_ATTENUATION,1.0);
glLightfv (GL_LIGHT0,GL_QUADRATIC_ATTENUATION,0.3);
```

行 1～行 3 的代码采用 RGBA 的颜色模式分别为光源 GL_LIGHT 0 定义了 3 种类型光源颜色。所有光源的 GL_AMBIENT 环境光的默认强度为(0.0,0.0,0.0,1.0),光源 GL_LIGHT0 的 GL_DIFFUSE 漫反射光的默认强度为(1.0,1.0,1.0,1.0),而其他光源的 GL_DIFFUSE 漫 反 射 光 的 默 认 强 度 为 (0.0,0.0,0.0,0.0)。 光 源 GL_LIGHT0 的 GL_SPECULAR 镜面光的默认强度为(1.0,1.0,1.0,1.0),而其他光源的 GL_SPECULAR 镜面光的默认强度为(0.0,0.0,0.0,0.0)。行 1 和行 5 的代码一起将 GL_LIGHT0 光源的环境光强度设置为黑色,即环境光将在光照明模型中不起作用。同样,行 2 和行 6 定义了漫反射光源的颜色,行 3 和行 7 定义了镜面反射光源的颜色。

3. 光强度衰减

OpenGL 可以通过设置 3 种衰减因子来模拟对位置光源的衰减过程,对方向光源不作衰减处理。GL_CONSTANT_ATTENUATION、GL_LINEAR_ATTENUATION、GL_QUADRATIC_ATTENUATION 属性分别指定了衰减系数 $c0$、$c1$ 和 $c2$,用于指定光强度的衰减。

```
glLightfv (GL_LIGHT0,GL_CONSTANT_ATTENUATION,2.0);
glLightfv (GL_LIGHT0,GL_LINER_ATTENUATION,1.0);
glLightfv (GL_LIGHT0,GL_QUADRATIC_ATTENUATION,0.3);
```

以上 3 行程序分别将光源 GL_LIGHT0 的常数衰减因子设为 2.0,线性衰减因子设为 1.0,二次衰减因子设为 0.3。

4. 设置光锥

如图 7.36 所示为一个从某光源处发射
光线，并通过指定光线传播的方向（主轴向
量）和范围（两倍的 θ）以及光强衰减因子
定义了一个光线照射范围的光锥。即光线只
可照亮在光锥定义范围内的物体，并且强度
随着距离衰减。

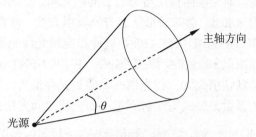

图 7.36 从指定轴和角度形成的光锥

在 OpenGL 中也可将光源定义成这种聚
光效果，分别用 3 个参数来定义：GL_SPOT_
DIRECTION 用来定义光锥的主轴向量，默认聚光方向为(0.0,0.0,-1.0)。GL_SPOT_CUTOFF
用来指定光锥的最大发散角（即 θ 角），其值可以是 180°或 0°～90°。当 θ 设定为 180°时，
该光源向所有方向（360°）发射光线。GL_SPOT_EXPONENT 用来指定光源的衰减因子，
其值为 0～128 的任意值。下面代码段为光源 GL_LIGHT1 设定按一定方向照射的效果，其
圆锥轴在 x 轴正方向，圆锥角 θ 为 30°，而衰减因子为 2.5。

```
GLfloat dirV[] = {1.0,0.0,0.0};
glLightfv (GL_LIGHT1,GL_POS_DIRECTION,dirV);
glLightfv (GL_LIGHT1,GL_POS_EXPONENT,2.5);
glLightfv (GL_LIGHT1,GL_POS_CUTOFF,30);
```

5. 启用和激活光源

在光源定义完毕后，必须启用和激活光源，光照明模型的计算过程才能发挥作用。在
使用光源之前，先使用如下函数启用光照：glEnable(GL_LIGHTING)。使用完之后，可用
如下函数取消光照：glDisable (GL_LIGHTING)。对于具体光源，可为每个光源在必要处指
定是否使用和停止使用。如对 GL_LIGHT0 光源，使用 glEnable (GL_LIGHT0)函数启用该
光源，在必要位置使用 glDisable (GL_LIGHT0)停止使用该光源。

6. 定义表面法向量

定义物体表面的法向量在光照明模型的计算中具有重要意义。对于平面可以指定一个
法向量，但曲面在每个点的法向量方向可以不同。在 OpenGL 中，可以为每一个顶点赋予
一个法向量，也可为多个顶点赋予同一个法向量。在顶点之外的任何地方定义法向量都是
无效的。法向量不仅定义了平面在空间的方向，也决定了平面相对于光源的方向。OpenGL
用这些向量来计算物体在顶点处所受的光照强度。定义法向量的函数原型如下。

```
void glNormal3 {bsidf} v (TYPE nx,TYPE ny,TYPE nz);
```

参数 nx、ny、nz 指定当前法向量的 x、y、z 坐标。当前法向量的初始值为单位向量(0,0,1)。
v 是指向一个包含 3 个坐标元素数组的指针。

给定平面上一个顶点，通过该顶点与平面垂直且方向相反的向量有两个。通常规定，
法向量的方向指向平面的外方向。曲面的法向量计算较为复杂。一般是首先找到曲面上的

一个顶点，然后求出在该点处与曲面相切的平面，这个平面的法向量就是该点的法向量。对所有顶点作同样的处理，就得到了该曲面上所有的法向量。法向量只与向量的方向有关，与向量的大小无关。在 OpenGL 中，最后都将法向量的长度规一化后才进行光照计算。glNormal 函数可以在 glBegin 和 glEnd 之间使用，来指定某个顶点的法向量。如下代码段为一个四边形的各个顶点定义其对应的法向量。

```
glNormal3fv(n0);glVertex3fv(v0);
glNormal3fv(n1);glVertex3fv(v1);
glNormal3fv(n2);glVertex3fv(v2);
glNormal3fv(n3);glVertex3fv(v3);
```

7.8.2　物体表面特性函数

在 OpenGL 中，物体表面特性即物体的材质，是决定物体表面质感的主要因素，质感是由材质与光照共同作用决定的。

物体表面材质是通过定义物体表面材料对红、绿、蓝三色光的反射率来近似定义的。通过设置材料对环境光、漫反射光和镜面反射光中三色光的不同反射率来模拟不同物质构成的材料的表面质感。在进行光照计算时，材料的每一种反射率与对应的光照相结合。对环境光和漫反射光的反射程度基本决定了材料的颜色，且两者十分接近。而镜面反射光通常对红、绿、蓝三色的反射率是一致的，因此色光接近于白色或灰色。镜面反射的高亮区域具有光源的颜色。定义材料材质的函数原型如下。

```
void glMaterial {fi} v (GLenum face, GLenum pname, const Glfloat *param);
```

其中，参数 face 指定多边形的哪个或哪些面将被赋予指定的材质，其取值可为 GL_FRONT、GL_BACK、GL_FRONT_AND_BACK 之一。pname 为指定的面指定一个单值材质参数，其取值及含义如表 7.3 所示。param 是指向 pname 具体设定值的指针。

表 7.3　pname 取值及其含义

pname 取值	含　　义	默　认　值
GL_AMBIENT	环境光的反射系数	(0.2,0.2,0.2,1.0)
GL_DIFFUSE	漫反射光的反射系数	(0.8,0.8,0.8,1.0)
GL_AMBIENT_AND_DIFFUSE	环境光和漫反射光的反射系数	
GL_SPECULAR	镜面反射光的反射系数	(0.0,0.0,0.0,1.0)
GL_SHININESS	镜面反射指数	0.0
GL_EMISSION	发射光的 RGBA 强度	(0.0,0.0,0.0,1.0)
GL_COLOR_INDEXS	环境光、漫反射光、镜面反射光的颜色索引	(0,1,1)

对材质来说，RGB 值对应于材质对该光的反射系数，如某材质为(1.0,0.5,0.0,1.0)，则它反射全部红光，反射一半的绿光，不反射蓝光。下面的代码用相同的反射系数来设置环

境光和漫反射光。

```
Glfloat mat_amb_dif[] = {1.0,0.5,0.8,1.03)
glMaterialfv(GL_FRONT_AND_BACK,GL_AMBIENT_AND_DIFFUSE,mat_amb_dif);
```

定义材质的 GL_SHININESS 时，参数 param 的取值为 0～128 的一个整数或浮点数。OpenGL 通过定义材质的 GL_SPECULAR 来设置镜面反射高光的 RGBA 颜色，并通过定义材质的 GL_SHININESS 来控制高光点的大小和亮度。

给 GL_EMISSION 设置一个 RGBA 值，可使物体看起来好像在发射所定义的那种颜色的光，可用来模拟灯或其他发光物体。

7.8.3　OpenGL 纹理映射

OpenGL 提供了较为完整的纹理操作函数，可以用它们构造理想的物体表面，将光照明模型应用于纹理可以产生更加逼真的视觉效果，也可以不同的方式应用于曲面，并可以随几何物体的几何属性的变换而变化。纹理映射只能工作在 RGBA 颜色模式下，纹理映射的过程主要分为定义纹理、控制纹理、设置映射方式、定义纹理坐标等 4 个步骤。

1. 纹理的定义

纹理通常分为一维纹理、二维纹理和三维纹理。利用矩形图像进行贴图是二维纹理贴图中常用方法。定义二维纹理贴图的函数原型如下。

```
void glTexImage2D(GLenum target, Glint level, Glint components, Glsizei width,
Glsizei height, Glint border, GLenum format, GLenum type, const Glvoid *pixels);
```

参数说明如下。

（1）target 指定纹理映射方式，此处必须是 GL_TEXTURE_2D。

（2）level 指定纹理图像纹理分辨率的级数。当只有一种分辨率时，level 的值为 0。

（3）components 指定选择 RGBA 的哪些成分用于颜色的混合和调整，1 代表只选用纹理图像的红色分量，2 表示选择纹理图像的红色和 alpha 分量，3 代表同时选用纹理图像的红、绿、蓝分量，4 表示同时选择红、绿、蓝和 alpha 分量。

（4）width 和 height 定义纹理图像的长度和宽度，必须是 2^n。

（5）border 说明纹理边界的宽度，当其值为 0 时，边界也为 0；当其值为 1 时，纹理图像的长度和宽度必须写成 $2m+2\times border$ 及 $2n+2\times border$ 的形式，其中 m、n 为大于 32 的整数。

（6）format 说明纹理图像数据的格式，其值可以是 GL_COLOR_INDEX、GL_RGB、GL_RGBA、GL_RED、GL_GREEN、GL_BLUE、GL_ALPHA、GL_LUMINSNCE_ALPHA。

（7）type 说明纹理图像的数据类型，取值可为 GL_TYPE、GL_UNSIGNED_BYTE、GL_SHORT、GL_UNSIGNED_SHORT、GL_INT、GL_UNSIGNED_INT、GL_FLOAT、GL_BITMAP。

（8）pixels 说明纹理图像的像素数据的存储地址，通常纹理可以是彩色的或灰度的。

2. 纹理数据的获取

OpenGL 中纹理数据既可以利用程序直接生成，也可以从外部文件读取。

直接创建纹理的方法是利用函数直接设置各纹理像素点的 RGB 值，使用这种方法只能生成简单的、有一定规律的纹理图像，无法模拟复杂的、比较自然的纹理图像。如下程序段可生成一幅纹理图像。

```
int i, j, r, g, b;
for (i=0, i<width; i++)
  for(j=0; i<height; j++)
  { r=(i*j)%255;
    g=(7*i)%255;
    b=(3*j)%255;
    Image[i][j][0]=(GLubyte)r;
    Image[i][j][1]=(GLubyte)g;
    Image[i][j][2]=(GLubyte)b;
  }
```

读取外部文件图像数据的最简单方法是利用 auxDIBImageLoad 函数，其原型如下。

```
AUX_RGBImageRec auxDIBImageLoad(LPCTSTR filename);
```

其中，参数 filename 指定读取纹理数据的文件名，该函数可读取 BMP 格式和 RGB 格式的图像文件。AUX_RGBImageRec 是一个定义纹理数据的结构。其中最主要的 3 个域是 SizeX、SizeY 和 Data，具体的纹理数据存储在 Data 中。另外，可以根据某些图像的特殊数据格式编写程序，将纹理数据读入内存中。

3. 纹理坐标

在利用纹理映射绘制场景时，不仅要使用构成物体表面的每个顶点的几何坐标，还要使用定义纹理与几何坐标对应关系的纹理坐标。几何坐标决定各个顶点在屏幕上的绘制位置，而纹理坐标决定纹理图像中每个元素如何赋予物体表面。

纹理图像一般用二维数组来表示，纹理坐标通常有一维、二维、三维或四维形式，称为 s、t、r、q 坐标。定义纹理坐标的函数原型如下，它有多达 32 种变化。

```
void glTexCoord1 {sifd} (Glint s);
void glTexCoord2 {sifd} (Glint s, Glint t);
void glTexCoord3 {sifd} (Glint s, Glint t, Glint r);
void glTexCoord1 {sifd} (Glint s, Glint t, Glint r, Glint q);
```

纹理映射的过程就是纹理坐标与表示物体的几何坐标一一对应的过程。物体的几何属性由构成物体的顶点来描述，由顶点构成物体的各个面，而由多个面构成了物体全部。所以，在对物体进行纹理映射时，必须对纹理坐标与几何坐标之间的关系进行系统地设计，才能将纹理成功地映射到几何物体上，从而达到预期效果。

除了人为地进行纹理坐标与几何坐标之间映射关系的设计外，在某些场合（如环境映射、不规则图形映射等），为了获得特殊效果，需要自动产生纹理数据。

下面函数原型可提供自动纹理坐标生成功能。

```
void glTexGen {ifd} (Glenum coord, Glenum pname, TYPE param);
```

参数说明如下。

（1）coord 指定要产生的纹理坐标类型，可取 GL_S、GL_T、GL_R 或者 GL_Q。

（2）pname 指定一个纹理坐标生成函数的符号名，必须是 GL_TEXTURE_GEN_MODE、GL_OBJECT_PLANE、GL_EYE_PLANE 中之一。

（3）param 指定一个指向纹理生成参数数组的指针。

使用 glEnable/glDisable 函数，可通过 GL_TEXTURE_GEN_S、GL_TEXTURE_GEN_T、GL_TEXTURE_GEN_R 或 GL_TEXTURE_GEN_Q 来启用或关闭自动纹理生成功能。

4. 纹理的控制

OpenGL 的纹理控制实质上就是定义纹理如何包裹物体的表面，因为纹理的外形并不总是与物体一致。控制纹理映射方式的函数原型如下。

```
void glTexParameter {fi} v (Glenum target, Glenum pname, TYPE param);
```

其中，参数 target 指定纹理映射类型，必须是 GL_TEXTURE_1D 或 GL_TEXTURE_2D。pname 指定一个单值纹理参数的符号名，param 指定纹理参数的取值，取值及含义如表 7.4 所示。

表 7.4　参数 param 的取值及其含义

pname 的取值	pname 含义	param 的取值
GL_TEXTURE_WRAP_S	设置纹理在 s 方向上的被控行为	GL_CLAMP
		GL_REPEAT
GL_TEXTURE_WRAP_T	设置纹理在 t 方向上的被控行为	GL_CLAMP
		GL_REPEAT
GL_TEXTURE_MAG_FULTER	多个像素对应一个纹素	GL_NEAREST
		GL_LINEAR
GL_TEXTURE_MIN_FULTER	一个像素对应多个纹素	GL_NEAREST
		GL_NEAREST_MIPMAP_NEAREST
		GL_NEAREST_MIPMAP_LINEAR
		GL_LINEAR_MIPMAP_NEAREST
		GL_LINEAR_MIPMAP_LINEAR

纹理图像通常是矩形，但会被映射到一个多边形或曲面上。在被变换到屏幕坐标后，纹理的单个纹素很难与屏幕上的像素对应。根据所使用的变换和所用的纹理映射方式，屏幕上的单个像素可能对应于纹理中单个纹素的一部分（放大滤波）或对应于多个纹素（缩小滤波）。控制缩小和放大滤波采用 glTexParameter 函数来实现，当 pname 取值为 GL_

TEXTURE_MIN_FULTER 时表示使用缩小滤波方式进行映射，当取值为 GL_TEXTURE_ MAG_FULTER 时表示使用放大滤波方式进行映射。

纹理坐标的通常范围为[0.0,1.0]，也可超出这个范围。在纹理映射过程中，可以重复或缩限映射。重复映射时，纹理可以在 s、t 方向上重复铺设。当 glTexParameter 函数中的参数 pname 取值为 GL_TEXTURE_WRAP_S 时，表示纹理可以在 s 坐标方向上进行重复，当参数 pname 取值为 GL_TEXTURE_WRAP_T 时，表示纹理可以在 t 坐标方向上进行重复。

5. 纹理映射方式

在一般情况下，纹理图像是直接作为颜色画到多边形上的。除此之外，在 OpenGL 中还可用纹理中的值来调整多边形或曲面原本的颜色，或者用纹理图像中的颜色与多边形或曲面的颜色进行融合，这就是纹理的映射方式。如下函数原型可用来设置纹理映射方式。

```
void glTexEnv {fi} v (Glenum target, Glenum pname, TYPE param);
```

参数说明如下。

（1）target 指定一个纹理环境，值必须是 GL_TEXTURE_ENV。

（2）pname 指定一个纹理环境参数的符号名，可以是 GL_TEXTURE_ENV_MODE 或 GL_TEXTURE_ENV_COLOR。若 pname 取值为 GL_TEXTURE_ENV_MODE，则 param 取值可为 GL_MODULATE、GL_DECAL、GL_BLEND 和 GL_REPLACE；若 pname 取值为 GL_TEXTURE_ENV_COLOR，则 param 取值可为包含 4 个浮点数的数组(B,G,B,A)。

（3）当参数 param 取值为 GL_MODULATE 时，纹理图像以透明方式贴在物体表面上，就像现实世界中将一张带有图案的透明纸贴在物体上一样；当参数 param 取值为 GL_BLENDE 时，则使用一个 RGBA 常量来融合物体原色和纹理图像颜色的映射方式；当参数 param 取值为 GL_REPLACE 时，纹理映射的结果是在物体表面上映射纹理图像，不让其下的任何物体的颜色表现出来。

7.8.4　编程实例——纹理映射

下面代码实现了把平面纹理映射在球面上的功能，运行结果如图 7.37 所示。

图 7.37　纹理映射编程示例

```
#include <GL/glut.h>
#include <stdlib.h>
#include <stdio.h>
#define stripeImageWidth 32
GLubyte stripeImage[4*stripeImageWidth];
void makeStripeImage(void)        //生成纹理
{ int j;
  for (j=0; j<stripeImageWidth; j++)
  {
  stripeImage[4*j+0] = (GLubyte) ((j<=4)?255:0);
    stripeImage[4*j+1] = (GLubyte) ((j>4)?255:0);
    stripeImage[4*j+2] = (GLubyte) 0;
    stripeImage[4*j+3] = (GLubyte) 255;
  }
}
// 平面纹理坐标生成
static GLfloat xequalzero[] = {1.0, 1.0, 1.0, 1.0};
static GLfloat slanted[] = {1.0, 1.0, 1.0, 0.0};
static GLfloat *currentCoeff;
static GLenum currentPlane;
static GLint currentGenMode;
static float roangles;
void init(void)
{ glClearColor (1.0, 1.0, 1.0, 1.0);
  glEnable(GL_DEPTH_TEST);
  glShadeModel(GL_SMOOTH);
  makeStripeImage();
  glPixelStorei(GL_UNPACK_ALIGNMENT, 1);
  glTexParameteri(GL_TEXTURE_1D, GL_TEXTURE_WRAP_S, GL_REPEAT);
  glTexParameteri(GL_TEXTURE_1D, GL_TEXTURE_MAG_FILTER, GL_LINEAR);
  glTexParameteri(GL_TEXTURE_1D, GL_TEXTURE_MIN_FILTER, GL_LINEAR);
  glTexImage1D(GL_TEXTURE_1D, 0, 4, stripeImageWidth, 0,
            GL_RGBA, GL_UNSIGNED_BYTE, stripeImage);
  glTexEnvf(GL_TEXTURE_ENV, GL_TEXTURE_ENV_MODE, GL_MODULATE);
  currentCoeff = xequalzero;
  currentGenMode = GL_OBJECT_LINEAR;
  currentPlane = GL_OBJECT_PLANE;
  glTexGeni(GL_S, GL_TEXTURE_GEN_MODE, currentGenMode);
  glTexGenfv(GL_S, currentPlane, currentCoeff);
  glEnable(GL_TEXTURE_GEN_S);
  glEnable(GL_TEXTURE_1D);
  glEnable(GL_LIGHTING);
  glEnable(GL_LIGHT0);
  glEnable(GL_AUTO_NORMAL);
```

```
  glEnable(GL_NORMALIZE);
  glFrontFace(GL_CW);
  glMaterialf (GL_FRONT, GL_SHININESS, 64.0);
  roangles=45.0f;
}
void display(void)
{ glClear(GL_COLOR_BUFFER_BIT | GL_DEPTH_BUFFER_BIT);
  glPushMatrix ();
  glRotatef(roangles,0.0,0.0,1.0);
  glutSolidSphere(2.0,32,32 );
  glPopMatrix ();
  glFlush();
}
void reshape(int w, int h)
{ glViewport(0, 0, (GLsizei) w, (GLsizei) h);
  glMatrixMode(GL_PROJECTION);
  glLoadIdentity();
  if (w <= h)
    glOrtho (-3.5, 3.5, -3.5*(GLfloat)h/(GLfloat)w,
          3.5*(GLfloat)h/(GLfloat)w, -3.5, 3.5);
  else
    glOrtho (-3.5*(GLfloat)w/(GLfloat)h,
          3.5*(GLfloat)w/(GLfloat)h, -3.5, 3.5, -3.5, 3.5);
  glMatrixMode(GL_MODELVIEW);
  glLoadIdentity();
}
void idle()
{  roangles += 0.05f;
   glutPostRedisplay();
}
int main(int argc, char** argv)
{
  glutInit(&argc, argv);
  glutInitDisplayMode (GLUT_SINGLE | GLUT_RGB | GLUT_DEPTH);
  glutInitWindowSize(256, 256);
  glutInitWindowPosition(100, 100);
  glutCreateWindow (argv[0]);
  glutIdleFunc(idle);
  init ();
  glutDisplayFunc(display);
  glutReshapeFunc(reshape);
  glutMainLoop();
  return 0;
}
```

7.9　图形流水线再分析

在前面已对图形流水线做过初步介绍，本节将综合前面章节知识，从整体上对图形流水线的应用程序、几何处理和光栅 3 个阶段进行回顾与分析，来帮助读者更深入地认识图形流水线。

1. 应用程序阶段

应用程序阶段在 CPU 上进行，由开发者的应用主导，开发者在该阶段拥有绝对的控制权。在这一阶段中，开发者的任务有 3 个。

（1）3D 场景的组建：开发者需要准备好数据来组建场景，如摄像机的位置、场景中包含哪些场景、使用了哪些光源等。

（2）粗粒度剔除（Culling）：为了提高渲染的性能，我们需要进行一个粗粒度剔除工作，将不可见的物体从场景中移除，以把那些不可见的物体剔除出去，这样就不需要再移交给集合阶段进行处理。

（3）设置模型的渲染状态：这些渲染状态包括但不限于模型使用的材质（漫反射颜色、高光反射颜色）、纹理和着色器等。在应用阶段中输出渲染所需的几何信息，即渲染图元，这些渲染图元将会被传递给几何处理阶段。

应用程序阶段一般将数据以图元的形式提供给几何处理阶段，如用来描述三维几何模型的点、线或多边形，同时也提供用于表面纹理映射的图像或者位图。这些数据主要来源于建模或造型结果，如第 6 章所介绍的建模技术等。

2. 几何处理阶段

几何处理阶段主要负责大部分多边形和顶点操作，可以将这个阶段进一步划分为图 7.38 所示的几个功能阶段。需要注意的是，图 7.38 所示的各阶段为常见情形，在具体的实现中，这些阶段可能会有所不同。

图 7.38　几何处理阶段

通常情况下，几何处理的第一步是顶点变换（模型变换和观察变换），把几何对象的表示从模型坐标系变换到观察坐标系。正如在第 5 章所看到的，变换到观察坐标系只是观察处理过程的第一步。几何处理的第二步是利用投影变换把对象的顶点变换到规范化的观察体内，规范化的观察体是一个中心位于坐标原点的立方体，位于它里面的所有对象都是潜在的可见对象。经过这两步处理后，顶点位于投影坐标系中。上面第二步的规范化处理不仅把透视投影和正投影都变换为观察体为立方体的简单正投影，而且还简化了其后面要进行的裁剪处理。

几何对象要经过一系列变换矩阵的变换处理，这些变换矩阵要么改变对象的几何形状和位置（模型变换），要么改变对象的坐标表示（观察变换）。最终，只有位于指定的观察体（View Volume）内部的图元经光栅处理后才会显示到屏幕上。然而，我们不能简单地对所有的对象都进行光栅化处理，而是希望图形硬件只处理那些完全或部分位于观察体内部的图元。图形绘制系统必须在光栅化之前完成这个任务。这样做的一个理由是，对位于观察体之外的对象进行光栅化处理会影响系统的绘制效率，因为这些对象根本就不可见。另一个理由是，当顶点到达光栅化模块时，光栅化模块是不能对它们进行单独处理的，顶点必须首先装配成图元。部分位于观察体内部的图元经裁剪处理后会生成新的图元，这些图元包含新的顶点，必须对这些新的顶点执行光照计算。在进行裁剪处理之前，必须把顶点组合成对象，这个过程称为图元组装（Primitive Assembly）。

需要注意的是，即使一个对象位于观察体的内部，如果它被其他离视点更近的对象遮挡了，那么该对象也是不可见的。隐藏面消除或可见面判定算法就是基于对象之间的三维空间关系，它通常作为光栅阶段中片元处理的一部分而执行，也可以作为几何处理阶段的一部分来执行，主要依赖于所采用的消隐算法属于图像空间还是对象空间。

在着色阶段，既可以采用基于顶点的方法计算顶点的颜色值，之后通过插值计算多边形内部片元的颜色值，也可以采用基于片元的方法直接计算每个片元的颜色值，如果采用基于顶点的方法计算颜色值，那么可以先在 OpenGL 应用程序代码中计算这些顶点的颜色值，然后将颜色值作为顶点属性从 OpenGL 应用程序代码发送到顶点着色器中，也可以先把顶点数据从 OpenGL 应用程序代码发送到顶点着色器中，然后在顶点着色器中计算每个顶点的颜色。如果开启了光照，那么既可以在 OpenGL 应用程序代码中，也可以在顶点着色器中利用光照明模型计算顶点的颜色。

以上所有处理都涉及三维计算，并且都需要用到浮点运算，其中大部分情形下都使用四维的齐次坐标表示，再通过透视除法把顶点的这种表示形式转换成规范化设备坐标系中的三维坐标表示形式。它们对硬件和软件都有相同的要求，都是基于逐顶点处理的模式。

3. 光栅阶段

光栅阶段使用上个阶段传递的数据来产生屏幕上的像素，并渲染出最终的图像。它对上一个阶段得到的逐顶点数据（如纹理坐标、顶点颜色等）进行插值，然后进行逐像素处理。此阶段有两个重要的目标：计算每个图元覆盖了哪些像素（光栅化或扫描转换），以及为这些像素计算它们的颜色（片元处理），如图 7.39 所示。

图 7.39 光栅阶段

以三角形为例，上一个阶段输出的是三角形的顶点信息，我们根据这些顶点信息来判断这个三角形覆盖了哪些像素，而这些被覆盖的像素，就会生成一个片元。这样一个找到哪些像素被三角形覆盖的过程就被称为光栅化或扫描变换。

在扫描转换阶段，片元主要关注的是包含屏幕坐标信息和颜色值的像素集合。而在后续过程中，片元则是包含很多状态的集合，这些集合用于计算每个像素的最终颜色。这些状态包括但不限于它的屏幕坐标、深度信息，以及其他从几何阶段输出的顶点信息，如法线、纹理坐标等。这些状态的改变则是通过片元处理来实现。

片元处理又可分为片元着色和逐片元操作两阶段。其中，片元着色阶段是最后一个可以通过编程控制屏幕上显示颜色的阶段。这一阶段使用片元着色器来计算片元的颜色和它的深度值。片元着色器非常强大，会使用纹理映射的方式，对顶点处理阶段所计算的颜色值进行补充。如果说顶点着色决定了一个图元应该位于屏幕的什么位置，那么片元着色则是使用这些信息来决定某个片元的颜色应该是什么。

逐片元操作阶段是最后的独立片元处理过程，包括模板测试（Stencil test）、深度测试（Depth Test，通常也称作 Z-Buffering）、颜色混合等过程，它不可编程但具有很高的可配置性。在这个阶段，首先会使用深度测试和模板测试的方式来决定一个片元是否可见。一个片元通过了以上所有的测试，就需要把这个片元的颜色值和已经存储在颜色缓冲区的颜色进行合并或者说是混合。

渲染的过程是一个物体接着一个物体被"画"到屏幕上的过程，而每个像素的颜色信息被存储在一个名为颜色缓冲的地方。因此，当执行当前渲染时，颜色缓冲中往往已经拥有了上一次渲染之后的颜色结果，那么可以使用这次渲染得到的颜色完全覆盖上次渲染的结果，也可以进行其他的处理。

对于不透明的物体，开发者可以关闭混合操作。这样片元着色器中计算得到的颜色便直接覆盖颜色缓冲区中的像素值。但对于半透明的物体，需要使用混合操作让这个物体看起来是透明的。如果开启了混合，GPU 会取出源颜色和目标颜色，将两种颜色进行混合。源颜色指的是片元着色器得到的颜色值，而目标颜色则是已经存在于颜色缓冲区中的颜色值。之后，GPU 就会调用一个混合函数来进行混合操作。这个混合操作通常和透明度通道息息相关，如通过透明度通道进行加、减、乘等操作。

当模型的图元进行了上面层层的处理和测试之后，就可以被直接绘制到帧缓存中，它对应的像素的颜色值（也可能包括深度值）会被更新，然后显示到屏幕上。为了避免我们看到正在光栅化的图元，GPU 会使用双重缓冲的策略。一旦场景被渲染到了后台缓冲中，GPU 就会交换当前正在显示图像的前台缓冲中的内容，由此保证了我们所看到的图像是连续的，尤其在动画显示场景中。

习　题　7

1. 请对比消隐算法中对象空间法与图像空间法的不同。
2. 如何根据平面方程来判定凸多面体平面的可见性？
3. 简述深度缓存（Z-buffer）算法原理。
4. 简要说明 RGB、CMY 颜色模型的特点。
5. 简单光照明模型中有哪几种类型的光？各自的特点是什么？
6. 在光照明模型中，影响物体表面颜色变化的因素有哪些？

参 考 文 献

[1] 中国图学学会. 图学学科发展报告[M]. 北京：中国科学技术出版社，2014.

[2] 何援军. 计算机图形学[M]. 2 版. 北京：机械工业出版社，2009.

[3] 孙家广，胡事民. 计算机图形学基础教程[M]. 2 版. 北京：清华大学出版社，2009.

[4] 唐荣锡，汪嘉业，彭群生. 计算机图形学教程[M]. 修订版. 北京：科学出版社，2000.

[5] 魏海涛. 计算机图形学[M]. 北京：电子工业出版社，2004.

[6] 陈为，张嵩，鲁爱东. 数据可视化的基本原理与方法[M]. 北京：科学出版社，2013.

[7] 约翰·M·克赛尼希，格雷厄姆·塞勒斯，戴夫·施莱尔. OpenGL 编程指南[M]. 王
    锐，译. 原书第 9 版. 北京：机械工业出版社，2017.

[8] 仇德元. GPGPU 编程技术[M]. 北京：机械工业出版社，2011.

[9] Kouichi Matsuda，Rodger Lea. WebGL 编程指南[M]. 谢光磊，译. 北京：电子工业出
    版社，2014.

[10] David F. Rogers. 计算机图形学算法基础[M]. 石教英，彭群生，等，译. 北京：机械
    工业出版社，2002.

[11] James D. Foley，Andries Van Dam，Steven K. Feiner，John F. Hughes. 计算机图形学原
    理及实践——C 语言描述[M]. 唐泽圣，黄士海，李华，等，译. 原书第 2 版. 北京：
    机械工业出版社，2004.

[12] 唐泽圣，周嘉玉，李新友，等. 计算机图形学基础[M]. 北京：清华大学出版社，1995.

[13] 陈传波，陆枫. 计算机图形学基础[M]. 北京：电子工业出版社，2002.

[14] 彭群生，金小刚，万华根，等. 计算机图形学应用基础[M]. 北京：科学出版社，2009.

[15] 孙正兴，周良，郑洪源. 计算机图形学[M]. 北京：机械工业出版社，2006.

[16] Donald Hearn，M. Pauline Baker. 计算机图形学[M]. 蔡士杰，杨若瑜，译. 4 版. 北
    京：电子工业出版社，2014.

[17] Edward Angel. 交互式计算机图形学[M]. 张荣华，姜丽梅，等，译. 7 版. 北京：电
    子工业出版社，2016.

[18] Hong Zhang，Y. Daniel Liang. 计算机图形学：应用 Java 2D 和 3D[M]. 孙正兴，张岩，
    蒋维，等，译. 北京：机械工业出版社，2008.

[19] 张彩明，杨兴强，李学庆，等. 计算机图形学[M]. 北京：科学出版社，2005.

[20] Francis S Hill，Stephen M Kelley. 计算机图形学（OpenGL 版）[M]. 胡事民，刘利刚，
    等，译. 3 版. 北京：清华大学出版社，2009.

[21] 徐文鹏. 计算机图形学[M]. 北京：机械工业出版社，2009.

[22] Steve Cunningham. 计算机图形学[M]. 石教英，潘志庚，等，译. 北京：机械工业出
    版社，2010.

附录A　课程实验指导

实验预备知识: Windows 下的 OpenGL 编程步骤简单介绍详见"实验0　安装 OpenGL 与创建工程"(https://blog.csdn.net/wpxu08/article/details/70208353)。

实验 1　OpenGL 初识

1. 实验目的

熟悉编程环境;了解光栅图形显示器的特点;了解计算机绘图的特点;利用 VC+OpenGL 作为开发平台设计程序,以能够在屏幕上生成任意一个像素点作为本实验的目标。

2. 实验内容

(1) 了解和使用 VC 的开发环境,理解简单的 OpenGL 程序结构。
(2) 掌握 OpenGL 提供的基本图形函数,尤其是生成点的函数。

3. 实验原理

(1) 基本语法

常用的程序设计语言,如 C、C++、Pascal、Fortran 和 Java 等,都支持 OpenGL 的开发。这里只讨论 C 版本下 OpenGL 的语法。

OpenGL 基本函数均使用 gl 作为函数名的前缀,如 glClearColor();实用函数则使用 glu 作为函数名的前缀,如 gluSphere()。OpenGL 基本常量的名字以 GL_ 开头,如 GL_LINE_LOOP;实用常量的名字以 GLU_ 开头,如 GLU_FILL。一些函数,如 glColor*() (定义颜色值),函数名后可以接不同的后缀以支持不同的数据类型和格式。例如, glColor3b(...)、glColor3d(...)、glColor3f(...)和 glColor3bv(...)等,这几个函数在功能上是相似的,只是适用于不同的数据类型和格式,其中 3 表示该函数带有 3 个参数,b、d、f 分别表示参数的类型是字节型、双精度浮点型和单精度浮点型,v 则表示这些参数是以向量形式出现的。

为便于移植,OpenGL 定义了一些自己的数据类型,如 GLfloat、GLvoid,它们其实就是 C 语言中的 float 和 void。在 gl.h 文件中可以看到以下定义:

```
…
typedef float GLfloat;
```

```
typedef void GLvoid;
…
```

一些基本的数据类型都有类似的定义项。

（2）程序的基本结构

OpenGL 程序的基本结构可分为 3 个部分。

第 1 部分是初始化部分，主要是设置 OpenGL 的一些状态开关，如颜色模式（RGBA 或 Alpha）的选择，是否作光照处理（若有的话，还需设置光源的特性），深度检测，裁剪等。这些状态一般都用函数 glEnable(...)和 glDisable(...)来设置，"..."表示特定的状态。

第 2 部分设置观察坐标系下的取景模式和取景框位置大小，主要利用了 3 个函数。

- 函数 void glViewport(left,top,right,bottom)：设置在屏幕上的窗口大小，4 个参数描述屏幕窗口 4 个角上的坐标（以像素表示）。

- 函数 void glOrtho(left,right,bottom,top,near,far)：设置投影方式为正交投影（平行投影），其取景体积是一个各面均为矩形的六面体。

- 函数 void gluPerspective(fovy,aspect,zNear,zFar)：设置投影方式为透视投影，其取景体积是一个截头锥体。

第 3 部分是 OpenGL 的主要部分，使用 OpenGL 的库函数构造几何物体对象的数学描述，包括点、线、面的位置和拓扑关系、几何变换、光照处理等。

以上 3 个部分是 OpenGL 程序的基本框架，即使移植到使用 MFC 的 Windows 程序中，也是如此。只是由于 Windows 自身有一套显示方式，需要进行一些必要的改动以协调这两种不同显示方式。

（3）状态机制

OpenGL 的工作方式是一种状态机制，它可以进行各种状态或模式设置，这些状态或模式在重新改变它们之前一直有效。例如，当前颜色就是一个状态变量，在这个状态改变之前，绘制的每个像素都将使用该颜色，直到当前颜色被设置为其他颜色为止。OpenGL 中大量使用了这种状态机制，如颜色模式、投影模式、单双显示缓存区的设置、背景色的设置、光源的位置和特性等。许多状态变量可以通过 glEnable()、glDisable()这两个函数来设置成有效或无效状态，如是否设置光照、是否进行深度检测等。在被设置成有效状态之后，绝大部分状态变量都有一个默认值。通常情况下，可以用下列 4 个函数来获取某个状态变量的值：glGetBooleanv、glGetDouble、glGetFloatv 和 glGetIntegerv。究竟选择哪个函数应该根据所要获得的返回值的数据类型来决定。还有一些状态变量有特殊的查询函数，如 glGetLight*、glGetError 和 glPolygonStipple 等。另外，使用 glPushAttrib 和 glPopAttrib 函数，可以存储和恢复最近的状态变量的值。只要有可能，都应该使用这些函数，因为它们比其他查询函数的效率更高。

（4）OpenGL 的坐标系统

如图 A.1 所示，OpengGL 坐标与绘图区坐标关系如下。

- 绘图区的中心点：(0.0,0.0,0.0)。

- 绘图区的右上角点：(1.0,1.0,0.0)。

❑ 绘图区的左下角点：(-1.0,-1.0,0.0)。

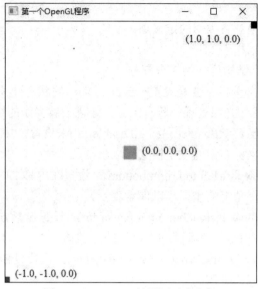

图 A.1　OpengGL 绘图区对应坐标

4. 实验代码

```
#include <GL/glut.h>        //需要正确安装GLUT，安装方法如实验预备知识中所述
void myDisplay(void)
{
    glClearColor(0.0, 0.0, 0.0, 0.0);
    glClear(GL_COLOR_BUFFER_BIT);

    glColor3f (1.0f, 1.0f, 1.0f);
    glRectf(-0.5f, -0.5f, 0.5f, 0.5f);

    glBegin (GL_TRIANGLES);
    glColor3f (1.0f, 0.0f, 0.0f);   glVertex2f (0.0f, 1.0f);
    glColor3f (0.0f, 1.0f, 0.0f);   glVertex2f (0.8f, -0.5f);
    glColor3f (0.0f, 0.0f, 1.0f);   glVertex2f (-0.8f, -0.5f);
    glEnd ();

    glPointSize(3);
    glBegin (GL_POINTS);
    glColor3f (1.0f, 0.0f, 0.0f);   glVertex2f (-0.4f, -0.4f);
    glColor3f (0.0f, 1.0f, 0.0f);   glVertex2f (0.0f, 0.0f);
    glColor3f (0.0f, 0.0f, 1.0f);   glVertex2f (0.4f, 0.4f);
    glEnd ();
```

```
    glFlush();
}

int main(int argc, char *argv[])
{
    glutInit(&argc, argv);
    glutInitDisplayMode(GLUT_RGB | GLUT_SINGLE);
    glutInitWindowPosition(100, 100);
    glutInitWindowSize(400, 400);
    glutCreateWindow("Hello World!");
    glutDisplayFunc(&myDisplay);
    glutMainLoop();
    return 0;
}
```

该程序的作用是在一个黑色的窗口中央画一个矩形、一个三角形和 3 个点，如图 A.2（a）所示。下面对主要语句进行说明。

首先，需要包含 GLUT 的头文件#include <GL/glut.h>。一般，OpenGL 程序还要包含<GL/gl.h>和<GL/glu.h>，但 GLUT 的头文件中已经自动将这两个文件包含了，不必再次包含。

然后看 main 函数。int main(int argc, char *argv[])，这个是带命令行参数的 main 函数。注意 main 函数中的各语句，除了最后的 return 之外，其余全部以 glut 开头。这种以 glut 开头的函数都是 GLUT 工具包所提供的函数。

下面对用到的几个函数进行介绍。

（1）glutInit：对 GLUT 进行初始化，该函数必须在其他的 GLUT 使用之前调用一次。其格式比较固定，一般都是 glutInit(&argc, argv)。

（2）glutInitDisplayMode：设置显示方式，其中 GLUT_RGB 表示使用 RGB 颜色，与之对应的还有 GLUT_INDEX（表示使用索引颜色）。GLUT_SINGLE 表示使用单缓冲，与之对应的还有 GLUT_DOUBLE（使用双缓冲）。更多信息，以后的实验教程会有介绍。

（3）glutInitWindowPosition：设置窗口在屏幕中的位置。

（4）glutInitWindowSize：设置窗口的大小。

（5）glutCreateWindow：根据前述设置的信息创建窗口。参数将被作为窗口的标题。注意，窗口被创建后，并不立即显示到屏幕上。需要调用 glutMainLoop 才能看到窗口。

（6）glutDisplayFunc：设置一个函数，当需要进行画图时，这个函数就会被调用（暂且这样理解）。

（7）glutMainLoop：进行一个消息循环（现在只需知道这个函数可以显示窗口，并且等待窗口关闭后才会返回）。

在 glutDisplayFunc 函数中，我们设置了"当需要画图时，请调用 myDisplay 函数"。于是 myDisplay 函数就用来画图。观察 myDisplay 函数中的 3 个函数调用，发现它们都以 gl 开头。这种以 gl 开头的函数都是 OpenGL 的标准函数，下面对用到的函数进行介绍。

（1）glClearColor(0.0, 0.0, 0.0, 0.0)：将清空颜色设为黑色。（思考：为什么会有 4 个参数？）

（2）glClear(GL_COLOR_BUFFER_BIT)：将窗口的背景设置为当前清空颜色。

（3）glRectf：画一个矩形。4 个参数分别表示位于对角线上的两个点的横、纵坐标。

（4）glFlush：保证前面的 OpenGL 命令立即执行（而不是让它们在缓冲区中等待）。

5. 实验提高

根据示范程序，能否在原有结果基础上添加 3 条直线组成三角形，结果如图 A.2（b）所示。

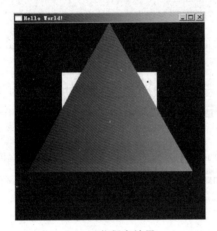 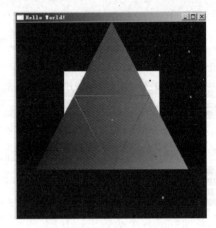

（a）示范程序结果　　　　　　　　　　（b）加三角形后的结果

图 A.2　实验 1

实验 2　OpenGL 交互

1. 实验目的

理解并掌握一个 OpenGL 程序的常见交互方法。

2. 实验内容

（1）运行示范代码，掌握程序鼠标交互方法、鼠标坐标获取方法。

（2）尝试为示范代码添加键盘与菜单控制，来实现绘制一些基本图形功能。

3. 实验原理

在 OpenGL 中处理鼠标事件非常方便,GLUT 已经为我们注册好了函数,只需要我们提供一个方法。使用 glutMouseFunc 函数,就可以注册自定义函数,这样当发生鼠标事件时就会自动调用自己定义的方法。

函数的原型如下。

```
void glutMouseFunc(void(*func)(int button,int state,int x,int y));
```

参数 func 指定处理鼠标 click 事件的函数名。

从上面可以看到,处理鼠标单击事件的函数一定有 4 个参数。第 1 个参数表明哪个鼠标键被按下或松开,这个变量可以是下面 3 个值中的一个。

```
GLUT_LEFT_BUTTON
GLUT_MIDDLE_BUTTON
GLUT_RIGHT_BUTTON
```

第 2 个参数表明函数被调用时鼠标的状态,也就是被按下或松开,可能取值如下。

```
GLUT_DOWN
GLUT_UP
```

当函数被调用时,state 的值是 GLUT_DOWN,那么程序可能假定将会有一个 GLUT_UP 事件,甚至鼠标移动到窗口外面也如此。然而,如果程序调用 glutMouseFunc 传递 NULL 作为参数,那么 GLUT 将不会改变鼠标的状态。参数 x、y 提供了鼠标当前的窗口坐标(以左上角为原点)。

键盘相关知识可参考:http://blog.csdn.net/xie_zi/article/details/1911891。

菜单相关知识可参考:http://blog.csdn.net/xie_zi/article/details/1963383。

4. 实验代码

```
#include <GL/glut.h>
#include <stdlib.h>

GLfloat x = 0.0;
GLfloat y = 0.0;
GLfloat size = 50.0;
GLsizei wh = 500, ww = 500;

void drawSquare(GLint x, GLint y)
{
    y = wh-y;
    glBegin(GL_POLYGON);
    glVertex3f(x + size, y + size, 0);
    glVertex3f(x - size, y + size, 0);
```

```
    glVertex3f(x - size, y - size, 0);
    glVertex3f(x + size, y - size, 0);
    glEnd();
}

void myDisplay()
{
    glClear(GL_COLOR_BUFFER_BIT);
    glColor3f(1.0, 1.0, 1.0);
    drawSquare(x, y);
    glutSwapBuffers();
    glutPostRedisplay();
}

void init()
{
    glClearColor (0.0, 0.0, 0.0, 1.0);
}

void myReshape(GLint w, GLint h) {
    glViewport(0, 0, w, h);
    glMatrixMode(GL_PROJECTION);
    glLoadIdentity();
    glOrtho(0, w, 0, h, -1.0, 1.0);
    glMatrixMode(GL_MODELVIEW);

    ww = w;
    wh = h;
}

void myMouse(GLint button, GLint state, GLint wx, GLint wy)
{
    if(button ==GLUT_RIGHT_BUTTON && state == GLUT_DOWN)
        exit(0);
    if(button ==GLUT_LEFT_BUTTON && state == GLUT_DOWN)
    {
        x = wx;
        y = wy;
    }
}

void main(int argc, char** argv)
```

```
{
    glutInit(&argc,argv);
    glutInitDisplayMode(GLUT_DOUBLE | GLUT_RGB);
    glutInitWindowSize(500,500);
    glutInitWindowPosition(0,0);
    glutCreateWindow("click to display square");
init();
    glutDisplayFunc(myDisplay);
    glutReshapeFunc(myReshape);
    glutMouseFunc(myMouse);

    glutMainLoop();
}
```

5. 实验提高

实现一个通过鼠标右键菜单切换的简单绘图程序，可以尝试绘制直线、三角形、正方形等常见图形。

实验 3　直线光栅化

1. 实验目的

理解基本图形元素光栅化的基本原理，掌握一种基本图形元素光栅化算法，利用 OpenGL 实现直线光栅化的 DDA 算法。

2. 实验内容

（1）根据所给的直线光栅化的示范源程序，在计算机上编译运行，输出正确结果。

（2）指出示范程序采用的算法，以此为基础，将其改造为中点线算法或 Bresenham 算法，写入实验报告。

（3）将示范代码改造为圆的光栅化算法，写入实验报告。

（4）了解和使用 OpenGL 中生成直线的命令，来验证程序运行结果。

3. 实验原理

示范代码使用的原理为书中的 DDA 算法。下面介绍 OpenGL 画线的一些基础知识和 **glutReshapeFunc** 函数。

数学上的直线没有宽度，但 OpenGL 中的直线是有宽度的。同时，OpenGL 中的直线必须是有限长度，而不是像数学概念那样是无限的。可以认为，OpenGL 中"直线"的概念与数学上的"线段"接近，它可以由两个端点来确定。这里的线由一系列顶点顺次连接而成，有闭合和不闭合两种。

前面的实验已经知道如何绘"点"，那么 OpenGL 是如何知道拿这些顶点来做什么呢？是依次画出来，还是连成线？或者构成一个多边形？或是做其他事情？为了解决这一问题，OpenGL 要求：指定顶点的命令必须包含在 glBegin 函数之后、glEnd 函数之前（否则指定的顶点将被忽略），并由 glBegin 来指明如何使用这些点。

例如：

```
glBegin(GL_POINTS);
glVertex2f(0.0f, 0.0f);
glVertex2f(0.5f, 0.0f);
glEnd();
```

上面两个点将被分别画出来。如果将 GL_POINTS 替换成 GL_LINES，则两个点将被认为是直线的两个端点，OpenGL 将会画出一条直线，还可以指定更多的顶点，然后画出更复杂的图形。另一方面，glBegin 支持的方式除了 GL_POINTS 和 GL_LINES，还有 GL_LINE_STRIP、GL_LINE_LOOP、GL_TRIANGLES、GL_TRIANGLE_STRIP、GL_TRIANGLE_FAN 等几何图元，OpenGL 几何图元类型如图 A.3 所示。

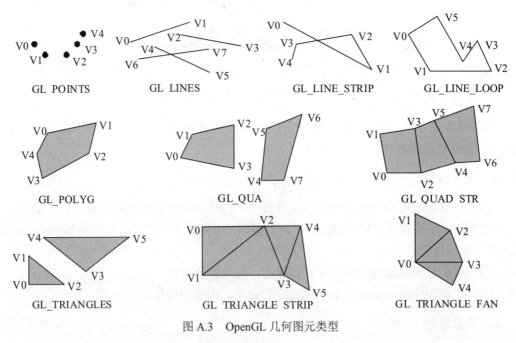

图 A.3　OpenGL 几何图元类型

首次打开窗口、移动窗口和改变窗口大小时，窗口系统都将发送一个事件，以通知程序员。如果使用的是 GLUT，通知将自动完成，并调用向 glutReshapeFunc 注册的函数。该函数必须完成下列工作：

（1）重新建立用作新渲染画布的矩形区域。

（2）定义绘制物体时使用的坐标系。

例如：

```
void Reshape(int w, int h)
{
    glViewport(0, 0, (GLsizei) w,  (GLsizei) h);
    glMatrixMode(GL_PROJECTION);
    glLoadIdentity();
    gluOrtho2D(0.0, (GLdouble) w, 0.0, (GLdouble) h);
}
```

在 GLUT 内部，将给该函数传递两个参数：窗口被移动或修改大小后的宽度和高度，单位为像素。glViewport 调整像素矩形，用于绘制整个窗口。接下来 3 个函数调整绘图坐标系，使左下角坐标为(0,0)，右上角坐标为(w,h)。

4. 实验代码

```
#include <GL/glut.h>
void LineDDA(int x0,int y0,int x1,int y1/*,int color*/)
{
    int  x, dy, dx, y;
    float m;
    dx=x1-x0;
    dy=y1-y0;
    m=dy/dx;
    y=y0;

    glColor3f (1.0f, 1.0f, 0.0f);
    glPointSize(1);
    for(x=x0;x<=x1; x++)
    {
        glBegin (GL_POINTS);
        glVertex2i (x, (int)(y+0.5));
        glEnd ();
        y+=m;
    }
}

void myDisplay(void)
{
    glClear(GL_COLOR_BUFFER_BIT);
    glColor3f (1.0f, 0.0f, 0.0f);
    glRectf(25.0, 25.0, 75.0, 75.0);

    glPointSize(5);
```

```
    glBegin (GL_POINTS);
    glColor3f (0.0f, 1.0f, 0.0f);  glVertex2f (0.0f, 0.0f);
    glEnd ();

    LineDDA(0, 0, 200, 300);

    glBegin (GL_LINES);
    glColor3f (1.0f, 0.0f, 0.0f);  glVertex2f (100.0f, 0.0f);
    glColor3f (0.0f, 1.0f, 0.0f);  glVertex2f (180.0f, 240.0f);
    glEnd ();

    glFlush();
}

void Init()
{
    glClearColor(0.0, 0.0, 0.0, 0.0);
    glShadeModel(GL_FLAT);
}

void myReshape(int w, int h)
{
    glViewport(0, 0, (GLsizei) w,  (GLsizei) h);
    glMatrixMode(GL_PROJECTION);
    glLoadIdentity();
    gluOrtho2D(0.0, (GLdouble) w, 0.0, (GLdouble) h);
}
int main(int argc, char *argv[])
{
    glutInit(&argc, argv);
    glutInitDisplayMode(GLUT_RGB | GLUT_SINGLE);
    glutInitWindowPosition(100, 100);
    glutInitWindowSize(400, 400);
    glutCreateWindow("Hello World!");
    Init();
    glutDisplayFunc(myDisplay);
    glutReshapeFunc(myReshape);
    glutMainLoop();
    return 0;
}
```

⚙ **注意:** glShadeModel 选择平坦或光滑渐变模式。GL_SMOOTH 为默认值,为光滑渐变模式;GL_FLAT 为平坦渐变模式。

5. 实验提高

以上示范代码有个小错误,能否指出并改正?请将结果写入实验报告。

实验 4　编码裁剪算法

1. 实验目的

了解二维图形裁剪的原理(点的裁剪、直线的裁剪、多边形的裁剪),利用 VC+OpenGL 实现直线的裁剪算法。

2. 实验内容

(1)理解直线裁剪的原理(Cohen-Surtherland 算法、梁友栋算法)。

(2)利用 VC+OpenGL 实现直线的编码裁剪算法,在屏幕上用一个封闭矩形裁剪任意一条直线。

(3)调试、编译、修改程序。

(4)尝试实现梁友栋裁剪算法。

3. 实验原理

在编码裁剪算法中,为了快速判断一条直线段与矩形窗口的位置关系,采用了如图 A.4 所示的空间划分和编码方案。

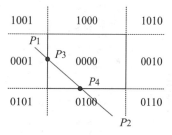

图 A.4　裁剪编码

裁剪一条线段时,先求出两端点所在的区号 code1 和 code2,若 code1 = 0,且 code2 = 0,则说明线段的两个端点均在窗口内,那么整条线段必在窗口内,应取之。若 code1 和 code2 经按位"与"运算的结果不为 0,则说明两个端点同在窗口的上方、下方、左方或右方。这种情况下,对线段的处理是弃之。如果上述两种条件都不成立,则按第三种情况处理,即求出线段与窗口某边的交点,在交点处把线段一分为二,其中必有一段完全在窗口外,可弃之,对另一段则重复上述处理。

4. 实验代码

```
#include <GL/glut.h>
#include <stdio.h>
#include <stdlib.h>

#define LEFT_EDGE   1
```

```
#define RIGHT_EDGE  2
#define BOTTOM_EDGE 4
#define TOP_EDGE    8

void LineGL(int x0,int  y0,int x1,int y1)
{
    glBegin (GL_LINES);
    glColor3f (1.0f, 0.0f, 0.0f);   glVertex2f (x0,y0);
    glColor3f (0.0f, 1.0f, 0.0f);   glVertex2f (x1,y1);
    glEnd ();
}

struct Rectangle
{
    float xmin,xmax,ymin,ymax;
};

Rectangle rect;
int x0,y0,x1,y1;

int CompCode(int x,int y,Rectangle rect)
{
    int code=0x00;
    if(y<rect.ymin)
        code=code|4;
    if(y>rect.ymax)
        code=code|8;
    if(x>rect.xmax)
        code=code|2;
    if(x<rect.xmin)
        code=code|1;
    return code;
}

int cohensutherlandlineclip(Rectangle  rect, int &x0,int & y0,int &x1,int &y1)
{
    int accept,done;
    float x,y;
    accept=0;
    done=0;

    int code1,code2, codeout;
```

```
code1 = CompCode(x0,y0,rect);
code2 = CompCode(x1,y1,rect);
do{
    if(!(code1 | code2))
    {
        accept=1;
        done=1;
    }
    else if(code1 & code2)
        done=1;
    else
    {
        if(code1!=0)
            codeout = code1;
        else
            codeout = code2;

        if(codeout&LEFT_EDGE){
            y=y0+(y1-y0)*(rect.xmin-x0)/(x1-x0);
            x=(float)rect.xmin;
        }
        else if(codeout&RIGHT_EDGE){
            y=y0+(y1-y0)*(rect.xmax-x0)/(x1-x0);
            x=(float)rect.xmax;
        }
        else if(codeout&BOTTOM_EDGE){
            x=x0+(x1-x0)*(rect.ymin-y0)/(y1-y0);
            y=(float)rect.ymin;
        }
        else if(codeout&TOP_EDGE){
            x=x0+(x1-x0)*(rect.ymax-y0)/(y1-y0);
            y=(float)rect.ymax;
        }

        if(codeout == code1)
        {
            x0=x;y0=y;
            code1 = CompCode(x0,y0,rect);
        }
        else
        {
            x1=x;y1=y;
```

```
            code2 = CompCode(x1,y1,rect);
        }
    }
    }while(!done);

    if(accept)
        LineGL(x0,y0,x1,y1);
    return accept;
}

void myDisplay()
{
    glClear(GL_COLOR_BUFFER_BIT);
    glColor3f (1.0f, 0.0f, 0.0f);
    glRectf(rect.xmin,rect.ymin,rect.xmax,rect.ymax);

    LineGL(x0,y0,x1,y1);

    glFlush();
}

void Init()
{
    glClearColor(0.0, 0.0, 0.0, 0.0);
    glShadeModel(GL_FLAT);

    rect.xmin=100;
    rect.xmax=300;
    rect.ymin=100;
    rect.ymax=300;

    x0 = 450,y0 = 0, x1 = 0, y1 = 450;
    printf("Press key 'c' to Clip!\nPress key 'r' to Restore!\n");
}

void myReshape(int w, int h)
{
    glViewport(0, 0, (GLsizei) w,  (GLsizei) h);
    glMatrixMode(GL_PROJECTION);
    glLoadIdentity();
    gluOrtho2D(0.0, (GLdouble) w, 0.0, (GLdouble) h);
}
```

```
void myKeyboard(unsigned char key, int x, int y)
{
    switch (key)
    {
    case 'c':
        cohensutherlandlineclip(rect, x0,y0,x1,y1);
        glutPostRedisplay();
        break;
    case 'r':
        Init();
        glutPostRedisplay();
        break;
    case 'x':
        exit(0);
        break;
    default:
        break;
    }
}

int main(int argc, char *argv[])
{
    glutInit(&argc, argv);
    glutInitDisplayMode(GLUT_RGB | GLUT_SINGLE);
    glutInitWindowPosition(100, 100);
    glutInitWindowSize(640, 480);
    glutCreateWindow("Hello World!");

    Init();
    glutDisplayFunc(myDisplay);
    glutReshapeFunc(myReshape);
    glutKeyboardFunc(myKeyboard);
    glutMainLoop();
    return 0;
}
```

5. 实验提高

请分别给出直线的 3 种不同位置情况，测试实验代码是否存在问题，如果有问题，请调试改正，并尝试实现梁友栋裁剪算法。

实验 5　OpenGL 二维几何变换

1. 实验目的

理解并掌握 OpenGL 二维平移、旋转、缩放变换的方法。

2. 实验内容

（1）阅读实验原理，掌握 OpenGL 程序平移、旋转、缩放变换的方法。
（2）根据示范代码，完成实验作业。

3. 实验原理

（1）OpenGL 下的几何变换

在 OpenGL 的核心库中，每一种几何变换都有一个独立的函数，所有变换都在三维空间中定义。

平移矩阵构造函数为 glTranslate<f,d>(tx, ty, tz)，作用是把当前矩阵和一个表示移动物体的矩阵相乘。tx、ty、tz 指定这个移动物体的矩阵，它们可以是任意的实数值，后缀为 f（单精度浮点 float）或 d（双精度浮点 double），对于二维应用来说，tz=0.0。

旋转矩阵构造函数为 glRotate<f,d>(theta, vx, vy, vz)，作用是把当前矩阵和一个表示旋转物体的矩阵相乘。theta、vx、vy、vz 指定这个旋转物体的矩阵，物体将围绕$(0,0,0)$到(x,y,z)的直线以逆时针旋转，参数 theta 表示旋转的角度。向量 $v=(vx,vy,vz)$ 的分量可以是任意的实数值，该向量用于定义通过坐标原点的旋转轴的方向，后缀为 f（单精度浮点 float）或 d（双精度浮点 double），对于二维旋转来说，vx=0.0，vy=0.0，vz=1.0。

缩放矩阵构造函数为 glScale<f,d>(sx, sy, sz)，作用是把当前矩阵和一个表示缩放物体的矩阵相乘。sx、sy、sz 指定这个缩放物体的矩阵，分别表示在 x、y、z 方向上的缩放比例，它们可以是任意的实数值，当缩放参数为负值时，该函数为反射矩阵，缩放相对于原点进行，后缀为 f（单精度浮点 float）或 d（双精度浮点 double）。

注意，这里都是说"把当前矩阵和一个表示移动（或旋转、缩放）物体的矩阵相乘"，而不是直接说"这个函数就是移动（或旋转、缩放）"，这是有原因的，下面就会讲到。

假设当前矩阵为单位矩阵，先乘以一个表示旋转的矩阵 R，再乘以一个表示移动的矩阵 T，最后得到的矩阵再乘上每一个顶点的坐标矩阵 v。那么，经过变换得到的顶点坐标就是$((RT)v)$。由于矩阵乘法满足结合率，$((RT)v) = R(Tv))$，换句话说，实际上是先进行移动，然后进行旋转。即：实际变换的顺序与代码中写的顺序是相反的。由于"先移动后旋转"和"先旋转后移动"得到的结果很可能不同，初学时需要特别注意这一点。

（2）OpenGL 下的各种变换简介

我们生活在一个三维的世界，如果要观察一个物体，可以：

① 从不同的位置去观察它（人运动，选定某个位置去看）。（视图变换）

② 移动或者旋转它，当然，如果它只是计算机里面的物体，还可以放大或缩小它（物体运动，让人看它的不同部分）。（模型变换）

③ 如果把物体画下来，可以选择是否需要一种"近大远小"的透视效果。另外，我们可能只希望看到物体的一部分，而不是全部（指定看的范围）。（投影变换）

④ 我们可能希望把看到的整个图形画下来，但它只占据纸张的一部分，而不是全部（指定在显示器窗口的哪个位置显示）。（视口变换）

这些都可以在 OpenGL 中实现。

从"相对移动"的观点来看，改变观察点的位置与方向和改变物体本身的位置与方向具有等效性。在 OpenGL 中，实现这两种功能甚至使用的是同样的函数。

由于模型和视图的变换都通过矩阵运算来实现，在进行变换前，应先设置当前操作的矩阵为"模型视图矩阵"。设置的方法是以 GL_MODELVIEW 为参数调用 glMatrixMode 函数，例如：

```
glMatrixMode(GL_MODELVIEW);
```

该语句指定一个 4×4 的建模矩阵作为当前矩阵。

通常，我们需要在进行变换前把当前矩阵设置为单位矩阵。把当前矩阵设置为单位矩阵的函数为：

```
glLoadIdentity();
```

在进行矩阵操作时，有可能需要先保存某个矩阵，过一段时间再恢复它。当需要保存时，调用 glPushMatrix()函数，它相当于把当前矩阵压入堆栈。当需要恢复最近一次的保存时，调用 glPopMatrix()函数，它相当于从堆栈栈顶弹出一个矩阵为当前矩阵。OpenGL 规定堆栈至少可以容纳 32 个矩阵，某些 OpenGL 实现中，堆栈的容量实际上超过了 32 个。因此不必过于担心矩阵的容量问题。

通常，用这种先保存后恢复的措施，比先变换再逆变换要更方便、更快速。注意，模型视图矩阵和投影矩阵都有相应的堆栈。使用 glMatrixMode 来指定当前操作的究竟是模型视图矩阵还是投影矩阵。

4. 实验代码

```c
#include <GL/glut.h>
void init (void)
{
    glClearColor (1.0, 1.0, 1.0, 0.0);
    glMatrixMode (GL_PROJECTION);
    gluOrtho2D (-5.0, 5.0, -5.0, 5.0);
    //设置显示的范围是X:-5.0~5.0, Y:-5.0~5.0
    glMatrixMode (GL_MODELVIEW);
}
void drawSquare(void)                        //绘制中心在原点、边长为2的正方形
{
```

```
    glBegin (GL_POLYGON);                        //顶点指定需要按逆时针方向
        glVertex2f (-1.0f,-1.0f);                //左下点
        glVertex2f (1.0f,-1.0f);                 //右下点
        glVertex2f (1.0f, 1.0f);                 //右上点
        glVertex2f (-1.0f,1.0f);                 //左上点
    glEnd ( );
}


void myDraw (void)
{
    glClear (GL_COLOR_BUFFER_BIT);               //清空
    glLoadIdentity();                            //将当前矩阵设为单位矩阵

    glPushMatrix();
    glTranslatef(0.0f,2.0f,0.0f);
    glScalef(3.0,0.5,1.0);
    glColor3f (1.0, 0.0, 0.0);
    drawSquare ();                               //上面红色矩形
    glPopMatrix();

    glPushMatrix();

    glTranslatef(-3.0,0.0,0.0);

    glPushMatrix();
    glRotatef(45.0,0.0,0.0,1.0);
    glColor3f (0.0, 1.0, 0.0);
    drawSquare ();                               //中间左菱形
    glPopMatrix();

        glTranslatef(3.0,0.0,0.0);

    glPushMatrix();
    glRotatef(45.0,0.0,0.0,1.0);
    glColor3f (0.0, 0.7, 0.0);
    drawSquare ();                               //中间中菱形
    glPopMatrix();

    glTranslatef(3.0,0.0,0.0);

    glPushMatrix();
    glRotatef(45.0,0.0,0.0,1.0);
```

```
    glColor3f (0.0, 0.4, 0.0);
    drawSquare();                              //中间右菱形
    glPopMatrix();

    glPopMatrix();

    glTranslatef(0.0,-3.0,0.0);
    glScalef(4.0,1.5,1.0);
    glColor3f (0.0, 0.0, 1.0);
    drawSquare();                              //下面蓝色矩形

    glFlush ( );
}

void main (int argc, char** argv)
{
    glutInit (&argc, argv);
    glutInitDisplayMode (GLUT_SINGLE | GLUT_RGB);
    glutInitWindowPosition (0, 0);
    glutInitWindowSize (600, 600);
    glutCreateWindow ("几何变换示例");

    init();
    glutDisplayFunc (myDraw);
    glutMainLoop();
}
```

运行结果如图 A.5（a）所示。

5. 实验提高

绘制如图 A.5（b）所示图形。有关提示可参见课程实验教学博客页面。

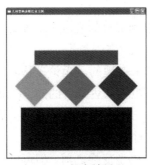
（a）程序结果

（b）作业图形结果

图 A.5　实验 5

实验 6　OpenGL 模型视图变换

1. 实验目的

（1）了解三维图形几何变换原理。

（2）掌握 OpenGL 三维图形几何变换的方法。

（3）掌握 OpenGL 程序的模型视图变换。

（4）掌握 OpenGL 三维图形显示与观察的原理与实现。

2. 实验内容

（1）阅读教材有关三维图形变换的原理，运行示范实验代码，掌握 OpenGL 程序三维图形变换的方法。

（2）阅读实验原理，运行示范实验代码，掌握 OpenGL 程序的模型视图变换。

（3）分别调整观察变换矩阵、模型变换矩阵和投影变换矩阵的参数，观察变换结果。

（4）掌握三维观察流程、观察坐标系的确定、世界坐标系与观察坐标系之间的转换、平行投影和透视投影的特点、观察空间与规范化观察空间的概念。理解 OpenGL 图形库下视点函数、正交投影函数、透视投影函数。理解三维图形显示与观察代码实例。

3. 实验原理

首先来简单了解计算机图形学中四个主要变换概念。

（1）视图变换：也称观察变换，指从不同的位置去观察模型。

（2）模型变换：设置模型的位置和方向，通过移动、旋转或缩放变换，让模型具有合适的位置和大小。

（3）投影变换：类似于为照相机选择镜头，将三维模型通过投影方式生成一幅二维投影图，同时确定视野，并确定哪些物体位于视野之内以及它们能够被看到的程度。投影变换主要分为透视投影和平行投影两种。

（4）视口变换：将投影变换得到的投影图映射到屏幕的视区上，确定最终图像在屏幕上所占的区域。

上述变换在 OpenGL 中实际上是通过矩阵乘法来实现的。无论是移动、旋转还是缩放大小，都是通过在当前矩阵的基础上乘以一个新的矩阵来达到目的的。OpenGL 可以在最底层直接操作变换矩阵。同时，OpenGL 也把这一切变换封装成一系列函数调用来实现不同的变换，以便于使用。下面是这些变换函数使用时需要注意的内容。

（1）在 OpenGL 程序中，视图变换必须出现在模型变换之前，但可以在绘图之前的任何时候执行投影变换和视口变换。

（2）确定视图变换之前，应该使用 glLoadIdentity 函数把当前矩阵设置为单位矩阵，类似于变换初始化。

（3）在载入单位矩阵之后，使用 gluLookAt 函数指定视图变换。如果程序没有调用 gluLookAt()，那么照相机会设定为一个默认的位置和方向，即照相机位于原点，指向 z 轴负方向，朝上向量为(0,1,0)，而 gluLookAt(0.0,0.0,5.0,0.0,0.0,0.0,0.0,1.0,0.0)则把照相机放在 (0,0,5)，镜头瞄准(0,0,0)，朝上向量定为(0,1,0)。

（4）一般而言，display 函数包括"视图变换 + 模型变换 + 绘制图形"的函数（如 glutWireCube）。display 会在窗口被移动或者原来遮住这个窗口的东西被移开时，被重复调用，并经过适当变换，保证绘制的图形是按照希望的方式进行绘制。

（5）在调用 glFrustum 设置投影变换之前，在 reshape 函数中有一些准备工作：视口变换 + 投影变换 + 模型视图变换。由于投影变换和视口变换共同决定了场景是如何映射到计算机屏幕上的，而且它们都与屏幕的宽度、高度密切相关，因此应该放在 reshape 函数中。reshape 函数会在窗口初次创建、移动或改变时被调用。

总结起来，OpenGL 中矩阵坐标之间的关系为：模型世界坐标→模型视图矩阵→投影矩阵→透视除法→规范化设备坐标→窗口坐标。下面是代码中有关函数的介绍。

① glutReshapeFunc(reshape)是注册重绘回调函数，该函数在窗口大小改变以及初始窗口时被调用，完成关于坐标系显示的一系列初始化；② glViewport(0,0,width,height)是视口变换函数，用来设定截取的图形以怎样的比例显示在视窗上，默认使用原本窗体的比例；③ glOrtho(左,右,下,上,近,远)为正投影函数，其中 6 个参数划分出一个立方体空间，这个空间里物体将以正投影的模式表现，在移动的过程中，观察到的物体大小不会发生变化，这解释了为什么在正投影中移动物体，不能观察出物体形状变化；④ gluPerspective(视角,宽高比,近距离,远距离)是透视投影函数，其中近距离和远距离分别指照相机镜头跟近裁剪平面和远裁剪平面的距离。

本节实验开启了深度测试，加入了环境光。开启深度测试函数为 glEnable (GL_DEPTH_TEST)，开启光照模式。在深度测试算法中，通过扫描投影在 xOy 平面上每一点的 z 坐标的大小，确定遮挡关系，只显示 z 坐标小的像素，进而完成遮挡效果。在光照模式下，只开启了一个白色的环境光源，代码为 glEnable(GL_LIGHTING)及其后几行代码。OpenGL 可设置多种光源，包括环境光、漫反射光、镜面反射光，构建光照模型，来模拟现实中的光照。

4. 实验代码

```
#include <stdlib.h>
#include <GL/glut.h>


float fTranslate;              //整体平移因子
float fRotate = 0.0f;          //整体旋转因子
float tRotate = 0.0f;          //茶壶旋转因子
```

```
bool tAnim = false;                //茶壶旋转
bool bPersp = false;               //渲染
bool bAnim = false;                //整体旋转
bool bWire = false;                //填充、线框

int wHeight = 0;
int wWidth = 0;
float place[] = { 0, 0, 5 };

void Draw_Scene()
{
    glPushMatrix();                           //当前矩阵压栈
    glTranslatef(place[0], place[1], place[2]); //平移，放在桌面上的高度
    glRotatef(90, 1, 0, 0);          //茶壶绕x轴旋转的角度
    glRotatef(tRotate, 0, 1, 0);
    glScalef(1.8,1.8, 1.8);
    glutSolidTeapot(5);              //size
    glPopMatrix();
}

void updateView(int width, int height)
{
    glViewport(0, 0, width, height);      // 视口变换

    glMatrixMode(GL_PROJECTION);          // 设置投影模式
    glLoadIdentity();                     // 变换矩阵初始化为单位阵

    float whRatio = (GLfloat)width / (GLfloat)height;

    if (bPersp)
        gluPerspective(45, whRatio, 1, 100);
//透视模式下，物体近大远小，参数分别为视角、宽高比、近处、远处
    else
        glOrtho(-3, 3, -3, 3, -100, 100);
    glMatrixMode(GL_MODELVIEW);              //对模型视景矩阵堆栈应用随后的矩阵
}

void myReshape(int width, int height)
{
    if (height == 0)
    {
        height = 1;
```

```
    }

    wHeight = height;
    wWidth = width;
    updateView(wHeight, wWidth);
}

void myIdle()
{
    glutPostRedisplay();
}

float eye[] = { 0, 0, 8 };
float center[] = { 0, 0, 0 };

void myDraw()
{
    glClear(GL_COLOR_BUFFER_BIT | GL_DEPTH_BUFFER_BIT);
    glLoadIdentity();       //重置为单位矩阵
//gluLookAt定义一个视图矩阵,并与当前矩阵相乘
    gluLookAt(eye[0], eye[1], eye[2],
        center[0], center[1], center[2],
        0, 1, 0);               // 场景 (0, 0, 0) 的视点中心 (0,5,50),Y轴向上
//3个数组代表的分别是: 相机在世界坐标中的位置
//相机对准的物体在世界坐标中的位置
//相机朝上的方向在世界坐标中的位置
    if (bWire)
        glPolygonMode(GL_FRONT_AND_BACK, GL_LINE);     //线框模式
    else
        glPolygonMode(GL_FRONT_AND_BACK, GL_FILL);     //填充模式

    glEnable(GL_DEPTH_TEST); //启用深度测试,根据坐标远近自动隐藏被遮住的物体
    glEnable(GL_LIGHTING);     //启用灯光
    GLfloat white[] = { 1.0, 1.0, 1.0, 1.0 };
    GLfloat light_pos[] = { 5, 5, 5, 1 };     //在Opengl中总共可以设置8个光源
    glLightfv(GL_LIGHT0, GL_POSITION, light_pos);     //设置0号光源的位置属性
    glLightfv(GL_LIGHT0, GL_AMBIENT, white);       //设置0号光源的环境光属性
    glEnable(GL_LIGHT0); //启用0号光源

//  glTranslatef(0.0f, 0.0f,-6.0f); // 把对象放置在中心
    glRotatef(fRotate, 0, 1.0f, 0);
    glRotatef(-90, 1, 0, 0); //绕x轴逆时针旋转90°
```

```
    glScalef(0.2, 0.2, 0.2);
    Draw_Scene();

    if (bAnim)
        fRotate += 0.5f;  //旋转
    if (tAnim)
        tRotate += 0.5f;

    glutSwapBuffers();    //交换缓冲区
}

int main(int argc, char *argv[])
{
    glutInit(&argc, argv);    //对glut函数库进行初始化
//指定glutCreateWindow函数将要创建的窗口显示模式，RGB 深度缓存，双缓存模式
    glutInitDisplayMode(GLUT_RGBA | GLUT_DEPTH | GLUT_DOUBLE);
    glutInitWindowSize(480, 480);    //设置窗口大小
    int windowHandle = glutCreateWindow("茶壶三维显示与观察");
    glutDisplayFunc(myDraw);  //指定当前窗口需要重新绘制时调用的函数
    glutReshapeFunc(myReshape);  //当注册窗口大小改变时回调函数
//glutKeyboardFunc(myKey);  //为当前窗口指定键盘回调
    glutIdleFunc(myIdle);       //可以执行连续动画

    glutMainLoop();  //进入glut时间处理循环，永远不会返回
    return 0;
}
```

5. 实验提高

设置键盘回调函数 myKey()，实现键盘交互操作，实现上下前后移动、透视和平行投影模式切换、线框模式切换、退出等操作，如图 A.6（b）所示。

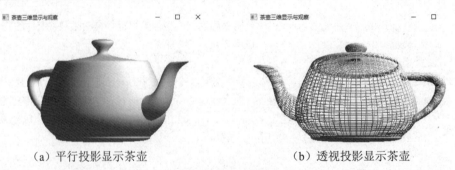

（a）平行投影显示茶壶   （b）透视投影显示茶壶

图 A.6　实验 6 结果

实验 7 3D 机器人

1．实验目的

（1）熟悉视点观察函数的设置和使用。

（2）熟悉 3D 图形变换的设置和使用。

（3）进一步熟悉基本 3D 图元的绘制。

（4）体验透视投影和正交投影的不同效果。

（5）掌握 3D 机器人编程。

2．实验内容

（1）简单机器人。设计结果如图 A.7 所示。机器人由四大部分组成，即头、身、双手、双腿，分别由立方体经过图形变换而成。头部尺寸：宽为 1，高为 1，厚为 0.5；身体尺寸：宽为 4，高为 4，厚为 0.5；手部尺寸：宽为 1，高为 3，厚为 0.5，手与手心距离 2.5，手与肩齐平；腿部尺寸：宽为 1，高为 3，厚为 0.5，脚与身心距离 1。

（2）后面附简单机器人框架程序，请填写核心代码。要求：①双手前后来回摆动；②双腿前后来回摆动；③调整观察角度，以便达到更好的显示效果；④机器人沿着地面走动。

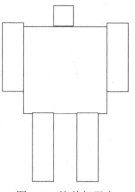

图 A.7 简单机器人

3．实验原理

（1）视点设置函数

```
void gluLookAt(GLdouble eyex, GLdouble eyey, GLdouble eyez, GLdouble atx,
GLdouble aty, GLdouble atz, GLdouble upx, GLdouble upy, GLdouble upz,)
```

（2）正交投影变换设置函数

```
void glOrtho(GLdouble left, GLdouble right, GLdouble bottom, GLdouble top,
GLdouble near, GLdouble far)
```

（3）透视投影变换设置函数

```
void gluPerspective(GLdouble fov, Gldouble aspect, Gldouble near, GLdouble
far)
```

（4）三维基本图形绘制函数

①立方体绘制函数，其功能为绘制一个边长为 size 的线框或实体立方体，立方体的中心位于原点。

```
void gluWireCube(GLdouble size) //线框模型
void gluSolidCube(GLdouble size) //实体模型
```

②小球绘制函数，其功能为绘制一个半径为 Radius 的线框或实心小球，小球的中心点位于原点，slices 为小球的经线数目，stacks 为小球的纬线数目。

```
gluSphere(GLUquadricObj *obj, Gldouble radius, Glint slices, GLint stacks);
```

用法示例：

```
GLUquadricObj *sphere;  //定义二次曲面对象
sphere=gluNewQuadric();  //生成二次曲面对象
gluSphere(sphere,8,50,50);  //半径为8、球心在原点、经线和纬线数目为50的小球
```

③正八面体绘制函数，其功能是绘制一个线框或实体正八面体，其中心位于原点，半径为 1。

```
void gluWireOctahedron(void) //线框模型
void gluSolidOctahedron(void)  //实体模型
```

④正十二面体绘制函数，其功能是绘制一个线框或实体正十二面体，其中心位于原点，半径为 3 的平方根。

```
void gluWireDodehedron(void) //线框模型
void gluSolidDodehedron(void)  //实体模型
```

⑤正四面体绘制函数，其功能是绘制一个线框或实体正四面体，其中心位于原点，半径为 3 的平方根。

```
void gluWireTetrahedron(void) //线框模型
void gluSolidTetrahedron(void)  //实体模型
```

4. 实验代码

```
#include <glut.h>

void myReshape(int w,int h);
void myInit();
void myDisplay();
void myTime(int value);

int main(int argc, char** argv)
{
char *argv[] = {"hello ", " "};
    int argc = 2;

    glutInit(&argc, argv);     //初始化GLUT库
```

```
//设置深度检测下的显示模式（缓冲，颜色类型，深度值）
    glutInitDisplayMode(GLUT_DOUBLE | GLUT_RGB|GLUT_DEPTH);
    glutInitWindowSize(600, 500);
    glutInitWindowPosition(1024 / 2 - 250, 768 / 2 - 250);
    glutCreateWindow("简单机器人");   //创建窗口
     glutReshapeFunc(myReshape);
    myInit();
    glutDisplayFunc(myDisplay);   //用于绘制当前窗口
    glutTimerFunc(100,myTime,10);
    glutMainLoop();    //表示开始运行程序，用于程序的结尾
    return 0;
}


  void myReshape(int w,int h)
{  glViewport(0,0,w,h);
   glMatrixMode(GL_PROJECTION);
   glLoadIdentity();
   glOrtho(-10,10,-10*h/w,10*h/w,1,200);     //定义三维观察体
//gluPerspective(60,w/h,1,200);
   glMatrixMode(GL_MODELVIEW);
  glLoadIdentity();
}
void myInit()
{  glBlendFunc(GL_SRC_ALPHA, GL_ONE_MINUS_SRC_ALPHA);
  glEnable(GL_BLEND);
  glEnable(GL_POINT_SMOOTH);
  glHint(GL_POINT_SMOOTH_HINT, GL_NICEST);
 glEnable(GL_LINE_SMOOTH);
  glHint(GL_LINE_SMOOTH_HINT, GL_NICEST);
  glEnable(GL_POLYGON_SMOOTH);
   glLineWidth(3);
glEnable(GL_DEPTH_TEST);   //启用深度检测
  }
void myTime(int value)
{
    //写入代码
    glutPostRedisplay();
    glutTimerFunc(100,myTime,10);
}


void myDisplay()
 {
// glClear(GL_COLOR_BUFFER_BIT);   //清屏
//启用深度检测下的清屏模式glClear(GL_COLOR_BUFFER_BIT|GL_DEPTH_BUFFER_BIT);
```

```
    glMatrixMode(GL_MODELVIEW);  //矩阵模式设置
    glLoadIdentity();    //清空矩阵堆栈
      gluLookAt(0,0,10,0.0,0.0,0.0,0.0,1.0,0.0);  //设置视点
//写入代码
glPushMatrix();
glColor3f(1,0,0);
    //写入代码
    glutSolidCube(1);  //绘制立方体身
  glPopMatrix();
  glPushMatrix();
    glColor3f(1,1,0);
    //写入代码
    glutSolidCube(1);  //绘制立方体头
  glPopMatrix();
  glPushMatrix();
    glColor3f(1,0.5,0.2);
     //写入代码
    glutSolidCube(1);  //绘制立方体手
glPopMatrix();
  glPushMatrix();
    glColor3f(1,0.5,0.2);
    //写入代码
    glutSolidCube(1);  //绘制立方体手
  glPopMatrix();
  glPushMatrix();
    glColor3f(0.5,0.5,1);
    //写入代码
    glutSolidCube(1);  //绘制立方体腿
  glPopMatrix();
  glPushMatrix();
    glColor3f(0.5,0.5,1);
    //写入代码
    glutSolidCube(1);  //绘制立方体腿
  glPopMatrix();
  glutSwapBuffers();  //双缓冲下的刷新方法
}
```

5. 实验提高

机器人的手和腿分别为两大模块，中间分别为手关节和腿关节。手和腿的下半部可分别随自己的关节转动，让机器人变得更加灵活。增加一个绘制的面，可用四边形等拼凑而成，机器人在真正的地面走起来，要求两个不同的机器人从不同方向走动。选择合适的观察角度以获得较佳观察效果。

实验 8　OpenGL 太阳系动画

1. 实验目的

熟悉颜色缓存、深度缓存、模板缓存、累计缓存的内容，掌握缓存清除的方法，建立太阳、地球、月亮的运动模型，利用双缓存技术，用动画方式显示模型，以加深读者对几何变换、投影变换以及观察变换的理解，并提高利用图形软件包绘制图形的能力。

2. 实验内容

模拟简单的太阳系，如图 A.8 所示。太阳在中心，地球每 365 天绕太阳转一周，月球每年绕地球转 12 周。另外，地球每天 24 个小时绕它自己的轴旋转。

图 A.8　太阳系动画

3. 实验原理

（1）主要用三维平移变换、旋转变换实现太阳、地球、月亮的相对运动。

本节实验绘制了一个简单的太阳系。为了编写这个程序，需要使用 glRatate 函数让这颗行星绕太阳旋转，并且绕自身的轴旋转，还需要使用 glTranslate 函数让这颗行星远离太阳系原点，移动到自己的轨道上，可以在 glutWireSphere 函数中使用适当的参数，在绘制两个球体时指定球体的大小。

为了绘制这个太阳系，首先需要设置一个投影变换和一个视图变换，本例使用 glutPerspective 函数和 gluLookAt 函数。

绘制太阳比较简单，因为它位于全局固定坐标系统的原点，也就是球体函数进行绘图的位置，因此，绘制太阳时并不需要移动，可以使用 glRotate* 函数绕一个任意的轴旋转。绘制一颗绕太阳旋转的行星要求进行几次模型变换。这颗行星需要每天绕自己的轴旋转一周，每年沿着自己的轨道绕太阳旋转一周。

为了确定模型变换的顺序，可以从局部坐标系统的角度考虑。首先，调用初始的 glRotate 函数对局部坐标系统进行旋转，这个局部坐标系统最初与全局固定坐标系统是一致的。接着，可以调用 glTranslate 函数把局部坐标系统移动到行星轨道上的一个位置。移动的距离应该等于轨道的半径。因此，第一个 **glRotate** 函数实际上确定了这颗行星从什么地方开始绕太阳旋转（或者说，从一年的什么时候开始）。

第二次调用 **glRotate** 函数使局部坐标轴进行旋转，因此确定了这颗行星在一天中的时间。当调用了这些函数变换之后，就可以绘制这颗行星了。

（2）利用双缓存技术实现动画效果。

双缓存技术能在一个屏幕之外的缓冲区内进行渲染，再用交换命令把图形放到屏幕上。双缓存技术的主要用途：①有些复杂图形绘制时间较长，但不需要显示绘制图形的所有步骤，只有整幅图像绘制完之后，才将其置于屏幕上；②用于制作动画，动画中每一帧都在画面外的缓冲区绘制，绘制完之后交换到屏幕上。实际编程过程中，每个 OpenGL 支持的窗口系统都可以通过调用 glutSwapBuffers() 来实现前后缓冲区之间的交换。

4. 实验代码

```
#include <gl/glut.h>
float fEarth = 2.0f; //地球绕太阳的旋转角度
float fMoon = 24.0f; //月球绕地球的旋转角度
void myInit()
{ glEnable(GL_DEPTH_TEST); //启用深度测试
    glClearColor(0.0f, 0.0f, 0.0f, 0.8f); //背景为黑色
}

void myReshape(int w, int h)
{
if (0 == h)
h = 1;
glViewport(0, 0, w, h); //设置视区尺寸
glMatrixMode(GL_PROJECTION); //指定当前操作投影矩阵堆栈
glLoadIdentity(); //重置投影矩阵
//指定透视投影的观察空间
gluPerspective(45.0f, (float)w / (float)h, 1.0f, 1000.0f);
glMatrixMode(GL_MODELVIEW);
glLoadIdentity();
}

void myDisplay(void)
{
//清除颜色和深度缓冲区
glClear(GL_COLOR_BUFFER_BIT | GL_DEPTH_BUFFER_BIT);
glMatrixMode(GL_MODELVIEW); //指定当前操作模型视图矩阵堆栈
glLoadIdentity(); //重置模型视图矩阵
glTranslatef(0.0f, 0.0f, -500.0f); //将图形沿z轴负向移动
glColor3f(1.0f, 0.0f, 0.0f); //画太阳
```

```
glutSolidSphere(50.0f, 20, 20);
glColor3f(0.0f, 0.0f, 1.0f);
glRotatef(23.27,0.0,0.0,1.0);  //地球与太阳的黄赤交角
glRotatef(fEarth, 0.0f, 1.0f, 0.0f);
glTranslatef(200.0f, 0.0f, 0.0f);
glutSolidSphere(20.0f, 20, 20);  //画地球
glPopMatrix();

glPopMatrix();
glRotatef(6.0f, 1.0f, 1.0f, 1.0f);
glRotatef(fMoon, 0.0f, 1.0f, 0.0f);
glColor3f(1.0f, 1.0f, 0.0f);
glTranslatef(30.0f, 0.0f, 0.0f);

glutSolidSphere(5.0f, 20, 20);  //画月球
glLoadIdentity();
glFlush();
glutSwapBuffers();
}

void myIdle(void)  //在空闲时调用，达到动画效果
{
fEarth += 0.03f;  //增加旋转步长，产生动画效果
if (fEarth > 360.0f)
fEarth = 2.0f;
fMoon += 0.24f;
if (fMoon > 360.0f)
fMoon = 24.0f;
myDisplay();
}

int main(int argc, char *argv[])
{
glutInit(&argc, argv);
//窗口使用RGB颜色，双缓存和深度缓存
glutInitDisplayMode(GLUT_DOUBLE | GLUT_RGB | GLUT_DEPTH);
glutInitWindowPosition(100,100);
glutInitWindowSize(600, 400);
glutCreateWindow("太阳系动画");
glutReshapeFunc(myReshape);
glutDisplayFunc(myDisplay);
glutIdleFunc(&myIdle);
```

```
myInit();
glutMainLoop();
return 0;
}
```

5. 实验提高

（1）让实验 6 的茶壶旋转。

（2）让实验 7 的机器人手臂不停旋转画圈。

实验 9　OpenGL 光照

1. 实验目的

了解 OpenGL 程序的光照与材质，能正确使用光源与材质函数设置所需的绘制效果。

2. 实验内容

（1）下载并运行 Nate Robin 程序包中的 lightmaterial 程序，试验不同光照、材质系数。

（2）运行示范代码，了解光照与材质函数的使用。

3. 实验原理

为在场景中增加光照，需要执行以下步骤。

（1）设置一个或多个光源，设定其有关属性。

（2）选择一种光照模型。

（3）设置物体的材料属性。

具体见正文用 OpenGL 生成真实感图形的相关内容。

4. 实验代码

```
#include <GL/glut.h>
#include <stdlib.h>
// 初始化材质、光源、光照模型、深度缓存
void myInit(void)
{
    GLfloat mat_specular[] = { 1.0, 1.0, 1.0, 1.0 };
    GLfloat mat_shininess[] = { 50.0 };
    GLfloat light_position[] = { 1.0, 1.0, 1.0, 0.0 };
    GLfloat white_light[] = { 1.0, 1.0, 1.0, 1.0 };
    GLfloat Light_Model_Ambient[] = { 0.2 , 0.2 , 0.2 , 1.0 };

    glClearColor (0.0, 0.0, 0.0, 0.0);
```

```
    glShadeModel (GL_SMOOTH);

    glMaterialfv(GL_FRONT, GL_SPECULAR, mat_specular);
    glMaterialfv(GL_FRONT, GL_SHININESS, mat_shininess);

    glLightfv(GL_LIGHT0, GL_POSITION, light_position);
    glLightfv(GL_LIGHT0, GL_DIFFUSE, white_light);
    glLightfv(GL_LIGHT0, GL_SPECULAR, white_light);
    glLightModelfv( GL_LIGHT_MODEL_AMBIENT , Light_Model_Ambient );

    glEnable(GL_LIGHTING);
    glEnable(GL_LIGHT0);
    glEnable(GL_DEPTH_TEST);
}

void myDisplay(void)
{
    glClear (GL_COLOR_BUFFER_BIT | GL_DEPTH_BUFFER_BIT);
    //glutSolidSphere (1.0, 20, 16);
    glutSolidTeapot(0.5);
    glFlush ();
}

void myReshape (int w, int h)
{
    glViewport (0, 0, (GLsizei) w, (GLsizei) h);
    glMatrixMode (GL_PROJECTION);
    glLoadIdentity();
    if (w <= h)
        glOrtho (-1.5, 1.5, -1.5*(GLfloat)h/(GLfloat)w,
            1.5*(GLfloat)h/(GLfloat)w, -10.0, 10.0);
    else
        glOrtho (-1.5*(GLfloat)w/(GLfloat)h,
            1.5*(GLfloat)w/(GLfloat)h, -1.5, 1.5, -10.0, 10.0);
    glMatrixMode(GL_MODELVIEW);
    glLoadIdentity();
}

int main(int argc, char** argv)
{
    glutInit(&argc, argv);
    glutInitDisplayMode (GLUT_SINGLE | GLUT_RGB | GLUT_DEPTH);
```

```
glutInitWindowSize (500, 500);
glutInitWindowPosition (100, 100);
glutCreateWindow (argv[0]);
myInit ();
glutDisplayFunc(myDisplay);
glutReshapeFunc(myReshape);
glutMainLoop();
return 0;
}
```

5. 实验提高

尝试修改实验代码，改变镜面反射参数、环境光参数、灯的位置和背景色，效果如图 A.9 所示。

（a）原光照材质效果　　　　　　（b）改变反射参数、环境光参数和背景色后效果

图 A.9　茶壶模型

实验 10　Bezier 曲线生成

1. 实验目的

了解曲线的生成原理，掌握几种常见的曲线生成算法，利用 VC+OpenGL 实现 Bezier 曲线生成算法。

2. 实验内容

（1）结合示范代码了解曲线生成原理与算法实现，尤其是 Bezier 曲线。实验效果如图 A.10（a）所示。

（2）调试、编译、修改示范程序。

3. 实验原理

Bezier 曲线是通过一组多边形折线的顶点来定义的。如果折线的顶点固定不变，则由其定义的 Bezier 曲线是唯一的。在折线的各顶点中，只有第一点和最后一点在曲线上且作为曲线的起始点和终止点，其他的点用于控制曲线的形状及阶次。曲线的形状趋向于多边

形折线的形状，要修改曲线，只要修改折线的各顶点即可。因此，多边形折线又称 Bezier
曲线的控制多边形，其顶点称为控制点。

三次 Bezier 曲线有 4 个控制点，其数学表示如下：

$$Q(t) = \sum_{i}^{3} P_i B_{i,3}(t) = P_0 B_{0,3}(t) + P_1 B_{1,3}(t) + P_2 B_{2,3}(t) + P_3 B_{3,3}(t) \quad t \in [0,1]$$

$$= (1-t)^3 P_0 + 3t(1-t)^2 P_1 + 3t^2(1-t)P_2 + t^3 P_3$$

4. 实验代码

```cpp
#include <GL/glut.h>
#include <stdio.h>
#include <stdlib.h>
#include <vector>

using namespace std;

struct Point
{
    int x, y;
};

Point pt[4], bz[11];
vector<Point> vpt;
bool bDraw;
int nInput;

void CalcBZPoints()
{
    float a0,a1,a2,a3,b0,b1,b2,b3;
    a0=pt[0].x;
    a1=-3*pt[0].x+3*pt[1].x;
    a2=3*pt[0].x-6*pt[1].x+3*pt[2].x;
    a3=-pt[0].x+3*pt[1].x-3*pt[2].x+pt[3].x;
    b0=pt[0].y;
    b1=-3*pt[0].y+3*pt[1].y;
    b2=3*pt[0].y-6*pt[1].y+3*pt[2].y;
    b3=-pt[0].y+3*pt[1].y-3*pt[2].y+pt[3].y;

    float t = 0;
    float dt = 0.01;
    for(int i = 0; t<1.1; t+=0.1, i++)
    {
```

```
        bz[i].x = a0+a1*t+a2*t*t+a3*t*t*t;
        bz[i].y = b0+b1*t+b2*t*t+b3*t*t*t;
    }
}


void ControlPoint(vector<Point> vpt)
{
    glPointSize(2);
    for(int i=0; i<vpt.size(); i++)
    {
        glBegin (GL_POINTS);
        glColor3f (1.0f, 0.0f, 0.0f);
        glVertex2i (vpt[i].x,vpt[i].y);
        glEnd ();
    }
}


void PolylineGL(Point *pt, int num)
{
    glBegin (GL_LINE_STRIP);
    for(int i=0;i<num;i++)
    {
        glColor3f (1.0f, 1.0f, 1.0f);
        glVertex2i (pt[i].x,pt[i].y);
    }
    glEnd ();
}


void myDisplay()
{
    glClear(GL_COLOR_BUFFER_BIT);
    glColor3f (1.0f, 1.0f, 1.0f);
    if (vpt.size() > 0)
    {
        ControlPoint(vpt);
    }

    if(bDraw)
    {
        PolylineGL(pt, 4);
        CalcBZPoints();
        PolylineGL(bz, 11);
```

```
    }

    glFlush();
}

void Init()
{
    glClearColor(0.0, 0.0, 0.0, 0.0);
    glShadeModel(GL_SMOOTH);

    printf("Please Click left button of mouse to input control point of Bezier
Curve!\n");
}

void myReshape(int w, int h)
{
    glViewport(0, 0, (GLsizei) w, (GLsizei) h);
    glMatrixMode(GL_PROJECTION);
    glLoadIdentity();
    gluOrtho2D(0.0, (GLdouble) w, 0.0, (GLdouble) h);
}

void myMouse(int button, int state, int x, int y)
{
    switch (button)
    {
    case GLUT_LEFT_BUTTON:
        if (state == GLUT_DOWN)
        {
            if (nInput == 0)
            {
                pt[0].x = x;
                pt[0].y = 480 - y;
                nInput = 1;
                vpt.clear();
                vpt.push_back(pt[0]);

                bDraw = false;
                glutPostRedisplay();
            }
            else if (nInput == 1)
            {
```

```
                pt[1].x = x;
                pt[1].y = 480 - y;
                vpt.push_back(pt[1]);
                nInput = 2;
                glutPostRedisplay();
            }
            else if (nInput == 2)
            {
                pt[2].x = x;
                pt[2].y = 480 - y;
                vpt.push_back(pt[2]);
                nInput = 3;
                glutPostRedisplay();
            }
            else if (nInput == 3)
            {
                pt[3].x = x;
                pt[3].y = 480 - y;
                bDraw = true;
                vpt.push_back(pt[3]);
                nInput = 0;
                glutPostRedisplay();
            }
        }
        break;
    default:
        break;
    }
}

int main(int argc, char *argv[])
{
    glutInit(&argc, argv);
    glutInitDisplayMode(GLUT_RGB | GLUT_SINGLE);
    glutInitWindowPosition(100, 100);
    glutInitWindowSize(640, 480);
    glutCreateWindow("Hello World!");

    Init();
    glutDisplayFunc(myDisplay);
    glutReshapeFunc(myReshape);
    glutMouseFunc(myMouse);
```

```
    glutMainLoop();
    return 0;
}
```

5. 实验提高

模仿上述代码，以(10, 5, 0)、(5, 10, 0)、(-5, 15, 0)、(-10, -5, 0)、(4, -4, 0)、(10, 5, 0)、(5, 10, 0)、(-5, 15, 0)、(-10, -5, 0)、(10, 5, 0)为控制点，将其转变为 B 样条曲线生成算法，如图 A.10（b）所示。

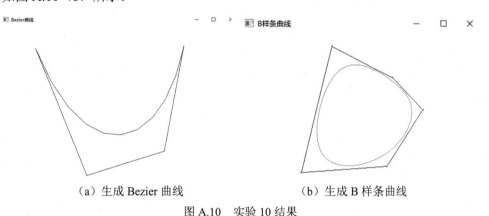

（a）生成 Bezier 曲线　　　　　　　（b）生成 B 样条曲线

图 A.10　实验 10 结果

实验 11　B 样条曲面生成

1. 实验目的

（1）掌握 B 样条、NURBS（非均匀有理 B 样条）曲线、曲面的概念。

（2）掌握 B 样条、NURBS 曲面编程方法。

2. 实验内容

（1）结合示范代码了解 B 样条曲面生成原理与算法实现，尤其是 NURBS 曲面，效果如图 A-11（a）所示。

（2）调试、编译、修改示范程序。

3. 实验原理

求值器能够描述任何角度的多项式或有理多项式样条或表面，包括 B 样条、NURBS（非均匀有理 B 样条）表面、Bezier 曲线和表面，以及 Hermite 样条。由于求值器只提供了对曲线或表面的底层描述，需要使用更高层次的 NURBS 接口来生成 B 样条曲面。OpenGL 提供了 NURBS 接口，该接口封装了大量代码，不仅包含渲染功能，也提供了修剪曲面等额外功能，NURBS 函数使用平面多边形进行渲染。B 样条曲面包含非均匀有理 B 样条，另外 Bezier 的缺点是增加很多控制点时曲线变得不可控，而 B 样条曲面调整 4 个控制点可以得到较好的效果。

NURBS 接口生成 B 样条曲面的过程如下。

（1）生成控制点和创建 NURBS 对象，GLUnurbsObj *theNurb; init_surface(); theNurb = gluNewNurbsRenderer()。开启自动生成法线向量，glEnable(GL_AUTO_NORMAL); glEnable(GL_NORMALIZE)。规范化法线向量，glEnable(GL_NORMALIZE)。

（2）设置 NURBS 渲染属性和回调函数。一般的属性设置包括以下 3 种。

```
gluNurbsProperty(theNurb, GLU_SAMPLING_METHOD, GLU_PATH_LENGTH);
gluNurbsProperty(theNurb, GLU_SAMPLING_TOLERANCE, 25.0);
gluNurbsProperty(theNurb, GLU_DISPLAY_MODE, GLU_FILL);
gluNurbsCallback(theNurb, GLU_ERROR, nurbsError);//这里可能需要强制转
nurbsError类型
```

（3）获取 NURBS 获取分格化后的基本直线和多边形图元，包括顶点、颜色、纹理坐标和法线。获取 NURBS 获取图元的前提条件，需要设置 GLU_NURBS_TESSELLATOR 属性。这样 NURBS 分格化的直线和多边形图元不会直接渲染，而是返回到回调函数，重新提交给渲染管线。

```
gluNurbsProperty(theNurb, GLU_NURBS_MODE, GLU_NURBS_TESSELLATOR);
gluNurbsProperty(theNurb, GLU_SAMPLING_TOLERANCE, 25.0);
gluNurbsProperty(theNurb, GLU_DISPLAY_MODE, GLU_FILL);
```

设置回调函数，如下所示。

```
gluNurbsCallback(theNurb, GLU_ERROR, nurbsError);
gluNurbsCallback(theNurb, GLU_NURBS_BEGIN, beginCallback);
gluNurbsCallback(theNurb, GLU_NURBS_VERTEX, vertexCallback);
gluNurbsCallback(theNurb, GLU_NURBS_NORMAL, normalCallback);
gluNurbsCallback(theNurb, GLU_NURBS_END, endCallback);
```

（4）开始绘制，gluBeginSurface(theNurb)。

（5）根据控制点绘制曲线或曲面，gluNurbsSurface(theNurb,8, knots, 8, knots,4 * 3, 3, &ctlpoints[0][0][0], 4, 4, GL_MAP2_VERTEX_3);。

（6）修剪 NURBS 表面，在这里可以定义修剪曲线来修剪 NURBS 表面。按照规定，根据曲线绕向行走左边的区域会被保留，右边的区域会被踢除，嵌套的曲线中的外部和内部曲线绕向不能相同，否则剔除区域就会产生二义性而出现错误。定义修剪曲线可以通过 gluPwlCurve 函数来创建一条分段的线性曲线或用 gluNurbsCurve 函数创建一条 NURBS 曲线。gluPwlCurve 不能定义很弯曲的曲线，更多是定义线段集合，gluNurbsCurve 可以定义比较弯曲的曲线。gluBeginTrim (theNurb);void APIENTRY gluPwlCurve (GLUnurbs *nobj, GLint count(//曲线上点数), GLfloat *array (由 array 数组提供曲线上的点，array 两个相邻顶点之间浮点值的个数，可以是 2,3), GLint stride,GLenum type(//GLU_MAP1_TRIM2 或 GLU_MAP1_TRIM3)); gluEndTrim (theNurb);。

（7）通过 gluEndSurface(theNurb)来完成曲线或曲面的绘制。

（8）通过 gluDeleteNurbsRenderer(theNurb)来清理 NURBS 对象，释放所占的内存。

4. 实验代码

```
#include <GL/glut.h>
#include <stdlib.h>
#include <stdio.h>

#ifndef CALLBACK
#define CALLBACK
#endif

GLfloat ctlpoints[4][4][3];
int showPoints = 0;

GLUnurbsObj *theNurb;

//初始化曲面控制点，控制点阈值[-3,+3]
void init_surface(void)
{
    int u, v;
    for (u = 0; u < 4; u++) {
        for (v = 0; v < 4; v++) {
            ctlpoints[u][v][0] = 2.0*((GLfloat)u - 1.5);
            ctlpoints[u][v][1] = 2.0*((GLfloat)v - 1.5);

            if ((u == 1 || u == 2) && (v == 1 || v == 2))
                ctlpoints[u][v][2] = 3.0;
            else
                ctlpoints[u][v][2] = -3.0;
        }
    }

}

void CALLBACK nurbsError(GLenum errorCode)
{
    const GLubyte *estring;

    estring = gluErrorString(errorCode);
    fprintf(stderr, "Nurbs Error: %s\n", estring);
```

```
        exit(0);
    }

    /*  Initialize material property and depth buffer.
    */
    void init(void)
    {
        GLfloat mat_diffuse[] = { 0.7, 0.7, 0.7, 1.0 };
        GLfloat mat_specular[] = { 1.0, 1.0, 1.0, 1.0 };
        GLfloat mat_shininess[] = { 100.0 };

        glClearColor(0.0, 0.0, 0.0, 0.0);
        glMaterialfv(GL_FRONT, GL_DIFFUSE, mat_diffuse);
        glMaterialfv(GL_FRONT, GL_SPECULAR, mat_specular);
        glMaterialfv(GL_FRONT, GL_SHININESS, mat_shininess);

        glEnable(GL_LIGHTING);
        glEnable(GL_LIGHT0);
        glEnable(GL_DEPTH_TEST);
        // 开启自动生成法线向量
        glEnable(GL_AUTO_NORMAL);
        // 规范化法线向量，不规范会有问题
        glEnable(GL_NORMALIZE);

        // 1.生成控制点和创建NURBS对象
        init_surface();
        theNurb = gluNewNurbsRenderer();
        // 2.设置NURBS渲染属性和回调函数
        // 参数可以是GLU_DOMAIN_DISTANCE,那么需要GLU_U_STEP或GLU_V_STEP来指定u,v方
向的采样点数量，默认都是100

        gluNurbsProperty(theNurb, GLU_SAMPLING_METHOD, GLU_PATH_LENGTH);
        // GLU_PATH_LENGTH时最大边分格化距离，边长度超过该距离就会分割出更多顶点和轮廓
        /* GLU_PARAMETRIC_ERROR被分格化的多边形和它们近似模拟的表面之间的最大距离，超过
则分格化的多边形会被分割*/
        gluNurbsProperty(theNurb, GLU_SAMPLING_TOLERANCE, 25.0);
        gluNurbsProperty(theNurb, GLU_DISPLAY_MODE, GLU_FILL);

        // 如果在视景体外部那么不启用分格化，提高性能
        gluNurbsProperty(theNurb, GLU_CULLING, GLU_TRUE);
        /* 从OGL服务器获取投影矩阵，模型视图矩阵和视口，如果是GLU_FALSE，那么需要
gluLoadSampliingMatrices来提供这些矩阵*/
```

```
    gluNurbsProperty(theNurb, GLU_AUTO_LOAD_MATRIX, GLU_TRUE);

    // 获取属性值用gluGetNurbsProperty
    GLfloat cullMethod = 0.0f;
    gluGetNurbsProperty(theNurb, GLU_CULLING, &cullMethod);
    // 设置错误回调
    gluNurbsCallback(theNurb, GLU_ERROR, (void(__stdcall*)
(void))nurbsError);
}

void myDisplay(void)
{
    // 每个控制点(节点)uv的上下界，从[0,1]类似求值器的插值指定
    GLfloat knots[8] = { 0.0, 0.0, 0.0, 0.0, 1.0, 1.0, 1.0, 1.0 };
    int i, j;

    glClear(GL_COLOR_BUFFER_BIT | GL_DEPTH_BUFFER_BIT);

    glPushMatrix();
    glRotatef(330.0, 1., 0., 0.);
    glScalef(0.5, 0.5, 0.5);
    // 3.开始绘制
    gluBeginSurface(theNurb);
    gluNurbsSurface(theNurb,
        8, knots, 8, knots,
        4 * 3, 3, &ctlpoints[0][0][0],
        4, 4, GL_MAP2_VERTEX_3);

    gluNurbsSurface(theNurb,
        8, knots, 8, knots,
        4 * 3, 3, &ctlpoints[0][0][0],
        4, 4, GL_MAP2_NORMAL);
    // 完成曲线或曲面的绘制
    gluEndSurface(theNurb);
    // 曲线的绘制用glBeginCurve、glNurbsCurve、glEndCurve来指定，参数含义同曲面
    if (showPoints) {
        glPointSize(5.0);
        glDisable(GL_LIGHTING);
        glColor3f(1.0, 1.0, 0.0);
        glBegin(GL_POINTS);
        for (i = 0; i < 4; i++) {
            for (j = 0; j < 4; j++) {
```

```
            glVertex3f(ctlpoints[i][j][0],
                ctlpoints[i][j][1], ctlpoints[i][j][2]);
        }
    }
    glEnd();
    glEnable(GL_LIGHTING);
}
    glPopMatrix();
    glFlush();
}

void myReshape(int w, int h)
{
    glViewport(0, 0, (GLsizei)w, (GLsizei)h);
    glMatrixMode(GL_PROJECTION);
    glLoadIdentity();
    gluPerspective(45.0, (GLdouble)w / (GLdouble)h, 3.0, 8.0);
    glMatrixMode(GL_MODELVIEW);
    glLoadIdentity();
    glTranslatef(0.0, 0.0,-5.0);
}

void myKeyboard(unsigned char key, int x, int y)
{
    switch (key) {
    case 'c':
    case 'C':
        showPoints = !showPoints;
        glutPostRedisplay();
        break;
    case 27:
        gluDeleteNurbsRenderer(theNurb);
        exit(0);
        break;
    default:
        break;
    }
}

int main(int argc, char** argv)
{
    glutInit(&argc, argv);
```

```
glutInitDisplayMode(GLUT_SINGLE | GLUT_RGB | GLUT_DEPTH);
glutInitWindowSize(500, 500);
glutInitWindowPosition(100, 100);
glutCreateWindow(argv[0]);
init();
glutReshapeFunc(myReshape);
glutDisplayFunc(myDisplay);
glutKeyboardFunc(myKeyboard);
glutMainLoop();
return 0;
}
```

5. 实验提高

根据控制点(-1.5, -1.5, 2.0)、(-0.5, -1.5, 2.0)、(0.5, -1.5, -1.0)、(1.5, -1.5, 2.0)、(-1.5, -0.5, 1.0)、(-0.5, 1.5, 2.0)、(0.5, 0.5, 1.0)、(1.5, -0.5, -1.0)、(-1.5, 0.5, 2.0)、(-0.5, 0.5, 1.0)、(0.5, 0.5, 3.0)、(1.5, -1.5, 1.5)、(-1.5, 1.5, -2.0)、(-0.5, 1.5, -2.0)、(0.5, 0.5, 1.0)、(1.5, 1.5, -1.0)重新生成并显示 B 样条曲面，如图 A.11（b）所示。

（a）生成 B 样条曲面　　　　　　　　　（b）重新生成 B 样条曲面

图 A.11　实验 11 结果

附录 B 模拟试题

本附录提供 3 套模拟试题，请扫码查看。

模 拟 试 题